普通高等教育"十三五"规划教材
广东省精品课程"大学物理实验"配套教材
广东省高等学校物理实验教学示范中心建设成果

大学物理实验教程

（修订版）

主　编　黄义清　李　斌　周有平

副主编　陈国杰　谢嘉宁　张潞英　李　娜

U0304545

电子工业出版社
Publishing House of Electronics Industry
北京 · BEIJING

内 容 简 介

本书是广东省精品课程"大学物理实验"配套教材和广东省高等学校物理实验教学示范中心建设成果。

全书分为 4 章，共 37 个实验，包括力学、热学、声学、光学、电学、磁学、光纤通信、光电检测等实验。第 1 章介绍误差、不确定度和数据处理的基本知识，第 2 章为基础性实验，第 3 章为综合与应用性实验，第 4 章为设计与研究性实验。实验项目实用性和新颖性较强，插图（包括仪器接线图）清晰且美观。叙述浅显易懂，且便于教学。

本书可作为本科院校"大学物理实验"课程教材，也可作为广大物理实验爱好者的学习参考书。

图书在版编目（CIP）数据

大学物理实验教程 / 黄义清，李斌，周有平主编. —修订本. —北京：电子工业出版社，2016.3
ISBN 978-7-121-28227-0

Ⅰ. ①大… Ⅱ. ①黄… ②李… ③周… Ⅲ. ①物理学－实验－高等学校－教材 Ⅳ. ①O4-33

中国版本图书馆 CIP 数据核字（2016）第 040303 号

策划编辑：戴晨辰
责任编辑：戴晨辰
印　　刷：北京季蜂印刷有限公司
装　　订：北京季蜂印刷有限公司
出版发行：电子工业出版社
　　　　　北京市海淀区万寿路 173 信箱　　邮编：100036
开　　本：787×1092　1/16　印张：12.75　字数：326.4 千字
版　　次：2012 年 6 月第 1 版
　　　　　2016 年 3 月第 2 版
印　　次：2016 年 3 月第 1 次印刷
定　　价：25.50 元

凡所购买电子工业出版社图书有缺损问题，请向购买书店调换。若书店售缺，请与本社发行部联系，联系及邮购电话：(010) 88254888。

质量投诉请发邮件至 zlts@phei.com.cn，盗版侵权举报请发邮件至 dbqq@phei.com.cn。

服务热线：(010) 88258888。

前　言

我们每个人无时无刻不用到物理知识，例如我们上网利用光纤通信、打手机利用电磁波、照镜子利用光反射等。然而，物理学不是凭空想象的，而是以实验和测量为依据的，正如著名物理学家丁肇中教授所说："实验是自然科学的基础。实验可以推翻理论，理论不可以推翻实验。"大学物理实验是高等学校理工科学生必修的一门重要基础课，它对培养大学生严谨的科学态度和工作作风、提高实验技能、加深对物理知识的理解起着十分重要的作用。其基本任务是让学生用实验的方法去发现问题、分析问题和解决问题，培养学生的实验能力和科学素质。

本书是 2009 年由陈国杰、谢嘉宁、黄义清主编的《大学物理实验》和 2012 年由黄义清、李斌、周有平主编的《大学物理实验教程》的修订版，本书反映了近年来全国大学物理实验的改革趋势，是"大学物理实验"广东省精品课程、广东省高等学校物理实验教学示范中心建设成果。

本书有如下特点：

① 根据学生的认知和能力培养规律，建立了由基础性实验、综合与应用性实验、设计与研究性实验组成的结构体系；

② 注重实验内容的新颖性、综合性和应用性，删除了一些与中学物理实验重叠或过时的实验项目，更新了光调制法测量光速实验，修改了声速测量、RLC 串联电路的稳态特性、分光计的调节及棱镜折射率的测定、光的等厚干涉、霍尔效应与应用、磁化曲线和磁滞回线测量等实验，并增加了白光 LED 特性测量、太阳能电池特性测量等一批综合性、设计性实验项目，自主开发了一批反映科研成果的提高型实验；

③ 实验原理叙述简练，突出物理思想；

④ 在介绍实验原理之前，增加了"预备问题"，让学生带着问题去预习实验和做实验，以提高教学质量；

⑤ 实验插图用专业软件绘制，清晰且美观；

⑥ 增加了诺贝尔物理学奖的介绍，以激发学生学习物理的兴趣。

全书共 4 章，包含 37 个实验。

第 1 章介绍误差、不确定度和数据处理的基本知识。

第 2 章为基础性实验，包含 12 个实验，强调基本实验原理、基本实验技能、基本数据处理方法。

第 3 章为综合与应用性实验，包含 17 个实验，着重培养学生的综合应用知识能力和综合实验技能。

第 4 章为设计与研究性实验，包含 8 个实验，着重培养学生自主设计实验、进行科学研究和实验创新的能力。

本书由黄义清、李斌、周有平任主编，由陈国杰、谢嘉宁、张潞英、李娜任副主编。由于本书编写时间仓促，书中难免出现错漏之处，恳请读者批评指正。

编　者

目　　录

绪 论

我们每个人无时无刻不用到物理知识，例如我们上网利用光纤通信、打手机利用电磁波、照镜子利用光反射等。因此，物理学是一门重要的基础科学，是现代技术的支柱。然而，物理学不是凭空想象的，而是以实验和测量结果为依据的，许多理论和规律都是以实验的新发现为依据被提出来而又被进一步实验所验证的，因此物理实验对物理学概念的形成、定律的建立和发展起着十分重要的作用，正如著名物理学家丁肇中教授所说："实验可以推翻理论，理论不可以推翻实验。"

1. 物理实验的目的与要求

高等学校物理实验课程的目的是通过实验课的预习、仪器使用、实验操作、现象观察、数据记录及处理、实验结果分析等环节，使学生掌握实验的基本知识和基本方法。通过实验使学生感知物理现象及其演变过程，加深对物理知识的理解，在实验技能技巧等方面受到系统而严格的训练；实验中出现的物理现象、异常结果和仪器故障有利于培养学生提出问题、分析问题和解决问题的能力；实验课严格的要求和规范的管理可以培养学生严谨的科学态度和工作作风。物理实验是学生进入大学后最早接触的实验课程，因此对学生专业素质的培养起着重要的作用，也将为学习后续课程打下良好的基础。

通过本课程的学习，应达到如下要求：

① 掌握实验原理和实验方法；

② 了解常用实验仪器的结构、工作原理，能熟练使用仪器，操作规范，读数正确；

③ 掌握误差的基本理论及实验结果的评价方法；

④ 掌握实验数据表格的设计和数据记录、处理方法，如作图法、逐差法、回归法等；

⑤ 具备科学研究的初步能力和科学素养。

2. 物理实验的教学环节

物理实验的教学包括课前预习、实验操作和实验报告三个环节。

（1）课前预习

预习是实验的基础，不预习做不好实验，边预习边实验也不科学。学生要发挥自己的主动性，不能依赖和满足于教师的一般性介绍。该环节要求如下：

① 认真阅读教材，了解实验目的和要求，理解实验原理、实验方法和实验步骤，完成预习思考题。

② 到实验室认识仪器，阅读仪器使用说明书，了解仪器的结构、工作原理、主要性能、使用方法和操作注意事项；练习仪器的调整、量程的选择、读数方法等。

③ 写出预习报告。预习报告应包括：I. 实验名称；II. 原理摘要（包括原理扼要说明、主要公式、电路图、光路图，不要照抄实验指导书）；III. 主要仪器设备；IV. 注意事项摘要；V. 列出数据记录表格，其中，要标明实验条件和实验参数，以及各物理量的符号、单位和数量级；VI. 回答预习思考题。

（2）实验操作

实验操作环节是实验的主体，要求学生在教师指导下独立完成实验操作的全过程。该环节要求如下：

① 对照实验图正确连接实验仪或实验装置，仪器摆设要合理，便于检查、操作和读数。仔细检查无误后才开始做实验。

② 按仪器操作规程调整仪器，合理选择量程。

③ 细心操作，注意观察实验现象，认真记录测量数据，正确表示测量值的有效数字和单位。要注意思考分析，看是否有异常现象或数据，如有应及时找出原因并加以解决。

④ 记录实验条件和仪器的主要参数、型号、编号，以及实验组别。如实记录实验中遇到的问题、故障及可疑现象。

⑤ 要科学分析实验数据和结果。实验数据与标准数据有所差别，不能笼统地说实验结果不好。因为任何实验结果都是有误差的，问题是误差有多大？是否合理？如果误差在允许范围内，那就正常。如果误差太大，就要分析产生误差的原因，首先要检查自己操作和读数是否正确？实验条件是否满足？其次检查仪器和装置是否工作正常？千万不要拼凑数据。

（3）实验报告

实验报告是实验工作的总结，是实验课的重要组成部分。实验报告一般包括以下几个部分。

① 实验名称。

② 实验原理摘要。扼要地叙述实验的物理思想和实验方法，计算公式及成立条件，画出实验原理图。

③ 数据记录及处理。合理设计数据表格，填入有关原始数据，进行数据整理和计算，绘制图线，计算及分析误差，求出实验结果，要特别注意有效数字和单位的正确表达。

④ 讨论。讨论是实验的升华，它包括实验是否达到实验目的和要求？实验中观察到哪些物理现象？怎样解释这些现象？实验误差的主要原因及对实验结果的影响如何？等等。

⑤ 体会。包括通过实验取得了哪些收获？对实验过程及结果的评价如何？对实验方法或实验装置有哪些改进建议？等等。

实验课是学生在教师指导下充分发挥能动性的学习过程，因此必须强调学习的自觉性和主动性，要将教师的要求变成自己的追求。实验前要认真预习，思考如何做好这个实验，应该注意哪些问题；实验后要对实验进行总结和评价。在整个实验过程中一定要既动手又动脑，这样才能提高实验能力，培养科学素质。

3. 用 MATLAB、Excel、曲线专家（Curve Expert）等软件处理实验数据

数据处理是物理实验的组成部分和重要环节。在基础物理实验中，通常采用手工方法（如列表法、作图法、逐差法等）来处理数据和误差，这对于掌握误差理论和培养严谨的科学精神是必要的。由于物理实验的数据多、计算公式多，在设计性和研究性物理实验中，用手工方法来处理实验数据不仅烦琐、效率低，而且容易引入人为误差，难以准确绘制流畅、美观的图线。

MATLAB 是 20 世纪 80 年代美国 Mathworks 公司推出的一种工程计算语言，集矩阵运算、数值分析、信号处理和图形显示于一体，其丰富的库函数和各种工具箱使之简单易学，已成为许多高等学校本科生和研究生必须掌握的工具软件。在设计性和研究性物理实验中，用 MATLAB 软件处理实验数据简单、快捷、美观，是值得鼓励和有益的。有关 MATLAB 的教材可在各高校图书馆借阅，MATLAB 软件可在网站下载。

【实例 1】　伏安法测电阻的实验数据如表 0.1 所示，用 MATLAB 绘制其伏安特性曲线，并计算其阻值。

表 0.1　实验数据

U（V）	0.00	1.00	2.00	3.00	4.00	5.00	6.00
I（mA）	0.00	0.49	1.01	1.49	2.02	2.49	3.11

MATLAB 命令如下：

```
>>U=[0.00,1.00,2.00,3.00,4.00,5.00,6.00];
>>I=[0.00,0.49,1.01,1.49,2.02,2.49,3.11];
>>plot(U,I,'ro');
>>hold on;
>>plot(U,I);xlabel('U(V)');ylabel('I(mA)');
```

用 MATLAB 绘制的伏安特性曲线如图 0.1 所示。该曲线是一条直线，由斜率求出阻值为 1.98 kΩ。

【实例 2】　金属电阻 $R_t=R_0(1+\alpha t)$，R_0 是 0℃时的电阻，α 是金属电阻温度系数。铜丝电阻随温度变化的实验数据如表 0.2 所示，用 Excel 绘制拟合直线，计算铜丝的电阻温度系数 α。

表 0.2　实验数据

t（℃）	35.0	40.0	45.0	50.0	55.0	60.0	65.0	70.0	75.0	80.0
R_t（$\times 10^{-2}\Omega$）	65.63	66.75	67.92	68.98	70.06	71.15	72.36	73.52	74.61	75.79

在创建的 Microsoft Excel 工作表中输入表 0.2 数据。选择数据，单击"图表向导"按钮，选择"XY 散点图"，子图表类型选择"散点图"，单击"下一步"按钮，再单击"下一步"单击，在"图表选项"下，"标题"设置图名、XY 轴符号和单位，"网格线"单击 X、Y 轴主网格线，"图例"选不显示，单击"完成"按钮，出现散点数据图。

鼠标右键单击 X 或 Y 轴"坐标轴格式"，在"图案"下的主、次刻度线类型选择"内部"，在"刻度"下设置刻度大、小范围，设置主、次刻度间隔数值；右键单击图中 X 或 Y 主网格线，设置主网格线为虚线。右键单击图中散点，选择"添加趋势线"，在"类型"下选择"线性"，在"选项"下选择"显示公式"和"显示 R 平方值"。显示直线方程的拟合直线图如图 0.2 所示。

由图 0.2 得直线斜率 $a=2.25\times 10^{-3}\Omega/℃$、截距 $b=R_0=0.5773\Omega$，测得温度系数 $\alpha=a/R_0=3.90\times 10^{-3}℃^{-1}$，查附表 A-10 标准值 $\alpha_{标}=3.93\times 10^{-3}℃^{-1}$，相对误差 $E_\alpha=0.8\%$；开方后的相关系数 $R=0.9995$。

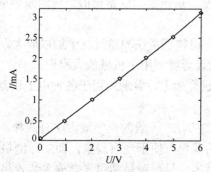

图 0.1　用 MATLAB 绘制的电阻伏安特性曲线

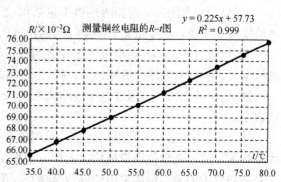

图 0.2　用 Excel 绘制的铜丝电阻 R_t–t 曲线

第1章 误差、不确定度和数据处理的基本知识

第1节 测量与误差

1.1.1 测量及测量误差

1. 测量

测量就是将被测量与一个被选作单位的特定同类量比较，得出被测量是该单位的多少倍的实验过程，广义地说，是以确定被测对象量值为目的的全部操作。

测量有直接测量和间接测量。直接测量是指被测量可以用测量仪器（或量具）直接读出测量值的测量。如用米尺测量长度、用温度计测量温度、用电压表测量电压、用秒表测量时间等都属于直接测量。间接测量是指被测量不能用直接测量的方法得到，而由直接测量值按一定的物理公式计算得到，这种测量称为间接测量。例如，测量铜柱密度 ρ 时，先用尺直接测量出它的直径 d 和高度 h，用天平称出它的质量 m，然后通过公式 $\rho = 4m/\pi d^2 h$ 计算出铜柱的密度 ρ。ρ 的测量就属于间接测量。

测量是物理实验的基础。但物理实验不是单纯的测量，它包含"理论→实验方法→仪器选择→测量→数据处理→结果分析"等环节。物理实验的教学目的之一就是让学生掌握某些物理量的测量方法，并且能进一步独立设计一些测量方法以完成某些简单的测量任务。

物理实验有如下几种常见的最基本的测量方法。

（1）比较测量法

比较法就是将被测量与标准量进行比较而得到测量值的方法，它是最基本、最常用和最重要的测量方法之一。比较法有直接比较法和间接比较法。

（2）放大测量法

由于被测量过小，以至于无法被实验者或仪器直接感受和反应，此时可先通过一些途径将被测量放大，然后再进行测量。放大测量可提高微小量的测量精度。

常用的放大法有以下4种。

① 累积放大法——把相等的微小量累积后进行测量，累积值除以累积倍数得到微小量。如单摆周期、等厚干涉相邻干涉条纹的累积测量等。

② 机械放大法——利用机械部件之间的几何关系，将物理量在测量过程中加以放大。如游标卡尺、螺旋测微计、机械杠杆、指针式仪表中的指针等就利用了机械放大原理。

③ 电学放大法——通过电子线路将微弱的电信号进行放大，普遍应用于各种电子仪器、仪表中。

④ 光学放大法——利用几何光学原理放大待测量的方法。一般的光学放大法有两种，一种是被测量通过光学仪器形成放大的像，以增加实现的视角，便于观察测量，而实际测量的还是未被放大的量，例如常用的读数显微镜、测微目镜等；另一种是利用光学放大装置将待

测量放大后进行测量，如光杠杆装置（杨氏模量测量、灵敏电流计和冲击电流计的读数机构就应用了光杠杆装置）。

（3）转换测量法

转换测量法是根据物理量之间的各种效应和函数关系，利用变换原理将不能或不易测量的待测物理量转换成能测或易测的物理量进行测量，然后再求待测物理量。

转换测量法有以下 2 种。

① 参量转换法——利用各种参量间的变换及其变化的相互关系，把不可测的量转换成可测的量。例如，拉伸法测量钢丝的杨氏模量 E，根据应力 F/S 和应变 $\Delta L/L$ 呈线性变换的规律 $F/S = E(\Delta L/L)$，将杨氏模量 E 的测量转换为对应力 F/S 和应变 $\Delta L/L$ 的测量。

② 能量转换法——是指某种形式的物理量，通过换能器件（传感器），变成另一种形式物理量的测量方法。

按换能器件（传感器）的性能不同，有热电转换、压电转换、光电转换、磁电转换等几种转换方法。通过选择适当的换能器可以把诸如位移、速度、加速度、压强、温度、光强等非电物理量转换为电量测量，此即为非电量的电测法。

（4）模拟法

模拟法是以相似性原理为基础，对难以直接进行测量的对象，用对模型的测量代替对原型的测量。如用稳恒电流场模拟静电场。模拟法有几何模拟法、物理模拟法、数学模拟法、计算机模拟法。

（5）干涉法

干涉法利用相干波（光波、声波）产生干涉来测量有关的物理量，如光栅衍射测量波长、劈尖干涉测量微小长度、驻波法测量声速等。

2．测量误差

由测量所得到的被测量的值，叫做测量结果。测量误差就是被测量的测量结果与其真值的差值。测量误差是由于测量原理近似性、测量方法不完善、测量仪器准确度有限、测量环境和测量人员感觉器官的限制、被测对象本身的涨落及各方面的偶然因素影响所造成的。若测量结果为 x，真值为 X，则

$$\Delta = x - X \tag{1}$$

称为**绝对误差**，绝对误差与真值之比

$$E = \frac{\Delta}{X} \times 100\% \text{（用百分数表示）} \tag{2}$$

称为**相对误差**。

测量中，误差可以被控制到很小，但不能使误差为零。也就是说，测量结果都有误差，误差自始至终存在于一切测量过程中，这就是误差公理。

这里需要指出，一个量的真值是客观存在的，它只有通过完美无缺的测量才能获得，但这是做不到的，所以它只是一个理想的概念，在实际测量中，只能根据测量数据估算它的最佳估计值（近真值），并以测量不确定度来表征其所处的范围。由于真值不能确定，所以误差也无法准确得到或确切获知。实际应用中，必要时可用公认值、理论值、高精度仪器校准的校准值、最佳估计值等作为约定真值。

1.1.2　测量误差分类及其处理

误差按其产生的原因和性质主要分为系统误差、随机误差两大类。

1．系统误差

相同条件下多次测量同一被测量，其误差的大小和符号保持不变或按某个确定规律变化，这类误差称为系统误差。

系统误差产生的原因很多，按其产生原因，系统误差有仪器误差（仪器装置本身的固有缺陷或没有按规定条件使用而引起的）、理论误差（实验测量所依据理论的近似性或测量方法不完善引起的）、环境误差（实验环境条件不符合标准引起的）等。

系统误差的特性是具有确定性。就对其确定性的掌握程度，系统误差可分为已定系统误差（误差的变化规律已确知）和未定系统误差（误差的变化规律未能确定或无法确定）。

系统误差影响测量结果的准确度，因此消除和估计系统误差对于提高测量准确度就十分重要。对系统误差的处理，一般用如下方法消除或减小。

（1）消除系统误差产生的根源

比如，实验时对仪器进行检验和校准，按规程正确使用仪器，实验原理和测量方法要正确，尽量减少和消除人为因素等。

（2）用修正方法修正测量结果

对已定系统误差，根据它的变化规律，找出修正值或修正公式对测量结果进行修正。

（3）改进测量方法来消除或减小系统误差

对有些未定系统误差可采用改进测量方法（如替代法、交换法、异号法、补偿法、半周期偶数测量法）来消除。

余下未能消除的系统误差可以用非统计学方法进行估算，作为不确定度的 B 类分量的评定。

2．随机误差

相同条件下多次测量同一被测量，其误差的大小和符号以不可预知的随机方式变化，这类误差称为随机误差。

产生随机误差的原因是那些无法控制的不确定的随机因素。如观察者视觉、听觉的分辨能力及外界环境因素的扰动等。

随机误差的主要特性是服从统计规律。

（1）随机误差的正态分布

实验表明，大多数随机误差都服从或近似服从正态分布。若以随机误差值为横坐标，以某一随机误差出现的概率密度为纵坐标，正态分布的分布曲线如图 1 所示。从正态分布图线可知，随机误差有如下的统计分布特性：

① 单峰性：绝对值小的误差出现的概率大，绝对值大的误差出现的概率小。

② 有界性：绝对值很大的正负误差出现的概率趋于零。

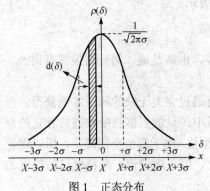

图 1　正态分布

③ 对称性：绝对值相等的正负误差出现的概率相等。

④ 抵偿性：随机误差的算术平均值随测量次数增加而减小，最终趋近于零。其中第四个特性最具有本质性，凡具有抵偿性的误差，原则上均可按随机误差处理。

（2）标准误差 σ 的统计学意义

德国数学家高斯于 1895 年给出了正态分布的数学表达式（正态分布概率密度函数）

$$\rho(\delta) = \frac{1}{\sigma\sqrt{2\pi}} e^{-\frac{1}{2}\left(\frac{\delta}{\sigma}\right)^2} \qquad (-\infty < x < +\infty) \tag{3}$$

式中，$\delta = r - X$ 为每次测量的随机误差，X 为无限多次测量的总体平均值，在消除了系统误差后它就是被测量的真值；$\rho(\delta)$ 是随机误差 δ 出现的概率密度，σ 是表征测量值 x 离散程度的参数，称为标准误差，它的数学计算式是

$$\sigma = \lim_{n\to\infty} \sqrt{\frac{1}{n}\sum_{i=1}^{n}(x_i - X)^2} \tag{4}$$

式中，n 为测量次数。

标准误差 σ 有如下两个统计学意义。

① σ 反映了测量值的离散程度

在一定测量条件下对同一物理量进行多次测量，随机误差的统计分布是唯一确定的，即 σ 有一个确定值。σ 越小，离散度就越小，测量精密度越高。

② σ 有明确的概率意义

测量次数 $n\to\infty$ 时，对被测量的任一次测量的测量值落在 $[X-\sigma，X+\sigma]$ 区间之内的可能性为 68.3%，落在 $[X-2\sigma，X+2\sigma]$ 区间之内的可能性为 95.4%，落在 $[X-3\sigma，X+3\sigma]$ 区间之内的可能性为 99.7%。换句话说，任意一次测量的随机误差小于 $\pm\sigma$ 的可能性是 68.3%，小于 $\pm2\sigma$ 的可能性是 95.4%，小于 $\pm3\sigma$ 的可能性是 99.7%。我们把这种测量数据落在给定范围内的概率称为**置信概率**，或者叫置信度、置信水平，相应的范围称为置信区间。

随机误差小于 $\pm3\sigma$ 的可能性是 99.7% 给了我们一个启示，对于有限次测量，随机误差大于 $\pm3\sigma$ 的这种可能性是微乎其微的，如果出现这种情况，就应引起注意，这时考虑是否测量失误，该测量值是否为"坏值"，若是则应予以剔除。所以把 $\Delta = 3\sigma$ 称为随机误差的**极限误差**。

（3）有限次测量的测量结果离散性

从上面的分析可见，在消除了系统误差的情况下，无限多次测量的测量值是以一定的概率出现在真值附近的某一区间内的，其测量结果的离散性用 σ 来表示。那么对有限次测量，测量结果的离散性又如何表示？

有限次测量的测量结果的离散性，用贝塞尔公式计算的实验标准偏差（简称标准偏差）S 来表示。

① 有限次测量中任意一次测量结果的标准偏差

通过等精度的重复性测量而得到的一组测量数据称为测量列。所谓等精度测量，就是在同一测量条件下的多次测量。若重复测量次数为 n，得到包含 n 个数据的测量列 $x_1, x_2, \cdots, x_n$，则该测量列中任意一次测量结果的标准偏差为

$$S = \sqrt{\frac{\sum_{i=1}^{n}(x_i - \bar{x})^2}{n-1}} \tag{5}$$

这是著名的**贝塞尔（Bessel）公式**，式中 $\bar{x}$ 是等精度测量列的算术平均值：

$$\bar{x} = \frac{1}{n}(x_1 + x_2 + x_3 + \cdots + x_n) = \frac{1}{n}\sum_{i=1}^{n} x_i \tag{6}$$

已经证明 $\bar{x}$ 和 S 分别是真值和标准误差 σ 的最佳估计值。测量次数 n 越大，平均值越接近真值，实验标准偏差 S 越可靠。S 大，表示测得的值很分散，随机误差分布范围宽，测量的精密度低；S 小，表示测得的值很密集，随机误差分布范围窄，测量的精密度高。

② 有限次测量算术平均值的标准偏差

有限次测量的平均值也有误差。已经证明，表征平均值离散性的标准偏差 $S_{\bar{x}}$ 是单次测量标准偏差 S 的 $1/\sqrt{n}$ 倍，即

$$S_{\bar{x}} = \frac{S}{\sqrt{n}} = \sqrt{\frac{\sum_{i=1}^{n}(x_i - \bar{x})^2}{n(n-1)}} \tag{7}$$

对随机误差的处理，可以通过多次测量求平均来消减，并通过计算标准偏差来估算。

需要指出，标准误差 σ、标准偏差 S 和 $S_{\bar{x}}$，它们都不是误差值的概念，而是表征测量结果离散性的概念，都属于不确定度的范畴。

3．测量的精密度、准确度和精确度

（1）精密度

精密度是指各个测量值之间的一致程度，它反映了由于随机误差引起的测量值的分散性。精密度高，表示测量重复性好，测量值集中，随机误差小；反之，精密度低，表示测量重复性差，测量值分散，随机误差大。

（2）准确度

准确度是指测量结果与真值的符合程度，它反映了由于系统误差引起的测量结果偏离真值的大小。准确度越高，测量结果越接近真值，系统误差越小；反之，准确度越低，测量结果偏离真值越大，系统误差越大。

（3）精确度

精确度是对测量结果中系统误差和偶然误差大小的综合评价。精确度高表示在多次测量中，数据比较集中，且靠近真值，即测量结果中的系统误差和偶然误差都比较小。

如图 2 中所示，(a)图表示精密度低，准确度高；(b)图表示精密度高，准确度低；(c)图表示精密度高，准确度高。

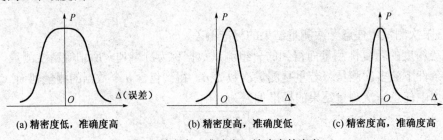

(a) 精密度低，准确度高　　　　　(b) 精密度高，准确度低　　　　　(c) 精密度高，准确度高

图 2　精密度、准确度、精确度的意义

习题 1.1

1. 何谓系统误差和随机误差？系统误差和随机误差各有什么特点？

2. 指出下列情况是属于系统误差还是属于偶然误差：

   （1）标尺刻度不均匀引起的误差；

   （2）水银温度计毛细管粗细不均匀引起的误差；

   （3）伏安法测电阻实验中，根据欧姆定律 $R = U/I$，电流表内接法或外接法所测得电阻的阻值与实际值不相等引起的误差；

   （4）天平不等臂引起的误差；

   （5）天平平衡时指针的停点重复几次都不同引起的误差；

   （6）电源不稳、温度变化引起的误差。

3. 工厂生产的仪器经检定为合格品，用它测量会有误差吗？

4. 一组测量值，相互差异很小，此测量值的误差很小吗？

第 2 节　测量不确定度和测量结果的报道

1.2.1　测量不确定度的概念

由于测量误差不可避免，使得真值无法确定，而真值未知也就无法确定误差的大小。我们只能做到求出真值的最佳估计值和误差的误差限范围。对已消除了已定系统误差的测量，我们可以用测量的算术平均值作为真值的最佳估计值，而误差的误差限范围则引入一个称为不确定度的参数来表示。

设某被测量的测量结果为 $\bar{x}$，误差限为 u，则

$$|\bar{x} - X| \leq u \quad 即 \quad \bar{x} - u \leq X \leq \bar{x} + u \tag{8}$$

式（8）表明，真值虽然不能确切知道，但它将以一定的可能性（置信概率）落在以 $\bar{x}$ 为中值的 $[\bar{x} - u, \bar{x} + u]$ 区间（称为真值置信区间）内。u 越大，表示真值可能出现的范围越大，即真值不确定程度越大；反之，u 越小，表示真值可能出现的范围小，即真值不能确定的程度小，相对而言，此时真值比较确定。可见 u 的大小说明了测量结果的不确定程度。因此，我们把 u 称为**测量不确定度**，它表示了由于测量误差的存在而对测量结果不能确定的程度，是对被测量真值所处量值范围的评定。

按评定方法不同，不确定度划分为两类不确定度分量：① 凡是可以用统计方法计算得出的归为不确定度 A 类分量 u_A；② 凡是可以用非统计方法得出的归为不确定度 B 类分量 u_B。

不确定度 A 类与 B 类分量仅仅是指评定方法不同，它们同等重要，地位平等。有些情况下只需进行 A 类或 B 类评定，更多情况下要综合 A、B 两类评定的结果。

应当注意的是，不确定度和误差是两个不同的概念。误差表示测量结果对真值的偏离，是一个确定的值，而不确定度表征的是测量值的分散性，表示一个区间。另外由于真值是未知的，测量误差只是理想的概念，而不确定度则可以根据实验、资料、经验等信息进行定量确定。有误差才有不确定度的评定，它们之间既有联系又有本质区别。对实验结果的处理，我们用不确定度来评定，但在实验中，常常还是只能进行误差分析。

严格的不确定度理论比较复杂，本课程在保证其科学性的前提下，对不确定度的评定做了适当简化。

1.2.2　测量不确定度的评定

对测量不确定度的评定，常以估计标准偏差表示大小，称其为标准不确定度。

1．标准不确定度 A 类分量的评定

对直接测量，若测量次数足够多（测量次数 $n \geqslant 6$ 时），测量结果以平均值 $\bar{x}$ 表示，其标准不确定度 A 类分量可以直接用平均值的标准偏差来评定，即

$$u_{\mathrm{A}}(x) = S_{\bar{x}} = \frac{S}{\sqrt{n}} = \sqrt{\frac{\sum\limits_{i=1}^{n}(x_i - \bar{x})^2}{n(n-1)}} \tag{9}$$

2．标准不确定度 B 类分量的评定

在本课程的物理实验中，为简单起见，在没有特别说明时，我们只取仪器的标准误差一项作为不确定度 B 类分量的评定计算，即

$$u_{\mathrm{B}}(x) = \sigma_{\text{仪}} = \Delta_{\text{仪}}/C \tag{10}$$

式中，系数 C 是把仪器误差 $\Delta_{\text{仪}}$ 转换为相应标准差 $\sigma_{\text{仪}}$ 时的变换系数。它的取值与仪器示值误差实际分布有关。在物理实验中，可近似按均匀分布处理，即取变换系数值为 $\sqrt{3}$。

由式（10）表示的符合均匀分布的标准误差的概率水平比正态分布时要低一些，这里我们忽略了这种差异，仍按它有 68% 的概率水平去考虑。

计算不确定度 B 类分量时，如果查不到该仪器的误差限信息，可取 $\Delta_{\text{仪}}$ 等于分度值或其 1/2，或某一估计值，但要注明。

3．合成标准不确定度 u_{C}

一般地，不确定度 A 类分量和不确定度 B 类分量互相独立，故可用"方和根"方法合成，即合成标准不确定度

$$u_{\mathrm{C}}(x) = \sqrt{u_{\mathrm{A}}^2(x) + u_{\mathrm{B}}^2(x)} = \sqrt{(S_{\bar{x}})^2 + \left(\frac{\Delta_{\text{仪}}}{\sqrt{3}}\right)^2} \qquad (P = 68.3\%) \tag{11}$$

对于不确定度 A 类分量和不确定度 B 类分量分别有多个分量的情况，如果各分量彼此独立，则测量结果的合成不确定度 u_{C}，用广义"方和根"方法计算评定，即

$$u_{\mathrm{C}}(x) = \sqrt{\sum_{i=1}^{k} u_{\mathrm{C}i}^2(x)} = \sqrt{\sum_{i=1}^{n} u_{\mathrm{A}i}^2(x) + \sum_{i=1}^{k-n} u_{\mathrm{B}i}^2(x)} \tag{12}$$

注意，用"方和根"方法合成时，各不确定度分量必须有相同的置信概率。

4．标准不确定度的传递合成公式

对于间接测量量 $y = f(x_1, x_2, \cdots, x_n)$，它的测量结果可通过将各直接测量结果的平均值代入函数关系式计算出来，即 $\bar{y} = f(\bar{x}_1, \bar{x}_2, \cdots, \bar{x}_n)$。而测量不确定度在各直接测量量 $x_1, x_2, \cdots, x_n$ 互相独立且相应的标准不确定度分别为 $u_1, u_2, \cdots, u_n$ 时，可由以下不确定度传递公式计算：

$$u_C = \sqrt{\sum_{i=1}^{n}\left(\frac{\partial y}{\partial x_i}\right)^2 u_i^2} = \sqrt{\left(\frac{\partial y}{\partial x_1}\right)^2 u_1^2 + \left(\frac{\partial y}{\partial x_2}\right)^2 u_2^2 + \cdots + \left(\frac{\partial y}{\partial x_n}\right)^2 u_n^2} \tag{13}$$

或

$$\frac{u_C}{y} = \sqrt{\left(\frac{\partial \ln y}{\partial x_1}\right)^2 u_1^2 + \left(\frac{\partial \ln y}{\partial x_2}\right)^2 u_2^2 + \cdots + \left(\frac{\partial \ln y}{\partial x_n}\right)^2 u_n^2} \tag{14}$$

式中的偏导数 $\left(\dfrac{\partial y}{\partial x_i}\right)$ 和 $\left(\dfrac{\partial \ln y}{\partial x_i}\right)$ 为不确定度传递系数。其中，当间接测量的函数式为和差形式时，采用式（13）计算较方便；为积商形式时，采用式（14）计算较方便。

表 1 给出了一些常用函数的不确定度传递合成公式。

表 1　常用函数的不确定度传递公式

函数的表达式	不确定度的传递公式
$y = x_1 + x_2$ 或 $y = x_1 - x_2$	$u_C = \sqrt{u_{x_1}^2 + u_{x_2}^2}$
$y = x_1 \cdot x_2$ 或 $y = \dfrac{x_1}{x_2}$	$\dfrac{u_C}{y} = \sqrt{\left(\dfrac{u_{x_1}}{x_1}\right)^2 + \left(\dfrac{u_{x_2}}{x_2}\right)^2}$
$y = \dfrac{x_1^k \cdot x_2^m}{x_3^n}$	$\dfrac{u_C}{y} = \sqrt{k^2\left(\dfrac{u_{x_1}}{x_1}\right)^2 + m^2\left(\dfrac{u_{x_2}}{x_2}\right)^2 + n^2\left(\dfrac{u_{x_3}}{x_3}\right)^2}$
$y = kx$	$u_C = ku_x$　　或　　$\dfrac{u_C}{y} = \dfrac{u_x}{x}$
$y = \sqrt[k]{x}$	$\dfrac{u_C}{y} = \dfrac{1}{k}\dfrac{u_x}{x}$
$y = \sin x$	$u_C = |\cos x| \cdot u_x$
$y = \ln x$	$u_C = \dfrac{u_x}{x}$

1.2.3　扩展不确定度

上面对测量不确定度的评定是取置信概率为 68.3%来评定的，即实验测量值 y 落在区间 $[\bar{y} - u_C(y)，\ \bar{y} + u_C(y)]$ 的概率大约只有 68.3%。如果要以更高的置信水平来评定，常用合成标准不确定度的倍数来扩展置信区间，即由合成标准不确定度乘以因子 k_P 得出，写成式子为

$$U_P = k_P \cdot u_C(x) \tag{15}$$

式中，U_P 称为扩展不确定度，k_P 称为包含因子或覆盖因子。k_P 的取值，一般要根据被测量的分布和所要求的置信概率来确定。

不确定度评定时，对不同的要求，置信概率的取值可能不同，通常取 68.3%或 95%或 99%等值，在工业和商业上一般约定的置信概率取 95%或 99%。本实验课程，为简化起见，我们取置信概率 68.3%来评定不确定度。

1.2.4　测量结果报道

不确定度的大小反映了测量结果的可信赖程度，不确定度小的测量结果可信赖程度高，即测量质量好；反之，不确定度大的测量结果可信赖程度低，即测量质量差。所以在报道测量结果时，为了既能反映测量结果又能反映测量结果的可靠程度，对物理量 x 测量的最终结果应按如下形式表达：

$$\begin{cases} x = \bar{x} \pm u_C \quad \text{（单位）} \qquad (P = 68.3\%) \\ E_x = \dfrac{u_C}{\bar{x}} \times 100\% \end{cases} \tag{16}$$

即要求同时报告测量平均值 $\bar{x}$（真值的最佳估计值）、绝对不确定度 u_C、相对不确定度 E_x，并注明 $P = 68.3\%$，当然还要有单位。并约定 u_C 取一位或两位（首位数为 1 时可取两位）有效数字（有效数字的概念后面会讲到），实验结果平均值的最后一位与不确定度的最后一位对齐；相对不确定度 E_x 取一位或两位有效数字；在截取尾数时，不确定度只进不舍，而测量平均值则按有效数字的修约规则取舍。

上面测量结果表达形式的含义是，被测量 x 的真值落在区间 $[\bar{x} - u_C, \bar{x} + u_C]$ 内的概率是 68.3%。

1.2.5 由测量数据计算并报道测量结果举例

由测量数据计算测量结果的步骤如下：

（1）对测量数据中的已定系统误差加以修正；

（2）计算各测量列的算术平均值，作为各直接测量量结果的最佳值；

（3）计算各平均值的标准偏差，作为相应的标准不确定度 A 类分量评定；

（4）根据各直接测量量所用仪器的仪器误差估算相应的标准不确定度 B 类分量；

（5）计算各直接测量量的合成标准不确定度；

（6）计算间接测量量的测量结果和相应的不确定度；

（7）报道测量结果。

【例 1】 测量铜（圆柱体）的密度。

所用量具：千分尺（分度值为 0.01 mm，允差 $\Delta_千 = 0.004$ mm）测量铜圆柱体直径 6 次；游标卡尺（分度值为 0.02 mm，允差 $\Delta_游 = 0.02$ mm）测量铜圆柱体高度 6 次；物理天平（感量 0.1 g，允差 $\Delta_天 = 0.1$ g）测量铜圆柱体质量 1 次。

测量数据记录如下：

（1）圆柱质量：$m = (213.04 \pm 0.06)$g $\quad (P = 68.3\%)$。

（2）圆柱高 h、直径 D 的测量数据记录如表 2 所示。

表 2 铜圆柱体高度和直径测量记录表（测量前检验量具：零点示值均为零）

次数 n	1	2	3	4	5	6
高度 h（mm）	80.38	80.36	80.36	80.38	80.36	80.38
直径 D（mm）	19.465	19.466	19.465	19.464	19.467	19.466

【数据处理计算】

解：（1）圆柱高 h 的平均值及不确定度

$$\bar{h} = \frac{\sum h_i}{n} = \frac{80.38 + \cdots + 80.38}{6} = 80.37 \text{(mm)}$$

$$u_A(\bar{h}) = S_{\bar{h}} = \sqrt{\frac{\sum (h_i - \bar{h})^2}{n(n-1)}}$$

$$= \sqrt{\frac{(80.38 - 80.37)^2 + \cdots + (80.38 - 80.37)^2}{6 \times (6-1)}} = 0.0045 \text{(mm)}$$

$$u_B(\bar{h}) = \frac{\Delta_仪}{\sqrt{3}} = \frac{0.02}{\sqrt{3}} = 0.012(\text{mm})$$

$$u_C(\bar{h}) = \sqrt{u_A^2(\bar{h}) + u_B^2(\bar{h})} = \sqrt{0.0045^2 + 0.012^2} = 0.013(\text{mm})$$

所以

$$h = (80.370 \pm 0.013)\text{mm} \qquad (P = 68.3\%)，E_h = 0.016\%$$

（2）圆柱直径 D 的平均值及不确定度

$$\bar{D} = \frac{\sum D_i}{n} = 19.4655(\text{mm})$$

$$u_A(\bar{D}) = S_{\bar{D}} = \sqrt{\frac{\sum (D_i - \bar{D})^2}{n(n-1)}} = 0.00043(\text{mm})$$

$$u_B(\bar{D}) = \frac{\Delta_仪}{\sqrt{3}} = \frac{0.004}{\sqrt{3}} = 0.0023(\text{mm})$$

$$u_C(\bar{D}) = \sqrt{u_A^2(\bar{D}) + u_B^2(\bar{D})} = \sqrt{0.00043^2 + 0.0023^2} = 0.0024(\text{mm})$$

所以

$$D = (19.4655 \pm 0.0024)\text{ mm} \quad (P = 68.3\%)，E_D = 0.0123\%$$

（3）圆柱密度测量结果及其测量不确定度

圆柱密度的测量值

$$\bar{\rho} = \frac{\bar{m}}{V} = \frac{4\bar{m}}{\pi \bar{D}^2 \bar{h}} = \frac{4 \times 213.04 \text{ g}}{3.1416 \times 19.4655^2 \times 80.370 \text{ mm}^3} = 8.9073(\text{g/cm}^3)$$

圆柱密度测量不确定度

$$E_\rho = \frac{u_C(\rho)}{\bar{\rho}} = \sqrt{\left(\frac{u_C(m)}{m}\right)^2 + \left(2 \cdot \frac{u_C(D)}{D}\right)^2 + \left(\frac{u_C(h)}{h}\right)^2}$$

$$= \sqrt{\left(\frac{0.06}{213.04}\right)^2 + (2 \times 0.0123\%)^2 + (0.016\%)^2} = 4.07 \times 10^{-4} = 0.041\%$$

$$u_C(\rho) = \bar{\rho} \cdot E_\rho = 8.9073 \times 0.041\% = 0.0037(\text{g/cm}^3)$$

（4）实验的测量结果

$$\begin{cases} m = (213.04 \pm 0.06)\text{g} & E_m = 0.028\% \\ h = (80.370 \pm 0.013)\text{mm} & E_h = 0.016\% \\ D = (19.4655 \pm 0.0024)\text{mm} & E_D = 0.013\% \\ \rho = (8.907 \pm 0.004)\text{g/cm}^3 & E_\rho = 0.041\% \end{cases} \qquad (P = 68.3\%)$$

【例2】 已知圆柱的直径 $d \approx 5$ mm，高 $h \approx 20$ mm，要求该圆柱的体积 V 的相对不确定度不大于 0.1%，问 d 和 h 的允许不确定度值是多少？使用什么量具测量才合适？

解： 由 $V = \pi d^2 h/4$，按不确定度传递合成公式有

$$\frac{u_V}{V} = \sqrt{\left(2\frac{u_d}{d}\right)^2 + \left(\frac{u_h}{u}\right)^2} \leqslant 0.1\%$$

可见不确定度来自两部分，这里我们假设直径 d 和高度 h 这两个直接测量量的不确定度分量对间接测量量 V 的不确定度影响相等——**不确定度分量等作用假设（不确定度均分原则）**，即有

$$2\frac{u_d}{d} = \frac{u_h}{h}$$

于是

$$\frac{u_V}{V} = \sqrt{2\left(2\frac{u_d}{d}\right)^2} = \sqrt{2\left(\frac{u_h}{u}\right)^2} \leqslant 0.1\%$$

据此可解出

$$\frac{u_d}{d} \leqslant \frac{1}{2\sqrt{2}} \times 0.1\% = 0.036\% , \qquad \frac{u_h}{h} \leqslant \frac{1}{\sqrt{2}} \times 0.1\% = 0.071\%$$

可求得

$$u_d = 5 \times 0.00036 = 0.0018(\text{mm})$$
$$u_h = 20 \times 0.00071 = 0.0142(\text{mm})$$

故使用的仪器允差，要求

$$\Delta_d \leqslant \sqrt{3}u_d = \sqrt{3} \times 0.0018 = 0.0031(\text{mm})$$

$$\Delta_h \leqslant \sqrt{3}u_h = \sqrt{3} \times 0.0142 = 0.025(\text{mm})$$

由量具说明书可以查得量程 0～25 mm、分度值为 0.01 mm 的 0 级螺旋测微计的允差为 ±0.002 mm；量程 120 mm、分度值为 0.02 mm 的游标卡尺的允差为 ±0.02 mm。因而测量圆柱直径可用规格为 0～25 mm 的 0 级螺旋测微计，测量高度可选用 0.02 mm 分度值的游标卡尺。

若加工制造体积不确定度不超过 0.1% 的圆柱，则 $\Delta_d = 0.0031$ mm 及 $\Delta_h = 0.025$ mm 也可以作为加工尺寸的最大允许误差。

不确定度分量等作用假设（不确定度均分原则）并不是固定不变的，可以根据实际情况来调整。

习题 1.2

1. 如何理解不确定度概念？它与测量结果的误差有什么关系？

2. 测量的真值是不可确知的，但在测量之后对真值毫无所知吗？

3. 某电阻的测量结果为 $R = (35.78 \pm 0.05)\,\Omega$ $(P = 68\%)$，下列各种解释中哪一种是正确的？

  （1）被测电阻值是 35.73 Ω 或 35.83 Ω；

  （2）被测电阻值在 35.73～35.83 Ω 之间；

  （3）在 35.73～35.83 Ω 范围内含被测电阻真值的概率约为 68%；

  （4）用 35.78 Ω 表示被测电阻时，其测量误差的绝对值小于 0.05 Ω 的概率约为 0.68。

4. 用级别为 0.5、量程为 10 mA 的电流表对电路的电流做 10 次等精度测量，测得数据为：9.552，9.560，9.500，9.534，9.600，9.400，9.576，9.620，9.592，9.560（单位：mA）。请计算并以规定形式报道测量结果。

5. 用一级千分尺（示值误差限为±0.004 mm）测量某物体长度 10 次，测得值为 14.298，14.256，14.262，14.290，14.234，14.263，14.242，14.272，14.278，14.216（单位：mm）。请计算和报道测量结果。

6. 求下列各式的不确定度传递合成公式：

（1）$g = 2s/t^2$　　　（2）$I_2 = I_1 \dfrac{r_2^2}{r_1^2}$　　　（3）$f = \dfrac{l^2 - d^2}{4l}$

7. 计算 $\rho = \dfrac{4M}{\pi D^2 H}$ 的结果和不确定度 $u(\rho)$，并分析直接测量量 M、D、H 的不确定度对间接测量量 ρ 的影响（即合成公式中哪一项的单项不确定度影响大）。其中，$M = (236.124 \pm 0.002)$g，$D = (2.345 \pm 0.005)$cm，$H = (8.21 \pm 0.01)$cm。

第 3 节　有效数字及其运算

1.3.1　有效数字的概念

1. 有效数字定义及其意义

测量结果的第一位非零数字起到最末一位可疑数字（误差所在位）止的全部数字，统称为测量结果的有效数字。例如，如图 3 所示用米尺（最小刻度是 1 mm）测量钢棒的长度，我们可以读出 4.26 cm、4.27 cm 或 4.28 cm，前两位数 "4.2" 可以从米尺上直接读出来，是确切数字，而第三位数是测量者靠眼睛分辨估读出来的，可能因人各异，是有疑问的，称为可疑数字，所以该测量结果共有三位有效数字。又如 10.245、1.0245、0.10245 都是 5 位有效数字，其中最后一位是可疑数字。

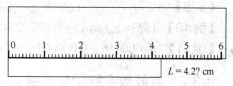

图 3　钢棒测量

有效数字的意义在于有效数字位数能反映所使用仪器和测量的精度，表示了测量所能达到的准确程度。例如，测量某物体长度的两个数据 1.3500 cm 和 1.35 cm 有效数字不同，前一个数据的有效数字位数是 5 位，而后一个的有效数字位数是 3 位。因此可以判定测量前一个数据的量具比测量后一个数据的量具的准确度高。所以，小数点后的 "0" 不可随意取舍。

2. 测量结果有效数字位数的确定

（1）在测量结果表达式中，按国家技术规范，不确定度的有效位数取 1～2 位。本书约定当不确定度首位数 ≥ 3 时，取 1 位有效数字，首位数 < 3 时取 2 位有效数字，多余的尾数只入不舍。相对不确定度取 1～2 位。

（2）不确定度决定测量结果有效数字位数，即测量结果的有效数字最后一位应与不确定度末位对齐；若不确定度取两位，则测量结果有效数字的末位和不确定度末位取齐。

【例 3】　测量值 $U = 6.040$ V，不确定度 $u(U) = 0.0042$ V，则 $U = (6.040 \pm 0.005)$V。

【例 4】　测量值 $g = 981.22$ cm/s²，不确定度 $u(g) = 1.73$ cm/s²，则 $g = (981.2 \pm 1.8)$cm/s²。

（3）测量结果（平均值）多余的尾数按通用的修约规则取舍，即尾数 "小于五则舍，大于五则入，等于五凑偶"。这种修约规则使尾数舍与入的概率相同。

【例 5】　将下列六位数值取为四位有效数字。

① 3.14159→3.142，② 2.71729→2.717，③ 4.510501→4.511，④ 4.511500→4.512

（4）同一个测量值，其精度不应随单位变换而改变。如果是十进制单位的变换，则有效数字位数保持不变。显然，有效数字位数与小数点的位置无关。

【例6】　$\bar{l} = 13.00 \text{ cm} = 130.0 \text{ mm} = 1.300 \times 10^5 \text{ μm} \neq 130000 \text{ μm}$。

【例7】　$\bar{V} = 2.50 \text{ cm}^3 = 0.00000250 \text{ m}^3 = 2.50 \times 10^{-6} \text{ m}^3 \neq 2.5 \times 10^{-6} \text{ m}^3$。

（5）对非十进制单位变换，则以保持误差所在位为有效数字的末位为原则。

【例8】　将 $\bar{\varphi} = 93.5°$ 改用弧度为单位。粗略判断其误差不小于 $0.1°$。若要改用弧度为单位，则先换算其误差约为 $\dfrac{\pi}{180} \times 0.1 \approx 0.002 \text{ rad}$，然后将测量值换算，应保留到误差所在位为止。所以 $\bar{\varphi} = \dfrac{\pi}{180°} \times 93.5° = 1.632 \text{ rad}$。

3．测量结果的科学表示方法

测量结果数据过大或过小时，测量结果的表示一般应采用科学表示法，即用有效数字乘以 10 的幂指数的形式来表示。一般小数点前只取一位数字，幂指数不是有效数字。

【例9】　1.5 kg 可写成 $1.5 \times 10^3 \text{ g}$，不能写成 1500 g。

【例10】　$(5234 \pm 1) \text{km}$ 应写成 $(5.234 \pm 0.001) \times 10^6 \text{ m}$。

【例11】　$(0.000456 \pm 0.000003) \text{s}$ 应写成 $(4.56 \pm 0.03) \times 10^{-4} \text{ s}$。

1.3.2　有效数字的运算规则

在间接测量中必然要遇到有效数字的运算。运算结果的有效数字一般要由不确定度的量级来决定。所以，对于已经给出了不确定度的有效数字，在运算时应先计算出运算结果的不确定度，然后根据这个不确定度决定结果的有效数字位数。而对于没有给出不确定度的有效数字，在运算时则按以下几种具体运算的规则来确定运算结果的有效数字位数。

（1）加减法运算规则：以参与运算各量中有效数字最后一位位数最高的为准，并与之取齐。

【例12】　$A = 5472.3$，$B = 0.7536$，$C = 1214$，$D = 7.26$，求 $N = A + B + C - D = ?$

解： 　$N = 5472.3 + 0.7536 + 1214 - 7.26 = 6680$。

（2）乘除法运算规则：以参加运算各量中有效数字最少的为准，结果一般与有效数字最少的相同，但当结果第一位数是 1 或 2 时，可多取一位。

【例13】　$A = 80.5$，$B = 0.0014$，$C = 3.08326$，$D = 764.9$，求 $N = \dfrac{ABC}{D} = ?$

解： 　$N = \dfrac{ABC}{D} = \dfrac{80.5 \times 0.0014 \times 3.08326}{764.9} = 4.5 \times 10^{-4}$。

如果在本例中，把 B 改为 0.0070，其他各量不变，则计算结果为

$$N = \frac{ABC}{D} = \frac{80.5 \times 0.0070 \times 3.08326}{764.9} = 2.27 \times 10^{-3}$$

（3）对数法运算规则：对数运算结果的有效数字位数，其尾数与真数的有效数字位数相同。

【例 14】　$\lg 3.27 = 0.\underline{515}$；$\lg 220.2 = 2.\underline{3428}$。

（4）指数法运算规则：指数运算结果的有效数字位数与指数的小数点后的位数相同（注意包括紧接小数点后的零）。

【例 15】　$10^{5.75} = 5.6 \times 10^5$；$10^{0.075} = 1.19$。

（5）三角函数法运算规则：三角函数计算结果的有效数字与角度的有效数字位数相同。

【例 16】　$\sin 43.43° = 0.6875$；$\sin 30°07' = \sin 30.12° = 0.5018$。

对其他函数运算我们给出一种简单直观的方法，即将自变量可疑位上下变动一个单位，观察函数结果在哪一位上变动，结果的可疑位就取在该位上。

【例 17】　求 $\sqrt[20]{3.25} = ?$
解：　因为 $\sqrt[20]{3.26} = 1.0608669$，$\sqrt[20]{3.25} = 1.0607039$，$\sqrt[20]{3.24} = 1.0605405$。
所以取　$\sqrt[20]{3.25} = 1.0607$。

另外，对一个包含几种不同形式运算的运算式，应按上述的运算原则按部就班进行运算。必须注意，运算中途得到的中间结果应比按有效数字运算规则规定的多保留一位，以防止由于多次取舍引入计算误差，但运算最后仍应舍去。

【例 18】　求 $3.144 \times (3.615^2 - 2.684^2) \times 12.39 = ?$
解：　$3.144 \times (3.615^2 - 2.684^2) \times 12.39$

$= 3.144 \times (13.06\overline{8} - 7.203\overline{9}) \times 12.39$

$= 3.144 \times 5.86\overline{4} \times 12.39 = 228.4$

数字上有横线的不是有效数字，运算过程中保留它是为了减少舍入误差，这样的数称为安全数字。

习题 1.3

1. 以毫米（mm）为单位表示下列各值：

　　1.58 m，0.01 m，2 cm，3.0 μm，2.58 km

2. 指出下列记录中，按有效数字要求哪些有错误：

　　（1）用米尺（最小分度为 1 mm）测量物体的长度

　　　　3.2 cm，50 cm，78.86 cm，60.00 cm，16.175 cm

　　（2）用温度计（最小分度为 0.5℃）测温度

　　　　68.50℃，34.4℃，100℃，14.73℃

　　（3）用安培计（最小分度为 0.05 A）测电流

　　　　2.0 A，1.450 A，1.010 A，0.605 A，0.982 A

3. 应用有效数字规则计算下列各式：

　　（1）$3.00 \times 4.00 + 40.0 \times 1.00 + 10 \times 0.1 = ?$

（2）$2.4 \times 10^2 - 2.5 = ?$

（3）$(6.87 + 8.93)/(133.75 - 21.073) = ?$

（4）$\dfrac{50.00 \times (18.30 - 16.3)}{(103.0 - 3.0) \times (1.00 + 0.001)} = ?$

4. 按照测量结果报道要求和有效数字规则，检查并改正以下错误：

（1）$L = (10.8000 \pm 0.3)\text{cm}$

（2）$R = (9.75 \pm 0.0626)\text{cm}$

（3）$H = (27.3 \times 10^4 \pm 5000)\text{km}$

（4）$L = (28000 \pm 8000)\text{mm}$

（5）$28\ \text{cm} = 280\ \text{mm}$

（6）$2500 = 2.5 \times 10^3$

第 4 节　常用数据处理方法

正确处理实验数据是实验能力的基本训练之一。根据不同的实验内容、不同的要求，可以采取不同的数据处理方法。下面介绍物理实验中较常用的数据处理方法。

1.4.1　列表法

列表法是记录数据的基本方法。要使实验结果一目了然，避免混乱，避免丢失数据，便于查对，列表法是记录的最好方法。列表要求如下：

（1）表格设计要尽量简明、合理，重点考虑如何能完整地记录原始数据及揭示相关量之间的函数关系；

（2）各标题栏中应标明物理量的名称（或符号）和单位；

（3）数据填写要正确反映测量数据的有效数字，而且数据书写应整齐清楚；

（4）与表格有关的说明和参数，包括表格名称，主要测量仪器的规格（型号、量程及仪器误差等），有关环境参数（温度、湿度等）和其他需要引用的常量和物理量。

1.4.2　作图图解法

作图图解法就是把测得的一系列相互对应的实验数据及变化的情况，在坐标纸上用图线直观地表示出来，然后由实验图线求出被测量值和经验公式。

1. 作图规则

（1）作图一定要用坐标纸

应根据具体的实验选用合适的坐标纸。一般有直角坐标纸、单对数坐标纸、双对数坐标纸、极坐标纸等。

（2）选择坐标纸大小和确定坐标轴分度

合理选轴、正确分度是一张图做得好坏的关键。坐标纸大小的选择和坐标轴单位的标定，应根据测量数据有效数字位数及结果需要来确定。原则上，应使图纸上读出的有效数字位数与测量数据有效数字位数相同，测量数据中的准确数字在图中也是准确的，含有误差的末位数字在图中也是估计的。这要求坐标纸的最小分格表示的是测量数据的最后一位的 1 倍或 2

倍或 5 倍单位即可，但不要用 3、6、7、9 倍单位表示，否则不易标点和读图，且容易出错。

（3）画出坐标轴

通常坐标横轴代表自变量，纵轴代表因变量。两轴的坐标起点不一定要从 0 开始，分度也可以不同。要画出坐标轴的方向，表明所代表的物理量和单位，并在轴上每隔一定间距表明该物理量的数值（标度值）。

（4）标示数据点

根据测量数据，用符号"×"标出数据点。要使数据点准确落在"×"标记的中心点上。若在一张图纸上要画出几条曲线，不同图线要用不同的数据点标记符号，如用"⊙"、"◇"、"□"、"△"、"+"等符号，以示区别。不要使用"·"作为数据点标记符号。

（5）连线

连线时要用直尺、曲线板等画图工具，决不能随手画，连线要细而清晰。

根据不同情况把各数据点连成光滑直线或光滑曲线。由于测量存在不确定度，所以连线时，图线并不一定通过所有的数据点，但要求应尽可能通过或接近大多数数据点，并使数据点尽可能均匀对称地分布在曲线的两侧。对于个别偏离过大的数据点应当仔细分析后决定取舍或重新测定。

（6）标注图名

应在图的上方或下方标明图的名称，并在适当的空处工整地标注必要的实验条件和说明，以及作者的署名和日期等。

2．图解法求直线的斜率和截距

求直线斜率和截距的具体做法是，在描出的直线两端各取一坐标点 $A(x_1, y_1)$ 和 $B(x_2, y_2)$，则可从下面的式子求出直线的斜率 a 和截距 b：

$$a = \frac{y_2 - y_1}{x_2 - x_1}, \qquad b = \frac{x_2 y_1 - x_1 y_2}{x_2 - x_1} \tag{17}$$

A、B 两坐标点相隔要远一些，一般取在直线两端附近（不要取原来的测量数据点），且自变量最好是取为整数。

【例 19】　如图 4 所示，用作图图解法，求 $R\text{-}t$ 的关系特性。

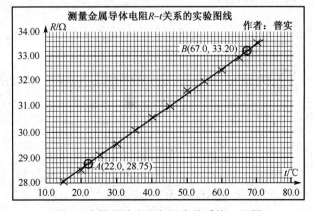

图 4　金属导体电阻与温度关系的 $R\text{-}t$ 图

直线上两端另选 A、B 点，则

$$斜率a = \frac{R_{B} - R_{A}}{t_{B} - t_{A}} = \frac{33.20 - 28.75}{67.0 - 22.0} = 0.0989(\Omega / ℃)$$

$$截距b = \frac{R_{A}t_{B} - R_{B}t_{A}}{t_{B} - t_{A}} = \frac{28.75 \times 67.0 - 33.20 \times 22.0}{67.0 - 22.0} = 26.6(\Omega)$$

金属导体电阻与温度关系：

$$R = 0.0989t + 26.6(\Omega)$$

3. 图线的线性化——曲线改直线

当物理量之间的关系是较为复杂的非线性函数关系时，可以经过适当的变量变换，使非线性函数关系变成线性关系，使曲线图改成直线图，这种方法称为曲线改直。这样可提高图线绘制的精确度，使分析变得简单，容易从变换后得到的直线中求得有关参数。比如，我们可以求出直线的斜率和截距，然后从与斜率或截距有关的关系式求出被测量或经验公式的有关常数。

例如，用单摆测重力加速度 g，摆长 l 和周期 T 之间的关系式为 $T^2 = \frac{4\pi^2}{g}l$，$T \sim l$ 为非线性关系，但 $T^2 \sim l$ 则是线性函数关系，斜率为 $\frac{4\pi^2}{g}$，所以可从 $T^2 \sim l$ 的拟合直线的斜率求出重力加速度 g 的测量值。

1.4.3　逐差法

逐差法也是一种常用的数据处理方法。物理实验常用它来求线性方程 $y = ax + b$ 的斜率 a 和截距 b，以间接测出有关的被测量。

设两个被测量之间的函数关系为线性关系 $y = ax + b$，在实验中取自变量 x 等间隔变化时做 $2n$ 次测量，得到 $2n$ 个实验数据，并把测得的 $2n$ 个数据从中间分为两组：

$$x_1, x_2, \cdots, x_n, \qquad x_{n+1}, x_{n+2}, \cdots, x_{2n}$$

$$y_1, y_2, \cdots, y_n, \qquad y_{n+1}, y_{n+2}, \cdots, y_{2n}$$

则两组对应项的差值平均值计算式为

$$\begin{cases} \overline{\Delta x} = \dfrac{1}{n}\sum_{i=1}^{n}(x_{n+i} - x_i) = \dfrac{1}{n}[(x_{n+1} - x_1) + (x_{n+2} - x_2) + \cdots + (x_{2n} - x_n)] \\[2mm] \overline{\Delta y} = \dfrac{1}{n}\sum_{i=1}^{n}(y_{n+i} - y_i) = \dfrac{1}{n}[(y_{n+1} - y_1) + (y_{n+2} - y_2) + \cdots + (y_{2n} - y_n)] \end{cases} \tag{18}$$

由此可求出斜率 a 和截距 b 为

$$a = \frac{\overline{\Delta y}}{\overline{\Delta x}} = \frac{\sum\limits_{i=1}^{n}(y_{n+i} - y_i)}{\sum\limits_{i=1}^{n}(x_{n+i} - x_i)}, \quad b = \frac{1}{2n}\left(\sum_{i=1}^{2n} y_i - a\sum_{i=1}^{2n} x_i\right) \tag{19}$$

这样把全部的实验数据分为两组，取两组对应项差值后再求平均的方法，称为逐差法，它的优点是充分利用数据，具有对测量数据取平均的效果，比作图法精确，减小了误差。

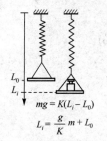

$$mg = K(L_i - L_0)$$

$$L_i = \frac{g}{K}m + L_0$$

图 5　弹簧倔强系数实验

逐差法还可以应用于一元多项式形式的函数关系，只是要进行多次逐差。有兴趣的读者可查阅有关文献。

注意：逐差法的应用条件是，函数关系为线性且自变量测量时要等间隔变化。

【例 20】　图 5 所示为测量某弹簧倔强系数 K 的实验。测量数据如表 3 所示，请用逐差法处理数据，报道测量结果。

表 3　测量数据

砝码质量 m_i（mg）	增重位置 L_i'（mm）	减重位直 L_i''（mm）	平均位置 $L_i = \frac{(L_i' + L_i'')}{2}$（mm）	逐差相减 $\Delta L = L_{i+4} - L_i$（mm）
0	58.5	60.3	59.4	56.9
200	72.7	74.5	73.6	56.5
400	87.1	88.7	87.9	56.1
600	101.5	102.9	102.2	55.7
800	116.1	116.5	116.3	
1000	129.9	130.3	130.1	
1200	143.8	144.2	144.0	
1400	157.9	157.9	157.9	

解：（1）用逐差法先求出弹簧伸长量，然后再求出弹簧的倔强系数 K。

把测量数据从中间分为两组，即 (L_1, L_2, L_3, L_4) 和 (L_5, L_6, L_7, L_8)，然后两组对应项逐个求差值 $\Delta L_i = L_{4+i} - L_i$ 填于上表，每一差值对应于加上 800 mg 砝码重量的弹簧伸长量。

把 4 个伸长值 ΔL_i 求平均，有

$$\overline{\Delta L} = \frac{56.9 + 56.5 + 56.1 + 55.7}{4} = 56.3 \text{(mm)}$$

所以所测弹簧的倔强系数为

$$K = \frac{\Delta mg}{\overline{\Delta L}} = \frac{800 \times 9.81 \times 10^{-6}}{56.3 \times 10^{-3}} = 0.1394 \text{(N/m)}$$

（2）求 K 的测量不确定度。

砝码精度较高，忽略其不确定度，故 K 的不确定度主要取决于 $\overline{\Delta L}$ 的测量不确定度。

$\overline{\Delta L}$ 的不确定度的 A 类分量为

$$u_A(\overline{\Delta L}) = S_{\overline{\Delta L}} = \sqrt{\frac{(56.9 - 56.3)^2 + (56.5 - 56.3)^2 + (56.1 - 56.3)^2 + (55.7 - 56.3)^2}{4 \times (4-1)}}$$

$$= 0.258 \text{ (mm)}$$

$\overline{\Delta L}$ 的不确定度的 B 类分量为

$$u_B(\overline{\Delta L}) = \frac{\Delta_{仪}}{\sqrt{3}} = \frac{0.1}{\sqrt{3}} = 0.058 \text{(mm)} \qquad （\Delta_{仪} = 0.1 \text{ mm 为所使用游标尺的最小分度值）}$$

$\overline{\Delta L}$ 的合成不确定度为

$$u(\overline{\Delta L}) = \sqrt{u_A^2 + u_B^2} = \sqrt{0.258^2 + 0.058^2} \approx 0.264 \text{(mm)}$$

所以，$\overline{\Delta L}$ 测量结果为

$$\Delta L = \overline{\Delta L} \pm u(\overline{\Delta L}) = (56.30 \pm 0.27)\text{mm} \qquad (P = 68.3\%)$$

$$E_r(\overline{\Delta L}) = \frac{u(\overline{\Delta L})}{\overline{\Delta L}} = \frac{0.27}{56.30} = 0.48\%$$

根据不确定度传递关系，有

$$\frac{u_K}{K} = \frac{u(\overline{\Delta L})}{\Delta L} = 0.48\%$$

所以

$$u_K = K \cdot 0.48\% = 0.1394 \times 0.48\% = 0.0007(\text{N/m})$$

（3）报道测量结果。K 的测量结果为

$$K = (0.1394 \pm 0.0007)\,\text{N/m} \quad (P = 68.3\%), \qquad E(K)_r = 0.5\%$$

1.4.4　最小二乘法和一元线性回归

最小二乘法是一种比作图图解法、逐差法都精确的实验数据处理方法，常用于由一组实验数据找出相关变量间最佳的关系图线（拟合曲线）和关系方程（回归方程）。本课程只介绍用最小二乘法由实验数据求出最佳拟合直线及其一元线性回归方程的方法。

用最小二乘法由实验数据求出最佳拟合直线及其一元线性回归方程的方法称为一元线性回归法（又称直线拟合），其依据的最小二乘法原理是：若能找到一条最佳的拟合直线，那么拟合直线上各点的值与相应的测量值之差的平方和，在所有的拟合直线中应该是最小的。

假设测量值是 $x_1, x_2, \cdots, x_n$，$y_1, y_2, \cdots, y_n$，其中 x_i 值的误差很小，可以忽略，而主要误差都出现在 y_i 上，且测量值 (x_i, y_i) 符合线性关系

$$y = ax + b \tag{20}$$

则按最小二乘法原理，所测各 y_i 值与最佳拟合直线上相应的点 $y_i = a + bx_i$ 之间偏离的平方和应满足下式：

$$S = \sum_{i=1}^{n}[y_i - (ax_i + b)]^2 = \min \qquad (i = 1, 2, \cdots, n) \tag{21}$$

式（21）中各 y_i 和 x_i 是测量值，都是已知量，而 a、b 是待求的。应用数学分析求极值的方法，令 S 分别对 a 和 b 的偏导数为零，即可解出满足上式的 a、b 值

$$\begin{cases} a = \dfrac{\overline{xy} - \overline{x} \cdot \overline{y}}{\overline{x^2} - (\overline{x})^2} \\ b = \overline{y} - a\overline{x} \end{cases} \tag{22}$$

式中，a、b 被称为回归系数。

为了判断变量 x 和 y 之间线性关系的密切程度，拟合的结果是否合理，在求出待定系数 a、b 后，还需要计算一下相关系数 r。对于一元线性回归，r 的定义为

$$r = \frac{\overline{xy} - \overline{x} \cdot \overline{y}}{\sqrt{\left(\overline{x^2} - (\overline{x})^2\right)\left(\overline{y^2} - (\overline{y})^2\right)}} \tag{23}$$

相关系数 r 作为 y 与 x 线性相关程度的评价。$|r|$ 值越接近 1，即 y 和 x 的线性关系越好，$|r|$ 越接近 0，y 与 x 之间无线性关系，拟合无意义。

所以在一元线性回归求得回归系数后，还应做相关系数检验。在满足条件 $|r| \approx 1$ ［物理实验中一般要求 $|r|$ 达到 0.999 以上（3 个 9 以上）］时，由式（22）求出的 a、b 所确定的方程 $y = ax + b$ 就是由实验数据(x_i, y_i)所拟合出的最佳直线方程。

对于指数函数、对数函数、幂函数的最小二乘法拟合，可以通过变量代换，变换成线性关系，再进行拟合。

线性回归系数和相关系数计算本来是比较烦琐的，但现在不少袖珍型函数计算器上有线性回归的计算功能（具体用法参阅所用计算器的使用说明书），加上现在计算机上普遍使用的 Excel 中也有数据统计计算的功能，这就使得线性回归计算变得非常容易。

习题 1.4

1. 处理实验数据的基本方法有哪些？

2. 用作图法处理数据时，对作图的要求主要有哪些？

3. 使用逐差法的条件是什么？

4. 有伏安法测电阻的实验数据记录于下表，试完成下面几项任务。

I（mA）	0.00	1.00	2.00	3.00	4.00	5.00	6.00	7.00	8.00	9.00
U（V）	0.00	2.00	4.01	5.90	7.86	9.73	11.80	13.75	15.90	16.86

（1）用作图法作出 U-I 曲线，并求出 R。

（2）用逐差法求 R。

（3）用线性回归法求 R。

第 2 章　基础性实验

实验 1　基本测量

长度是基本的物理量之一，它的测量是一切量度的基础，许多测量仪器的长度和角度的读数部分常根据游标、螺旋测微的原理制成。因此，学习游标卡尺、螺旋测微计，以及读数显微镜的结构、工作原理和使用方法对做好后续实验是必不可少的。本实验通过用流体静力称衡法测量物质的密度，使学生初步掌握实验数据的记录、有效数字的运算、不确定度的计算和测量结果的正确表达等。

【实验目的】

1. 学习游标卡尺、螺旋测微计、读数显微镜的测量原理及测量长度的方法；
2. 掌握天平的使用方法；
3. 用流体静力称衡法测量物质的密度，使学生初步掌握实验数据的记录、练习对测量误差的估计；
4. 初步掌握有效数字的运算、不确定度的计算和测量结果的正确表达等。

【预备问题】

1. 50 分游标卡尺的分度值是多少？如何从游标卡尺上读出被测的毫米整数和小数？如何记录游标卡尺的零点读数？如何修正测量值？
2. 螺旋测微计的分度值是多少？如何记录螺旋测微计的零点读数？如何对测量读数进行修正？
3. 使用螺旋测微计时，当螺杆接近物体时，为什么不能直接转动套筒？应正确转动什么部件？其作用是什么？
4. 使用读数显微镜为什么要避免回程误差？利用读数显微镜测量细金属丝的直径时，如何防止回程误差？

【实验仪器】

游标卡尺、螺旋测微计、读数显微镜、密度电子天平。

【实验原理】

一．游标卡尺的测量原理

1. 结构及工作原理

游标卡尺是由主尺 D 和套在主尺上并能沿主尺滑动的副尺 E（又称游标尺）构成的，如

图 1-1 所示。主尺 D 上有两个垂直于主尺的固定量爪 A 和 A'。副尺 E 除了有垂直于主尺的活动量爪 B 和 B' 外，还有尾尺 C、紧固螺钉 F 及推把 G。松开 F，副尺可沿主尺滑动。量爪 A、B（也叫外卡）用来测量物体的长度和外径，量爪 A'、B'（也叫内卡）用来测量物体的内径，尾尺 C 用来测量槽、孔的深度。

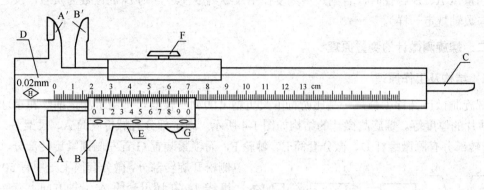

图 1-1 游标卡尺

游标卡尺利用主、副尺分度的微小分度差 δ 来提高测量的精确度。设主尺分度（最小刻度）的长度为 y mm，副尺分度的长度为 x mm，副尺有 n 个分度，则主尺与副尺的分度差为

$$\delta = y - x = y - \frac{n-1}{n}y = \frac{1}{n}y \tag{1-1}$$

游标卡尺主、副尺的分度的差值称为游标卡尺的分度值。由式（1-1）及图 1-2 看出，在主、副尺上零线对准时，主、副尺上第一条刻度相距为 δ，第二条刻度相距为 2δ，以此类推。显然，当副尺向右移动 δ 时，则主、副尺上第一条刻度对齐，副尺向右移动 2δ 时，则第二条刻度对齐，由此不难推出，若副尺的零线位于主尺上第 5 和第 6 个刻度之间，而副尺上第 9 个刻度和主尺上的某刻度对准，则副尺向右移动的距离为 5.9 mm，如图 1-3 所示。

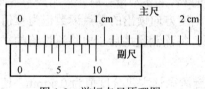

图 1-2 游标卡尺原理图

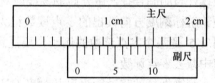

图 1-3 游标卡尺读数方法

2. 使用方法

要了解游标卡尺的规格及主、副尺的刻度上的单位，并检查主、副尺上的零刻度是否对准。正常情况下，主、副尺上的零刻度应该对齐。用游标卡尺测量物体长度后，若副尺的零线位于主尺上第 k 个和 $k+1$ 个刻度之间，副尺上第 p 个刻度和主尺上的某个刻度对准，那么被测物体的长度为

$$L = k_y + p\delta \tag{1-2}$$

具体方法是，先读出游标零线前主尺的毫米整数刻度读数（即 k_y），再看游标上的第几条（例如第 p 条）刻线与主尺上的某刻线对齐（或最接近对齐），然后用主尺与游标尺分度差（例如 0.02 mm）与对齐的刻线数相乘（例如 $0.02 \times p$，等于游标尺对应的刻度值），所得数值与主尺读数（即整数部分）相加，即为测量的长度。

若主、副尺上的零刻度不对齐，应读出两条零刻度线间的距离 L_0。在此情况下，若测量物体长度后的读数为 L'，则物体的长度为

$$L = L' - L_0 \qquad\qquad (1\text{-}3)$$

当量爪 A、B 合拢时，若副尺零刻度在主尺零刻度左边，则 L_0 的读数为负号，反之为正号（与数轴规定一样）。

二．螺旋测微计的测量原理

1. 结构及工作原理

螺旋测微计又称千分尺，是比游标卡尺更精密的测长仪器，常用于测量细丝和小球的直径、薄片的厚度等。螺旋测微计的结构如图 1-4 所示，固定部分有螺母套筒 A、尺架 B、测砧 C，旋转部分有测微螺杆 D、微分套筒 E、棘轮 F，而锁紧装置 G 置左侧锁紧旋转部分、置右

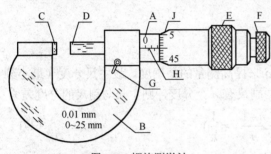

图 1-4　螺旋测微计

侧松开旋转部分，微分套筒上一周有 50 格刻度线 J，在螺母套筒 A 沿轴方向上有并列两组等距刻线 H，其上下二相邻刻线间距（螺距）等于 0.5 mm。微分套筒 E 转动一周，测微螺杆将前进（或后退）一个螺距 0.5 mm，当微分套筒转动 1/50 圆周时，测微螺杆转动的距离 $\delta = \frac{1}{50} \times 0.5 \text{ mm} = 0.01 \text{ mm}$，即螺旋测微计的分度值为 0.01 mm。

2. 使用方法

用右手轻轻转动微分套筒 E，在测微螺杆 D 接近测砧 C 时，再转动棘轮 F 旋柄，当测微螺杆与测砧接触时，可听到"咯咯"声响，即停止转动棘轮 F（防止损坏精密螺纹），此时测微螺杆与测砧合拢，微分筒的零线应对准套管上的水平准线。如未对准，就要读出零点读数。顺着游标刻度方向读出的零点读数记为正值，逆着游标刻度方向读出的零点读数记为负值。图 1-5 是两个零点读数的例子，要注意它们的符号不同。每次测量之后，要从测量值的平均值中减去零点读数。

测微螺杆的移动距离可从刻度 H 及 J 直接读出。螺旋测微计主尺分度值为 0.5 mm，使用螺旋测微计测量时，在读数时要特别注意半毫米刻度是否露出来。图 1-6 所示的三个例子中，(b)比(a)多一圈，读数相差 0.5 mm，所以(a)的读数是 3.685 mm，而不是 3.185 mm。

螺旋测微计使用完毕后，应在螺杆和测砧之间留有一定的间缝，以免因热膨胀而损坏螺纹。

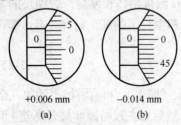

+0.006 mm　　−0.014 mm
(a)　　　　　(b)

图 1-5　螺旋测微计的零点读数

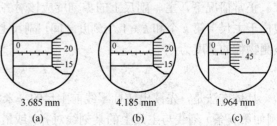

3.685 mm　　4.185 mm　　1.964 mm
(a)　　　　(b)　　　　(c)

图 1-6　螺旋测微计的读数方法

　　如图 1-7 所示，若使用数显螺旋测微计，必须测量前调零，将测微螺杆与测砧合拢后，按复零钮，使数据显示窗口显示 0.000；正确选择单位，所测量的数据从显示窗口读取。结束使用时需关电。

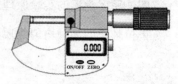

图 1-7　数显螺旋测微计示意图

三．读数显微镜的测量原理

　　读数显微镜是精确测量微小长度的仪器。实验室常用 JXD-250 型读数显微镜，它的测量范围为 0~250 mm，分度值为 0.01 mm。

1．结构及工作原理

　　JXD-250 型读数显微镜外型如图 1-8 所示。

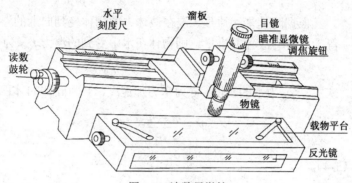

图 1-8　读数显微镜

　　该仪器用毫米刻度尺与读数鼓轮进行读数。水平刻度尺的刻度间距为 1 mm，鼓轮圆周上的刻度尺有 100 个分格。鼓轮转动 1 个分格时，显微镜移动距离为

$$\delta = 1 \times \frac{1}{100} = 0.01 \text{ mm}$$

它就是读数显微镜的分度值。

2．使用方法

　　（1）目镜调焦、瞄准、物镜调焦

　　目镜调焦，使目镜分划板上的黑色十字叉丝清晰（如图 1-9 左图所示）；把被测金属丝放置在目镜下方的载物台上，用调焦手轮调焦，为了防止物镜直接与待测物接触而碰坏，物镜调焦时，只准镜筒向上移动，直到从目镜中能清晰观察到待测物的像为止（如图 1-9 右图所示）。

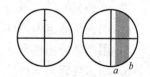

图 1-9　黑色十字叉丝与金属丝

　　（2）测量

　　转动鼓轮，使叉丝分别与被测物体的两个目标位置对准，记下两次读数，其差值的绝对值就是待测物的长度。

　　转动鼓轮时要避免**回程误差**，回程误差源于螺纹中的空程。为了防止回程误差，在测量过程中，鼓轮应向同一方向转动使叉丝和各目标对准，当移动叉丝超过目标时，就要多退回一些，重新再向同一方向转动鼓轮去对准目标。

四. 密度测量的实验原理

单位体积的某种均匀物质的质量称为这种物质的密度，其表达式为

$$\rho = \frac{m}{V} \tag{1-4}$$

因而只要测出某均匀物质的体积 V 和质量 m，即可求得该物质的密度 ρ。

物体的质量可以用天平测量，对外形规则的固体，则通过测量其体积，就可计算其密度。

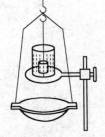

对于外形不规则的固体，可以采用流体静力称衡法测其密度。

首先用物理天平称得待测固体的质量为 m，然后将此固体完全浸入水中称衡，如图 1-10 所示，称得其质量为 m_1，则物体在水中受到的浮力 f 为

$$f = mg - m_1g \tag{1-5}$$

根据阿基米德原理，浸在液体中的物体受到向上的浮力，浮力的大小等于所排开液体的重量。则物体在水中受到的浮力 f 又为

$$f = \rho_0 V g \tag{1-6}$$

图 1-10　天平左盘

式中，ρ_0 为水的密度，g 为重力加速度，V 为固体的体积。于是

$$V = \frac{m - m_1}{\rho_0} \tag{1-7}$$

将 V 代入密度式（1-4），得

$$\rho = \frac{m}{m - m_1} \rho_0 \tag{1-8}$$

因水的密度与温度有关，故应根据实验时的水温，在附表中查出相应的 ρ_0，即可求得该固体的密度。

【实验内容及步骤】

1. 记下游标卡尺零点读数，用游标卡尺在铜圆柱的不同部位重复测量高度 6 次；
2. 记下螺旋测微计零点读数，用螺旋测微计在铜圆柱的不同部位重复测量直径 6 次；
3. 用读数显微镜测量细金属丝直径，重复测量 3～5 次，写出测量结果（注意：测量时读数显微镜的鼓轮应始终向同一方向转动，以防回程误差）；
4. 用天平测定铜圆柱的质量，计算铜圆柱的密度及不确定度；
5. 用流体静力称衡法测铜圆柱的密度，计算不确定度；
6. 用流体静力称衡法测有机玻璃圆柱的密度，计算不确定度。（选做内容）

【注意事项】

1. 使用游标卡尺和螺旋测微计时要记下零点读数，并对测量读数进行修正。
2. 使用游标卡尺时，被夹在量爪内的物体不要用力移动，以免损坏量爪。此外，一般情况下也不要用游标卡尺测量表面粗糙的物体。
3. 使用螺旋测微计时应该注意主尺刻度下方（或上方）的"半毫米线"是否露出。
4. 螺旋测微计使用完毕时，应在螺杆和测砧之间留有一定的间隙，以免因热膨胀而损坏螺纹。

5. 使用天平之前，应调节天平底脚，使天平水平（水平仪气泡居中）；测量前要调零，注意待测物体的质量不能超过天平的测量范围，以免损坏天平。

【思考题】

1. 有两种游标卡尺，其主尺上单位分度的长度 $y = 1$ mm，副尺的分格数 $n = 20$，其中一种副尺上单位分度的长度 $x_1 = 0.95$ mm，另一种为 $x_2 = 1.95$ mm。请问：① 这两种游标的分度值是否相同？② 这两种游标尺的总长度和分度值的长度有什么差别？

2. 如图 1-11 所示的游标卡尺，其副尺的零线在主尺零线的左边，副尺上第 6 条刻度和主尺上的某刻度对齐，问零点读数是多少？（注意标明正负号）

3. 螺旋测微计的螺杆和测砧的端面刚好接触时，活动套筒左边缘的刻度相对于微测基准线的位置如图 1-12(a)和(b)所示，问零点读数各是多少？（注意标明正负号）

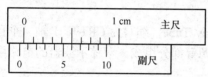

图 1-11 游标卡尺读数示意图

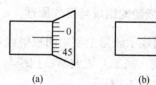

(a)   (b)

图 1-12 螺旋测微计读数示意图

4. 欲测量半径为 2 cm 左右的钢球的体积，要求单次测量的相对不确定度不大于 0.5%，应使用什么仪器测量才能满足精度要求？为什么？

5. 如何用流体静力称衡法测定密度比液体密度小的固体的密度？（写出主要原理及测量公式）

6. 设计一个测量小粒状固体密度的方案。

【参考文献】

[1] 江兴方等. 物理实验. 北京：科学出版社，2005.

实验 2 示波器的原理与应用

示波器是一种用途广泛的电子测量仪器，能直接测量电压的波形、幅度、周期和相位等参数。通过传感器，一切可转换为电压信号的电学量（如电流、功率、电抗等）和非电学量（如温度、速度、压力、磁场强度等）都可以用示波器来观测。

示波器有多种类型，新产品和新功能不断增多。按显示方式来分，主要有阴极射线示波器和液晶示波器两种，它们的基本原理大致相同。本实验以日本岩崎 SS-7802A 型阴极射线双踪示波器为例，介绍示波器的工作原理与使用方法，为今后使用其他示波器打下基础。

【实验目的】

1. 了解示波器的结构与工作原理；
2. 学习示波器的使用方法；
3. 学习函数信号发生器的使用方法；
4. 观察交流信号波形，测量信号的幅度与周期；
5. 观察李萨如图，测量信号频率。

【预备问题】

1．从 CH1 通道输入 1 V、1 kHz 的正弦波，如何操作显示该信号波形？
2．当波形水平游动时，如何调节才能使波形稳定？
3．如何测量波形的幅度与周期？
4．调节什么旋钮可使李萨如图稳定？

【实验仪器】

示波器、函数信号发生器。

【实验原理】

1．示波器的组成与工作原理

阴极射线示波器主要由阴极射线管（Cathode Ray Tube，缩写为 CRT）、Y 轴（垂直）放大器、X 轴（水平）放大器、扫描与触发系统及电源等部分组成。双踪示波器的电路组成及结构框图如图 2-1 所示。

（1）示波管

示波管是用于显示被测信号波形的器件，其结构如图 2-2 所示。大致分为三部分：电子枪、偏转板和荧光屏。

荧光屏：玻璃屏上涂有一层荧光粉，当电子束高速打到荧光屏上时，荧光粉发光，从而显示电子束的运动轨迹和被测信号波形。

电子枪：如图 2-2 所示，电子枪由灯丝 1、阴极 2、栅极 3、阳极 4、聚焦极 5 等部分组成，它的作用是发射和控制电子束。

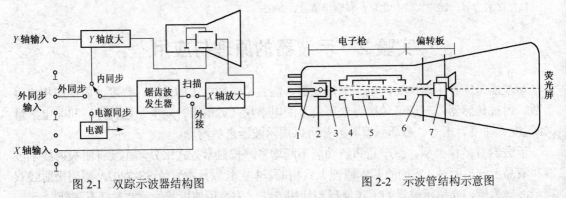

图 2-1　双踪示波器结构图　　　　　图 2-2　示波管结构示意图

阴极被灯丝加热后，向外发射电子，通过栅极后形成电子束。栅极的电位相对阴极为负，因此调节栅极相对阴极的电位，可以控制到达荧光屏的电子数目，从而调节荧光屏上光点的亮度，称为"亮度（辉度）"调节。

阳极施加高于阴极的正电压，对电子起加速作用。改变两个阳极间静电场的分布可使电子聚焦于荧光屏上。由于这种调节可以改变聚焦程度，故称为"聚焦"。调节聚焦电压可以改变荧光屏上光点的清晰度。

偏转板：示波管内有两组平行板，一组竖直放置，一组水平放置（见图 2-2 中的 6、7）。在水平放置的平行板上加上电压，电子就在水平方向受到电场作用产生水平偏转；在垂直放置的平行板上加上电压，电子就在垂直方向受到电场作用产生垂直偏转，如图 2-3 所示。

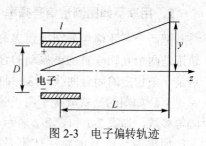

图 2-3 电子偏转轨迹

（2）电压放大系统

要使光点在荧光屏上移动一定的间距，必须在偏转板上加足够的电压。一般示波管偏转板的灵敏度不高，偏转 1 cm 需要几十伏的电压。被测信号的电压一般较低，只有几伏、几毫伏，甚至更低。因此，为了使电子束能在荧光屏上获得明显的偏移，必须经垂直（Y 轴）或水平（X 轴）放大器对被测信号进行电压放大。

（3）扫描与触发系统

扫描： 如图 2-4 所示，在水平偏转板上加锯齿波电压（电压与时间的变化关系形同"锯齿"，故称锯齿波），电子束在水平方向周期性地来回扫动，称为**扫描**。这样，荧光屏上就出现一条水平线段，该水平线段通常称为**扫描线**。

波形显示原理： 若把一个电压随时间变化的信号加在示波器的垂直偏转板上，荧光屏上就会看到一条垂直亮线，而看不到波形。如图 2-5 所示，如果在 Y 偏转板加正弦电压 U_y 的同时，在 X 偏转板加锯齿波电压 U_x，则电子在 Y 方向做正弦运动的同时，在 X 方向做匀速运动，荧光屏上就可以显示电压随时间变化的正弦波形。

若 U_x 与 U_y 的周期 T_x 与 T_y 相等，则荧光屏上显示一个正弦波。若 $T_x = nT_y$（n 为正整数），则荧光屏上显示 n 个正弦波。

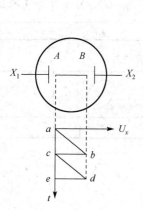

图 2-4 X 轴锯齿扫描波形

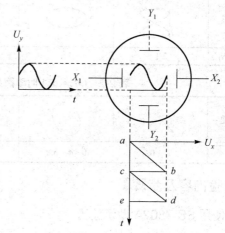

图 2-5 波形扫描波形原理

触发同步： 只有 T_x 为 T_y 的整数倍时，荧光屏上的波形才能稳定。T_y 由示波器被测信号决定，而 T_x 由示波器内部的锯齿波发生器决定，两者原本无关。如果 T_x 不是 T_y 的整数倍，那么每次扫描所出现的波形都不一样，因而波形不稳定。

为了得到稳定波形，可以采用**触发同步**，即从 Y 轴偏转电压引入一部分电压（参见图 2-1）去控制锯齿波发生器，强制 T_x 跟踪 T_y 的变化，以保证 $T_x = nT_y$。引入的电压称为**触发电压**。

双踪显示： 利用电子开关（实际上是一个自动快速单刀双掷开关）把通道 1（CH1）和通道 2（CH2）的两个输入信号轮换送入 Y 轴放大器，可在荧光屏上的两个不同位置轮流显示这两个信号波形。当轮换速度足够快时，由于人眼的视觉暂留作用，就可在荧光屏上同时观察到两个（双踪）波形。

2. 用李萨如图测量信号频率

把两个正弦信号分别加到 X 轴（CH1）和 Y 轴（CH2）输入端，则荧光屏上光点的运动轨迹是两个互相垂直的谐振动的合成。当两个正弦信号的频率之比为简单的**整数比**时，其轨迹是一条稳定的闭合曲线。这种曲线称为**李萨如图**，如图 2-6 所示。

李萨如图的形状取决于两正弦信号的频率、相位和振幅等参数，如表 2-1 和表 2-2 所示。

如果两个信号的频率比不是整数比，则李萨如图不稳定。当接近整数比时，可以观察到转动的李萨如图。

由表 2-1 可见，封闭的李萨如图在 Y 方向的切点数 N_y 与 X 方向的切点数 N_x 之比，与两信号的频率之比有如下关系：

$$\frac{f_x}{f_y} = \frac{N_y}{N_x} \qquad (2\text{-}1)$$

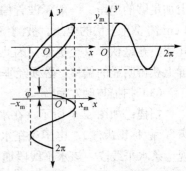

图 2-6　两正弦信号合成的李萨如图

利用式（2-1）可以测量正弦信号频率。如果其中一个信号的频率 f_x 或 f_y 已知，则把两个信号分别输入 Y 轴与 X 轴，调出稳定的李萨如图，再从李萨如图可以求出切点数 N_y 与 N_x，则由式（2-1）可求出待测正弦信号的频率 f_y 或 f_x。

表 2-1　李萨如图与信号频率的关系

李萨如图	$N_y = 2$ $N_x = 1$			$N_y = 1$ $N_x = 3$	
$f_x/f_y = N_y/N_x$	2/1	1/1	1/2	1/3	2/3

表 2-2　$f_x/f_y = 1:1$ 时李萨如图与信号相位差的关系

李萨如图					
φ 角	$\varphi = 0$	$0 < \varphi < \pi/2$	$\varphi = \pi/2$	$\pi/2 < \varphi < \pi$	$\varphi = \pi$

【实验内容及步骤】

1. 使用 SS-7802A 型示波器

（1）SS-7802A 型示波器概况

SS-7802A 型示波器面板布局及主要按键、旋钮的功能与使用方法见本实验的附录 2-A。实验中要用 TFG1005 DDS 函数信号发生器产生信号，其主要功能及使用方法见本实验的附录 2-B。示波器和函数信号发生器的操作录像见"大学物理实验网站"（http://151.fosu.edu.cn/dxwlsy/indexy.asp）。

（2）SS-7802A 型示波器的使用要点

① 按"AUTO"（自动）键，使扫描方式（SWEEP MODE）选 AUTO 扫描，以便无信号输入时显示水平亮线。

② 使用前，将常用旋钮居中（旋钮的小刻线朝正上方），如"INTEN"波形亮度旋钮、"READ OUT"（字符亮度）旋钮、"↕POSITION"（垂直位移）旋钮和"←→POSITION"（水平位移）旋钮。

③ 按 "DC/AC" 键，使 CH1 和 CH2 输入信号耦合方式选为 AC，此时荧光屏底部显示 "1:" 和 "2:" 通道的偏转因数单位为 $\tilde{V}$ 或 $m\tilde{V}$。按 "COUPLE"（耦合）键，使触发信号耦合方式选为 AC，荧光屏顶部显示 "AC"。关闭 "TV" 触发功能和 "MAG" 周期放大功能。

④ 按 "SOURCE"（触发源）键，选 VERT（垂直）触发方式，这样不管是从 CH1 还是从 CH2 输入信号，都能得到稳定的波形显示。

⑤ 当波形不稳定时，旋转 "TRIG LEVEL"（触发电平）旋钮，使波形稳定。

上面五个要点可概括为： 自动（AUTO）扫描、旋钮居中、交流（AC）耦合、垂直（VERT）触发、电平（TRIG LEVEL）调节。

2. 测量信号的幅度与周期

（1）正弦波信号

① 将函数信号发生器的输出信号（50 Ω 输出 A 端）输到示波器的 CH1 或 CH2 输入端。

② 调节函数信号发生器的频率和幅度旋钮，输出 1 kHz、1 V_{PP} 的正弦波。

③ 若信号从示波器 CH1 插座输入，则按 "CH1" 键，使荧光屏底部显示 "1:"，以显示 CH1 的信号波形；若信号从示波器 CH2 插座输入，则按 "CH2" 键，使荧光屏底部显示 "2:"，以显示 CH2 的信号波形。若屏底有 "≒" 显示，按 "GND" 键取消 "≒"，则取消输入通道接地。若有 ">"（未知锁定）号显示，按 "VOLTS/DIV" 旋钮取消它，则取消锁定偏转因数，而扫描速率 "TIME/DIV" 旋钮雷同。若有 "+" 显示，按 "ADD" 键取消 "+"，则取消（CH1+CH2）叠加信号；若有 "↓" 显示，按 "INV" 键取消 "↓"，则取消 "2:" 显示 CH2 反相波形。

④ 调节 Y 轴 "VOLTS/DIV"（偏转因数）旋钮，使波形峰峰值在 Y 方向占 3～5 大格。调节 X 轴 "TIME/DIV"（扫描速率）旋钮，使荧光屏 X 方向显示 1～5 个周期的波形，按 "SOURCE"（触发源）键选 VERT（垂直）触发方式，调节 "TRIG LEVEL" 触发电平旋钮，使波形稳定显示。

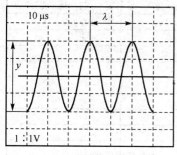

图 2-7　测波形幅度与周期

⑤ 用示波器**间距测量法**和**光标测量法**分别测出信号的电压、周期，将数据分别记录在表 2-3 中，并比较 "间距测量法" 与 "光标测量法" 的测量结果，指出哪个测量准确。

间距测量法： 如图 2-7 所示，荧光屏上 1 个正方格边长为 1 cm，用荧光屏上的刻度尺分别测出波形峰峰（峰位到谷位）的垂直距离 y 和波形一个周期的水平距离 λ，则

$$峰峰电压\ U_{PP} = y\ (\text{cm}) \times 偏转因数\ k\ (\text{V/cm}) \qquad (2\text{-}2)$$

$$周期\ T = \lambda\ (\text{cm}) \times 扫描速度\ p\ (\text{ms/cm}) \qquad (2\text{-}3)$$

$$频率\ f = 1/T\ (\text{Hz}) \qquad (2\text{-}4)$$

例如，在图 2-7 中，荧光屏左下角显示 "1:" 通道的偏转因数 $k = 1$ V/cm，荧光屏左上角显示扫描速率 $p = 10$ μs/cm，$y = 4.0$ cm，$\lambda = 2.0$ cm，则由式（2-2）、式（2-3）求得

$$U_{PP} = 4.0\ \text{cm} \times 1\ \text{V/cm} = 4.0\ \text{V},\ T = 2.0\ \text{cm} \times 10\ \text{μs/cm} = 20\ \text{μs} = 0.020\ \text{ms}$$

光标测量法的描述见本实验附录 2-A 的 "光标测量" 功能和操作方法。

（2）矩形波信号

调节函数发生器 "输出波形选择" 键（即依次按[Shift]、[1]键），输出矩形波，调节频率为 10 kHz。按照上述正弦波的测量方法，用示波器测出矩形波的幅度、周期，将数据分别记录在表 2-3 中，并比较 "间距测量法" 与 "光标测量法" 的测量结果。

（3）三角波信号

调节函数发生器"输出波形选择"键（即依次按[Shift]、[2]键），输出三角波，调节频率为 100 kHz。按照上述正弦波的测量方法，用示波器测出三角波的幅度、周期，将数据分别记录在表 2-3 中，并比较"间距法测量"与"光标测量法"的测量结果。

3．观察李萨如图，用李萨如图测量正弦信号频率

（1）用函数发生器的输出 A 端，从示波器 CH1 通道（X 轴）输入 1 V、100 Hz（f_x）的正弦波，按"CH1"键，使荧光屏底部显示"1:"，调节示波器有关旋钮，观察到稳定的正弦波。

（2）用函数发生器的输出 B 端，从 CH2 通道（Y 轴）输入 1 V、50 Hz（f_y）的正弦波，按"CH2"键，使荧光屏显示"2:"，调节示波器有关旋钮，观察到 CH2 通道稳定的正弦波。

（3）按"X-Y"键，使"水平显示"置"X-Y"工作方式，按一次"CH1"键使 CH1 通道关闭，则荧光屏出现李萨如图。调节 CH1 和 CH2 的偏转因数，使李萨如图大小适中。

（4）缓慢调节 CH2 的函数发生器的频率 f_y，使李萨如图稳定。画出李萨如图，测量相应的 X 方向切点数 N_x 和 Y 方向切点数 N_y，将数据记入表 2-4 中。

（5）再将频率 f_y 调节为 300 Hz，画出李萨如图，测量相应的 X 方向切点数 N_x 和 Y 方向切点数 N_y，将数据记入表 2-4 中，并判断式（2-1）是否成立。

（6）做完李萨如图实验后，必须按"A"键，使水平显示置"A（常规）"工作方式，以便荧光屏出现水平亮线，保护荧光屏。

【数据记录及处理】

1．测量三种不同波形信号的幅度、周期和频率（填写如下表 2-3）

表 2-3　测量三种信号的幅度、周期和频率

波　　形		正　弦　波	矩　形　波	三　角　波
函数发生器的显示参数		1 kHz，1V$_{PP}$	10 kHz，1V$_{PP}$	100 kHz，1V$_{PP}$
观测的波形				
间距测量法	Y 偏转因数 k（V/cm）			
	峰峰垂直距离 y（cm）			
	峰峰电压 $U_{PP} = k \cdot y$（V）			
	扫描速率 P（μs/cm）			
	波长 λ（cm）			
	周期 $T = P \cdot \lambda$（μs）			
	频率 $f = 1/T$（kHz）			
光标测量法	峰峰电压 U_{PP}（V）			
	周期 $T = \Delta t_{光标}$（μs）			
	频率 $f = 1/\Delta t_{光标}$（kHz）			

2．用李萨如图测量正弦信号频率（填写如下表 2-4）

表 2-4　用李萨如图测量正弦信号频率

f_x（Hz）（CH1）	100	
f_y（Hz）（CH2）	50	300
李萨如图		
X 方向切点数 N_x		
Y 方向切点数 N_y		
N_y/N_x		
f_x/f_y		

【思考题】

1. 当示波器出现下面的不良波形时，请选择合适的操作方法，使波形正常。（1）波形超出荧光屏：_____；（2）波形太小：_____；（3）波形太密：_____；（4）亮点，不显示波形：_____。可选答案：① 调大"偏转因数（VOLTS/DIV）"；② 调小"偏转因数"；③ 调大"扫描速率（TIME/DIV）"；④ 调小"扫描速率"；⑤ 水平显示置"A"（常规）方式；⑥ 水平显示置"X-Y"方式。

2. 观察李萨如图时，要改变图形的垂直大小，应调节_____通道的"偏转因数（VOLTS/DIV）"；要改变图形的水平大小，应调节_____通道的"偏转因数（VOLTS/DIV）"；要改变图形的垂直位置，应调节_____通道的"垂直位移（POSITION）"。（可选答案：CH1，CH2）。

3. 用示波器测得的 CH1（X）信号的波形如 2-8(a) 所示，CH1（X）信号与 CH2（Y）信号合成的李萨如图如图 2-8(b) 所示，示波器荧光屏上已显示了必要的参数，图中每一大格为 1 cm。请回答下列回题：（1）CH1（X）信号的 U_{PP} 为_____V；（2）CH1（X）信号的周期为_____ms；（3）CH2（Y）信号的频率为_____Hz。

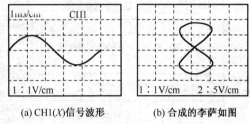

(a) CH1(X)信号波形　　(b) 合成的李萨如图

图 2-8　信号与李萨如图

【参考文献】

[1] 是度芳，贺渝龙. 基础物理实验. 武汉：湖北科学技术出版社，2003.

【附录 2-A】SS-7802A 型示波器

图 2-9 是 SS-7802A 型示波器的操作面板示意图，大部分操作在荧光屏上都有相应的符号显示。按键、旋钮的功能及操作方法见表 2-5。

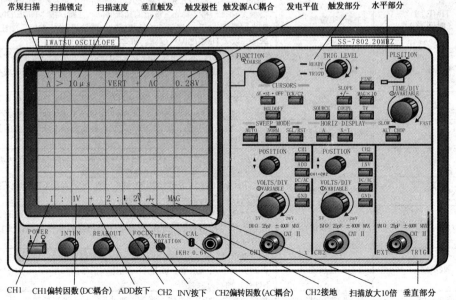

图 2-9　SS-7802A 型示波器面板操作示意图

表 2-5　SS-7802A 型示波器按键、旋钮的功能及操作方法

区域	按键/旋钮	中文名	功能及操作方法
主机电源	POWER	电源开关	按下该键，电源打开
	INTEN	亮度旋钮	顺时针旋转，亮度增强。亮度要适中，以免损坏荧光屏
	READ OUT	字符亮度旋钮	顺时针旋转，亮度增强。亮度要适中，以免损坏荧光屏
	FOCUS	聚焦旋钮	调节该旋钮，使扫描线和显示字符清晰
	CAL	校准信号输出端子	输出 1 kHz、0.6 Vpp 方波
垂直部分	CH1	通道 1 输入插座	从该插座输入通道 1 信号
	CH1	通道 1 选择按键	按 "CH1" 键，荧光屏显示通道 1 的波形或扫描线，左下角显示通道号 "1:"。再按一次 "CH1" 键，通道 1 的波形或扫描线、通道号 "1:" 均消失
	VOLTS/DIV	Y 轴偏转因数旋钮	顺时针旋转，波形在 Y 方向变大。荧光屏下端显示 Y 轴偏转因数的大小，表示 Y 方向每一格（1 cm）波形的幅度。**注意**：若按 "VOLTS/DIV" 旋钮，荧光屏显示 ">"，表示该旋钮被锁定，旋转 "VOLTS/DIV" 旋钮无响应。再按一次 "VOLTS/DIV" 旋钮，符号 ">" 消失，解除锁定
	↕ POSITION	Y 轴位移旋钮	顺时针旋转该旋钮，波形上移。一般旋转该旋钮使旋钮的标志线居中，以便波形在 Y 方向居中
	DUAL	双踪选择按键	按 "DUAL" 键，荧光屏上自动以交替或断续方式同时显示 CH1 和 CH2 的扫描线或波形
	ADD	叠加选择按键	按 "ADD" 键，显示 CH1 + CH2 的波形，荧光屏底的中间置显示 "+"。再按一次 "ADD" 键，恢复原来的显示，荧光屏上符号 "+" 消失
	INV	CH2 反相按键	按 "INV" 键，显示 CH2 的反相波形，荧光屏上通道号 "2:" 的后面显示反向符号 "↓"。再按一次 "INV" 键，显示正常波形，符号 "↓" 消失。若再按 "INV" 键，显示 CH1 – CH2
垂直部分	CH2	通道 2 输入插座	从该插座输入通道 2 信号
	CH2	通道 2 选择按键	按 "CH2" 键，荧光屏显示通道 2 的波形或扫描线，左下角显示通道号 "2:"。再按一次 "CH2" 键，通道 2 的波形或扫描线、通道号 "2:" 均消失
	GND	接地按键	按 "GND" 键，CH1 或 CH2 输入零信号，显示水平亮线，荧光屏下端显示接地符号（≡），用于校准水平亮线位置。再按一次 "GND" 键，CH1 或 CH2 信号正常输入
水平部分	←→ POSITION	X 轴位移旋钮	顺时针旋转，波形右移。一般旋转该旋钮使旋钮的标志线居中，以便波形在 X 方向居中
	TIME/DIV（时间/格）	扫描速率旋钮	顺时针旋转，波形在 X 方向变大，荧光屏左上角显示扫描速率的大小，表示 X 轴每一格（1 cm）波形的扫描时间。**注意**：按 "TIME/DIV" 旋钮，荧光屏显示 ">"，表示该旋钮被锁定，旋转 "TIME/DIV" 旋钮无响应；再按一次 "TIME/DIV" 旋钮，符号 ">" 消失，解除锁定
	MAG	X 轴放大按键	按 "MAG" 键，X 方向波形被放大 10 倍，荧光屏右下角显示 "MAG"；再按一次 "MAG" 键，波形正常显示，符号 "MAG" 消失。通常测量应消除 "MAG" 显示功能
显示方式	X-Y	X-Y 显示按键	按 "X-Y" 键，水平显示置 "X-Y" 方式，显示一个亮点。如果将信号 1 输入 X 轴（CH1），信号 2 加到 Y 轴（CH2），则可以观察到李萨如图
	A	常规显示按键	按 "A" 键，水平显示置 "常规" 方式，显示信号 1 或信号 2 的扫描线或波形，荧光屏左上角显示 "A"
	ALT	交替显示按键	按 "ALT" 键，交替显示 CH1 和 CH2 波形。若信号频率较高，好像两个波形同时显示。适于观测两路高频信号
	CHOP	断续显示按键	按 "CHOP" 键，先显示 CH1 波形的一部分，再显示 CH2 波形的一部分，断续进行。适于观测两路低频信号
扫描方式	AUTO	自动扫描按键	按 "AUTO" 键，相应指示灯亮，示波器自动扫描。即使在没有信号输入或输入信号没有被触发时，荧光屏上仍可显示水平亮线，所以通常选 AUTO 扫描方式
	NORM	常态扫描按键	按 "NORM" 键，相应指示灯亮，示波器有触发信号才能扫描；无信号输入时荧光屏上无水平亮线显示。当输入信号的频率低于 50 Hz 时，用 NORM 触发方式较好
	SINGLE	单次扫描按键	每按一次 "SINGLE" 键，显示一次波形。适于波形拍照

（续表）

区域	按键/旋钮	中文名	功能及操作方法
触发同步	SOURCE	触发源选择按键	每按一次"SOURCE"键，触发源依次按 CH1、CH、EXT、LINE、VERT 的次序循环设置。当设置为垂直（VERT）触发时，CH1 或 CH2 信号的一部分作为触发信号，触发源的符号"VERT"显示在荧光屏的顶端。为了方便，常选"VERT"触发方式
	TRIG LEVEL	触发电平旋钮	当该旋钮设置不当时，波形不稳定。调节"TRIG LEVEL"旋钮，被测信号在某选定电平上被触发，使波形稳定
	COUPLE	触发耦合选择按键	选择触发信号的耦合方式（AC，DC，HF REJ，LF REJ）。AC 触发耦合：去掉触发信号中的 DC 成分和频率 100 Hz 以下的交流成分。DC 触发耦合：触发信号中所有成分都可通过。HF REJ 触发耦合：衰减触发信号中的高频（10 kHz 以上）成分。LF REJ 触发耦合：衰减触发信号中的低频（10 kHz 以下）成分，用于触发信号含有偏频噪声使触发不稳定的情形
	SLOP	触发极性按键	选"+"，则在信号波形的上升沿（正斜率）触发；选"−"，则在信号波形的下降沿（负斜率）触发
光标测量	ΔV-Δt-OFF	光标测量选择键	按"ΔV-Δt-OFF"键，荧光屏显示两条水平光标线，再按一次该键，显示两条垂直光标线，再按一次该键，光标线消失。① 测量波形幅度时：按"光标测量选择"键，荧光屏出现两条水平光标线，荧光屏下方自动显示两条光标线之间的波形幅度 ΔV ② 测量波形时间间隔时：按"光标测量选择"键，荧光屏出现两条垂直光标线，荧光屏下方自动显示两条光标线之间的时间间隔 Δt
	TCK/C2	测量光标选择键	每按一次"TCK/C2"键，依次选中光标 1、光标 2 或同时选择光标 1 和光标 2 作操作对象，被选中的光标线的一端被加亮
	FUNCTION	测量光标移动旋钮	改变被选光标线的位置和方向，以确定波形的测量范围。按压"FUNCTION"旋钮，快速移动测量光标线；旋转"FUNCTION"旋钮，正向或反向慢速移动光标线

【附录 2-B】TFG1005 DDS 函数信号发生器

TFG1005 DDS 函数信号发生器的前面板示意图如图 2-10 所示。

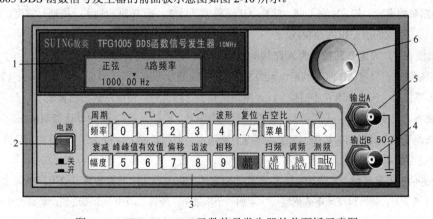

图 2-10 TFG1005 DDS 函数信号发生器的前面板示意图

1—液晶显示屏；2—电源开关；3—键盘；4—输出 B；5—输出 A；6—调节旋钮

1. **显示屏**。显示分为三部分：（1）上面一行为功能和选项显示，左边两个汉字显示当前功能，在"A路单频"和"B路单频"功能时显示输出波形；（2）右边四个汉字显示当前选项，在每种功能下各有不同的选项，如"A路频率"、"A路周期"、"A路幅度"、"A路波形"、"A占空比"、"B路频率"等；（3）下面一行显示当前选项的参数值。

2. **单位键**。当输入参数值时，数据的末尾都必须用单位键作为结束。因为按键面积较小，单位"°"、

"%"、"dB"等没有标注，都使用［Hz］键作为结束。当项目选择为频率、电压和时间等时，仪器会自动显示相应的单位：Hz、V 或 ms 等。数据输入可以使用小数点和单位键任意搭配，仪器会按照固定的单位格式将数据显示出来，例如输入 1.5 kHz、1500 Hz 或 1500000 mHz，数据生效之后都会显示为 1500.00 Hz。不同的物理量有不同的单位，如频率用"Hz"、幅度用"V"、时间用"s"、相位用"°"。在数据输入时，只要指数相同，都使用同一个单位键，即［MHz］键等于 10^6、［kHz］键等于 10^3、［Hz］键等于 10^0、［mHz］键等于 10^{-3}。

3．**键盘**。共有 20 个按键，键体上的字表示该键的基本功能，直接按键执行基本功能。键上方的字表示该键的上挡功能，先按［Shift］键，荧光屏右下方显示"S"，再按某一键可执行该键的上挡功能。

4．**波形选择**。A 路常用波形选择：正弦波、方波、三角波、锯齿波，各波形依次按键分别为［Shift］［0］、［Shift］［1］、［Shift］［2］、［Shift］［3］。

A 路其他波形选择：A 路选择指数波形，按键［Shift］［波形］［1］［2］［Hz］。

A 路占空比设定：A 路选择方波，占空比 65%，按键［Shift］［占空比］［6］［5］［Hz］。

A 路衰减设定：选择固定衰减 0 dB，按键［Shift］［衰减］［0］［Hz］。

A 路偏移设定：在衰减选择 0 dB 时，设定直流偏移值为-1 V，按键［Shift］［衰减］［-］［1］［V］。

5．**波形参数设置**。下面举例说明基本操作方法，较复杂的使用请参考使用说明书。

A 路频率设定：设定频率值 3.5 kHz，依次按键为［频率］［3］［.］［5］［kHz］。

A 路周期设定：设定频率值 25 ms，依次按键为［Shift］［周期1］［2］［5］［ms］。

A 路幅度设定：设定幅度值为有效值 5 mV，依次按键为［Shift］［有效值］［5］［mV］。

设定幅度值为峰峰值 50 mV，依次按键为［Shift］［峰峰值］［5］［0］［mV］。

6．**用旋钮设置波形参数**。以上所有数据设置都可用调节旋钮来实现。先按［<］或［>］键，左右移动显示屏数据上的三角形光标位置，转动旋钮⑥使光标指示位的数字增大或减小，并能进位或降位，由此可任意粗调或细调数据大小。

7．**B 路参数设定**。按［B 路］键，选择"B 路单频"功能。而 B 路的频率、周期、幅度、峰峰值、有效值、波形、占空比的设定和 A 路类同。

B 路谐波设定：设定 B 路频率为 A 路频率的一次谐波，依次按键为［Shift］［谐波］［1］［Hz］。

B 路相移设定：设定 AB 两路的相位差为 90°，依次按键为［Shift］［相移］［9］［0］［Hz］。

A 路频率扫描：按［Shift］［扫频］，A 路输出频率扫描信号，使用默认扫描参数。

A 路频率调制按［Shift］［调频］，A 路输出频率调制（FM）信号，使用默认调制参数。

调频频偏设定：设定调频频偏 5%按［菜单］键选中"调频频偏"，按［5］［Hz］。其他调频参数设定请参考使用说明书。

8．**步进功能设置参数**。A 路频率值和 A 路的幅度值可用步进功能设置参数。使用简单的步进键（依次按［Shift］［∧］），就可以使频率或幅度每次增加一个步进值，或每次减少一个步进值，数据改变后即刻生效，不用再按单位键。例如，要产生间隔为 12.5 kHz 的一系列频率值，按键顺序如下：按［菜单］键选中"步进频率"，按［1］［2］［.］［5］［kHz］，设置完成。然后每按一次［Shift］［∧］，A 路频率增加 12.5 kHz，每按一次［Shift］［∨］，A 路频率减少 12.5 kHz。步进键输入只能在 A 路频率或 A 路幅度时使用。

对于已经输入的数据进行局部修改，或者需要输入连续变化的数据进行观测时，使用调节旋钮最为方便，对于一系列等间隔数据的输入则使用步进键最为方便。操作者可以根据不同的应用要求灵活选择。

9．**初始化状态**。开机后或按［Shift］［复位］键后，仪器的初始化状态如下：

A、B 路波形：正弦波；A、B 路频率：1 kHz；A、B 路幅度：1 Vpp。

A、B 占空比：50%；A 路衰减：AUTO；A 路偏移：0 V。

B 路谐波：1.0；B 路相移：90°；始点频率：500 Hz；终点频率：5 kHz；步进频率：10 Hz；间隔时间：10 ms。

扫描方式：正向；载波频率：50 kHz；载波幅度：1 Vpp。

调制频率：1 kHz；调频频偏：1.0%；调制波形：正弦波；闸门时间：1000 ms。

10．注意事项。

输出负载：幅度设定值是在输出端开路时校准的，输出负载上的实际电压值为幅度设定值乘以负载阻抗与输出阻抗的分压比，仪器的输出阻抗约为 50 Ω，当负载阻抗足够大时，分压比接近于 1，输出阻抗上的电压损失可以忽略不计。但当负载阻抗较小时，输出阻抗上的电压损失已不可忽略，负载上的实际电压值与幅度设定值是不相符的，这点应了以注意。

A 路输出具有过压保护和过流保护，输出端短路几分钟或反灌电压小于 30 V 时一般不会损坏，但应尽量防止这种情况的发生，以免对仪器造成潜在的伤害。特别注意：A 路、B 路输出端不能短路，以免损坏仪器。

实验 3　液体粘滞系数的测定

各种流体（液体、气体）都具有不同程度的粘性。当物体在液体中运动时，会受到附着在物体表面并随物体一起运动的液层与邻层液体间的摩擦阻力，这种阻力称为粘滞力（粘滞力不是物体与液体间的摩擦力）。流体的粘滞程度用粘滞系数表征，它取决于流体的种类、速度梯度，且与温度有关。

液体粘滞系数的测量非常重要。例如，人体血液粘度增加会使供血和供氧不足，引起心脑血管疾病；石油在封闭管道长距离输送时，其输运特性与粘滞性密切相关，在设计管道前必须测量被输石油的粘度。

液体粘滞系数的测量方法有毛细管法、圆油筒旋转法和落球法等。本实验采用落球法测定液体的粘滞系数。

【实验目的】

1．了解用斯托克斯公式测定液体粘滞系数的原理，掌握其适用条件；
2．掌握用落球法测定液体的粘滞系数。

【预备问题】

1．如何判断钢球做匀速运动？如何测量钢球的收尾速度？
2．为什么实验中不能用手摸圆油筒？为什么不能正对并靠近圆油筒液面呼吸？
3．为什么在实验过程中要保持待测液体的温度稳定？

【实验仪器】

液体粘滞系数测定仪、螺旋测微计、游标卡尺、温度计、小钢球、待测液体等。

【实验原理】

如图 3-1 所示，当质量为 m、体积为 V 的（小）钢球在密度为 $\rho_{液}$ 的粘滞液体中下落时，受到三个铅直方向的力作用：重力 mg、液体浮力 $f = \rho V g$ 和液体的粘滞阻力 F。

假设钢球半径 r 和运动速度 v 都很小，而且液体均匀且无限深广，则粘滞阻力 F 可写为

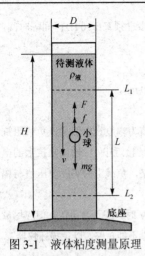

图 3-1　液体粘度测量原理

$$F = 6\pi\eta rv \qquad (3\text{-}1)$$

式（3-1）称为斯托克斯公式。其中 η 称为液体的粘滞系数，单位为 Pa·s（帕·秒），它与液体的性质和温度有关。

钢球开始下落时，速度 v 很小，阻力 F 不大，钢球加速向下运动。随着钢球下落速度的增大，粘滞阻力逐渐加大，当速度达到一定值时，三个力达到平衡，即

$$mg = \rho_{液}Vg + 6\pi\eta vr \qquad (3\text{-}2)$$

此时钢球以一定速度匀速下落，该速度称为收尾速度，记为 $v_{收}$。由式（3-2）可得

$$\eta = \frac{(m - \rho_{液}V)g}{6\pi r v_{收}} \qquad (3\text{-}3)$$

要测 η，关键要测准收尾速度 $v_{收}$。令钢球直径 $d = 2r$，$m = \rho_{球}V$，而 $V = \frac{4}{3}\pi r^3$，$v_{收} = \frac{L}{t}$，代入式（3-3），则有

$$\eta = \frac{(\rho_{球} - \rho_{液})d^2 g}{18 v_{收}} = \frac{(\rho_{球} - \rho_{液})d^2 gt}{18L} \qquad (3\text{-}4)$$

式中，L 为钢球匀速下落的距离（如图 3-1 所示），t 为钢球下落距离 L 所用的时间。

由于实验时待测液体必须盛于容器中，不满足"无限宽广"的条件，要考虑容器壁对钢球运动的影响，所以实际测得的收尾速度 $v_{收}$ 及式（3-3）、式（3-4）需要修正，修正后的式（3-4）为

$$\eta = \frac{(\rho_{球} - \rho_{液})\, d^2 gt}{18L\left(1 + 2.4\dfrac{d}{D}\right)\left(1 + 1.6\dfrac{d}{H}\right)} \qquad (3\text{-}5)$$

式中，D 为盛液体圆油筒的内径，H 为圆油筒中液体的高度。

实验时，若油温较高等因素导致钢球下落速度较大，则钢球下落时可能出现湍流，式（3-1）和式（3-5）还需要修正。为了判断是否出现湍流，可利用流体力学中的一个重要参数——雷诺数 Re 来判断，

$$\mathrm{Re} = \frac{2r v_{收}\rho_{液}}{\eta} \qquad (3\text{-}6)$$

当雷诺数不太大（一般 Re < 10）时，斯托克斯公式（3-1）修正为

$$F = 6\pi r v\eta\left(1 + \frac{3}{16}\mathrm{Re} - \frac{19}{1080}\mathrm{Re}^2\right) \qquad (3\text{-}7)$$

则修正后的粘度测量值

$$\eta_0 = \eta\left(1 + \frac{3}{16}\mathrm{Re} - \frac{19}{1080}\mathrm{Re}^2\right)^{-1} \qquad (3\text{-}8)$$

实验时，先由式（3-5）求出近似值 η，再用 η 代入式（3-6）求出雷诺数 Re，最后由式（3-8）求出最佳值 η_0。

【实验内容及步骤】

本实验采用自行设计的 FN10-II 型液体粘滞系数测定仪进行测量，如图 3-2 所示。该测定仪具有下列优点：（1）用磁铁定位吸持和释放小钢球，保证使钢球沿油筒中心轴线下落，测量误差小、重复性好；（2）圆油筒的底部设计成小斜坡状，钢球下落后会自动滑落到油筒一侧的底部，用磁棒从油筒底部外壁将小钢球吸引到圆油筒上端口的磁铁下端，使小钢球被磁铁吸住，一种直径的小钢球只需一粒就可反复做实验，因此油筒内不会出现小钢球堆积；（3）用激光光电门计时，提高了计时的准确性。

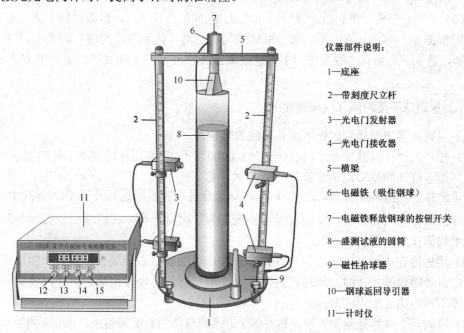

仪器部件说明：

1—底座

2—带刻度尺立杆

3—光电门发射器

4—光电门接收器

5—横梁

6—电磁铁（吸住钢球）

7—电磁铁释放钢球的按钮开关

8—盛测试液的圆筒

9—磁性拾球器

10—钢球返回导引器

11—计时仪

图 3-2　FN10-II 型液体粘滞系数测定仪

1. 调节液体粘滞系数测定仪

（1）调节测定仪底座水平：在测定仪横梁的中部（磁铁位置）悬挂一重锤，调节测定仪底座的高度旋钮，使重锤对准底盘的中心圆点。

（2）在实验架上分别安装两个激光光电门，接通激光电源，可以看见红色激光束。调节上、下两个激光发射器，使两束红色激光平行地对准铅锤线。

（3）收回重锤，将盛有蓖麻油的圆油筒轻放置到实验架底盘中央，在实验过程中保持圆油筒的位置不变。调节上、下两个激光接收器，使它们的窗口分别接收上、下两束激光。

（4）先按一次计时仪的"计时键"，计时仪显示"C0.000"，"C"表示计时仪处于计时状态，计时仪的使用方法见附录 1。用手先后挡住上、下两个激光接收器，计时器能够开始和停止计时。FSID-II 型计时仪的使用方法见本实验附录 3-A。

（5）将 1 个小钢球投入圆油筒，用磁棒在圆油筒外壁将钢球吸住，并沿管壁将小钢球引导到上端口初始位置，并被磁铁吸住。

（6）让小钢球静止 10 s 以后，用磁棒在小钢球的正上方推斥钢球，看钢球下落过程中计时仪是否能正常计时；若不能，则仔细调整两对激光光电门的位置，直到钢球下落过程中能遮光使光电门正常工作。

2．确定钢球达到收尾速度时光电门的位置

（1）调节激光光电门的位置，使光电门 1 的激光在圆油筒中轴线处距油面下方 1 cm 处（对应图 3-1 的 L_1），光电门 2 的激光在圆油筒中轴线处距底上方约 5 cm 处（对应图 3-1 的 L_2），记录钢球通过 L_1、L_2 所用时间 t，测出 L_1 和 L_2 间的距离 L（或用直尺测量激光在圆油筒的两入射光点之间的距离和两出射光点之间的距离，取其平均值），计算钢球的下落速度 v_1（$v = \dfrac{L}{t}$）。

（2）改变激光光电门 1 的位置，使光电门 1 的激光在圆油筒中轴线处距油面下方分别为 3 cm 和 5 cm 处，重复上述实验，分别测出 L_1 与 L_2 间的距离 L，计算钢球的下落速度 v_2、v_3。

（3）根据 v_1、v_2、v_3 的关系，确定钢球做匀速运动（达到收尾速度）时光电门 1 的位置 L_1。例如，若 $v_1 \neq v_2 = v_3$，则光电门 1 可选在其激光在圆油筒中轴线处距油面下方 3 cm 以下的位置。

3．测量钢球下落时间（收尾速度）

（1）用磁棒将球引导到磁铁下端并被磁铁吸住。

（2）按一次"计时键"，计时仪显示"C0.0000"，"C"表示计时仪处于计时状态。

（3）用温度计测量和记录实验前的油温 T_1（℃）。

由于液体的 η 随温度升高而迅速减少，例如蓖麻油在室温附近每升高 1℃，η 减少约 10%，所以钢球投放时间要尽量短，使油温基本不变。为了测量准确，在钢球投放前后各测一次油温，取平均值作为油温值 T。

（4）用磁棒在小钢球的正上方推斥钢球，钢球沿油筒中心轴线自由落下。钢球通过第一个光电门时计时仪开始计时，钢球通过第二个光电门时计时仪停止计时，计时仪显示的时间即为钢球下落距离 L 所用的时间 t。

（5）用同一个球重复测量 6 次，将时间 t 记录到自拟的数据表格中，求出 t 的平均值。并记录钢球投放后的油温 T_2（℃）。

（6）换另一个半径的小钢球，重复以上实验测量 6 次。

4．测量油的高度和小钢球的直径

（1）用直尺测出油的高度 H（油面至油筒底部斜面的中点），并记录数据。

（2）用磁棒将球从油中取出，洗净油污，擦拭干净。

（3）用螺旋测微计测量钢球的直径 d，记录到自拟的数据表格中。每个钢球沿不同方向测 6 次，取平均值。

5．计算蓖麻油的 η 值及其相对误差

在室温下，小钢球的密度 $\rho_{球} = 7.80 \times 10^3$ kg·m^{-3}，蓖麻油的密度 $\rho_{液} = 962$ kg·m^{-3}，圆油筒直径 $D = 60.0 \times 10^{-2}$ m（厂家给定）。

根据实验数据和式（3-5），列式计算蓖麻油的 η 值。将 η 的实验值与同温下的理论值进行比较，计算相对误差。在温度 T（℃）时粘度系数 η 的理论值可查表 3-1 或由式（3-9）近似计算：

$$\lg \eta = -0.0347T + 0.7046 \tag{3-9}$$

表 3-1 不同温度时蓖麻油的粘滞系数

T（℃）	η（Pa·s）	T（℃）	η（Pa·s）	T（℃）	η（Pa·s）	T（℃）	η（Pa·s）	T（℃）	η（Pa·s）
4.5	4.00	13.0	1.87	18.0	1.17	23.0	0.75	30.0	0.45
6.0	3.46	13.5	1.79	18.5	1.13	23.5	0.71	31.0	0.42
7.5	3.03	14.0	1.71	19.0	1.08	24.0	0.69	32.0	0.40
9.5	2.53	14.5	1.63	19.5	1.04	24.5	0.64	33.5	0.35
10.0	2.41	15.0	1.56	20.0	0.99	25.0	0.60	35.5	0.30
10.5	2.32	15.5	1.49	20.5	0.94	25.5	0.58	39.0	0.25
11.0	2.23	16.0	1.40	21.0	0.90	26.0	0.57	42.0	0.20
11.5	2.14	16.5	1.34	21.5	0.86	27.0	0.53	45.0	0.15
12.0	2.05	17.0	1.27	22.0	0.83	28.0	0.49	48.0	0.10
12.5	1.97	17.5	1.23	22.5	0.79	29.0	0.47	50.0	0.06

【思考题】

1. 若钢球表面粗糙，或有油脂、尘埃，则 η 的实验结果有什么影响？

2. 为什么钢球要沿圆油筒轴线下落？如果投入的钢球偏离中心轴线，则 η 的实验结果有什么影响？

3. 如果待测液体的 η 值较小，钢珠直径较大，为什么要采用式（3-8）计算 η？

4. 由式（3-4）看出，收尾速度与钢球直径和液体粘滞系数有关。如果钢球直径变大，液体温度变低，则收尾速度如何变化？请用两个直径不同的钢球做实验进行验证。

【附录 3-A】FSID-II 型计时仪的使用方法

1. 打开电源开关，根据需要选择合适的量程：99.999 s，分辨率 1 ms；9.9999 s，分辨率 0.1 ms。

2. 按一次"计时键"，计时仪显示"C0.0000"，"C"表示计时仪处于计时状态。测量结束后，计时仪自动将结果存储到存储器中。测量完再按一下"计时键"，将开始下一次计时。

3. 按一次"复位键"，计时仪显示清零，显示"00.0000"，但仍保留开电源后存储的测量数据。若按"复位键"5 s 以上，则存储数据全部被清零。

4. 最多可存储 20 组测量数据。若测量超过 20 组，则后面存储的数据将依次覆盖前面存储的数据。

5. 按一次"查询键"，计时仪显示一组存储数据，即显示测量次数与对应的测量时间。

实验 4　刚体转动惯量的测定

转动惯量描述刚体保持静止或绕定轴做匀速转动时的惯性大小，是研究和描述刚体转动规律的一个重要物理量。测量特定物体的转动惯量对某些研究设计工作都具有重要意义。刚体的转动惯量与刚体的大小、形状、质量、质量的分布及转轴的位置有关。

如果刚体是由几部分组成的，那么刚体总的转动惯量就相当于各个部分对同一转轴的转动惯量之和，即 $J = J_1 + J_2 + \cdots$。对于几何形状规则的匀质刚体，可以用数学方法直接计算出其绕定轴转动时的转动惯量，但对形状比较复杂或非匀质刚体，通常要用实验的方法来测量。刚体的转动惯量可以用转动惯量仪、扭摆、三线摆等仪器进行测量。

【实验目的】

1. 学习用转动惯量仪测定刚体的转动惯量；

2．考察刚体的质量分布对转动惯量的影响，验证平行轴定理；

3．了解数字存储式毫秒计的计时和测量角加速度的基本方法。

【预备问题】

1．如何测定转动惯量仪的本底转动惯量？如何测圆盘的转动惯量？

2．什么条件下可以不考虑滑轮（如图 4-2 所示）的质量及其转动惯量？

3．如何验证转动定律？如何验证平行轴定理？

【实验仪器】

TM-A 转动惯量测定仪及其附件（砝码、金属圆盘、圆环和圆柱测试件）、数字存储式毫秒计、电子天平、钢尺、水平仪。

【实验原理】

根据刚体的定轴转动定律：

$$M = J\beta \qquad (4\text{-}1)$$

只要测定刚体转动时所受的总合外力矩 M 及该力矩作用下刚体转动的角加速度 β，则可

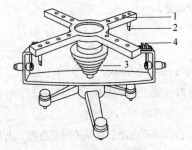

图 4-1　转动惯量仪

1—载物架；2—遮光细棒；3—塔轮；4—光电门

计算出该刚体的转动惯量 J，这是转动惯量仪恒力矩转动法测定转动惯量的基本原理和设计思路。

如图 4-1 所示，转动惯量仪的转动系统由塔轮和十字载物架组成，塔轮上有 5 个不同半径 R 的绕线塔轮，塔轮的直径自上向下依次为 70 mm、60 mm、50 mm、40 mm、30 mm。载物架不加任何测试件，空载时的转动惯量为本底转动惯量 J_0，放上测试件后总的转动惯量为 J，若测出 J_0 和 J，根据转动惯量的叠加原理，待测物体的转动惯量为

$$J_x = J - J_0 \qquad (4\text{-}2)$$

当转动系统受外力作用时，系统做匀加速转动。系统所受的外力矩有两个，一个为引线张力 T 产生的力矩 M，另一个为轴承的摩擦力矩 M_μ。由转动定律可知

$$M - M_\mu = J\beta \qquad (4\text{-}3)$$

即

$$M = J\beta + M_\mu \qquad (4\text{-}4)$$

其中，摩擦力矩 M_μ 是未知的，但是它主要来源于接触摩擦，可以认为是恒定的。

1．引线的张力矩 M

受力分析。设引线绕过的滑轮半径为 r，其转动惯量为 J'，转动时砝码 m 的下落加速度为 a，参照图 4-2 可以得出

$$mg - T' = ma \qquad (4\text{-}5)$$

$$(T' - T)r = J' \cdot \frac{a}{r} \qquad (4\text{-}6)$$

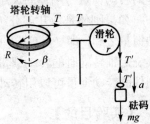

图 4-2　受力分析简图

从上述二式中消去 T'，同时取 $J' = \dfrac{1}{2} m' r^2$（m' 为小滑轮的质量），得出

$$T = m\left[g - \left(a + \frac{1}{2} \cdot \frac{m'}{m} a \right) \right] \tag{4-7}$$

实验中，取 $\left(a + \dfrac{1}{2} \cdot \dfrac{m'}{m} a \right) < 0.03g$，可近似得到 $T \approx mg$，则塔轮转动系统所受的引线张力矩 $M = TR$，有

$$M = mgR \tag{4-8}$$

2. 角加速度 β 的测量

转动系统受到的合力矩为 $mgR - M_\mu$，摩擦力矩可以认为是恒定的，所以转动视为匀变速转动，假定起始角速度是 ω_0，在经过 t_1 和 t_2 时间后，转过的角度分别为 θ_1 及 θ_2，则满足

$$\theta_1 = \omega_0 t_1 + \frac{1}{2} \beta t_1^2 \tag{4-9}$$

$$\theta_2 = \omega_0 t_2 + \frac{1}{2} \beta t_2^2 \tag{4-10}$$

上两式消去 ω_0，可得

$$\beta = \frac{(\theta_2 / t_2) - (\theta_1 / t_1)}{(t_2 / 2) - (t_1 / 2)} \tag{4-11}$$

转动惯量仪在转动过程中，十字载物架的底部有两个成 180° 对称的遮光器，分别通过已选定通电计时的光电门，数字存储式毫秒计记录光电门被遮光次数 N 和时间 t，每转半圈遮光一次，即每转半圈记录一次，所以有 $\theta_1 = N_1 \pi$、$\theta_2 = N_2 \pi$，则式（4-11）为

$$\beta = 2\pi \cdot \frac{(N_2 / t_2) - (N_1 / t_1)}{t_2 - t_1} \tag{4-12}$$

用式（4-12）测量 β 时，N_1 和 N_2 的差值不宜太大。

3. 转动惯量 J 的测量方法

可以用以下两种方法计算转动惯量。

（1）根据式（4-4），改变力矩 M（改变砝码质量或塔轮半径），测出相应的角加速度 β，作出 M-β 曲线，即可由直线斜率和截距求出转动惯量和摩擦力矩。若 M 与 β 呈线性关系，则验证了转动定律。

（2）改变力矩 M，测出相应的角加速度 β，应用下式计算出转动惯量：

$$J = \frac{M_2 - M_1}{\beta_2 - \beta_1} \tag{4-13}$$

4. 刚体转动的平行轴定理

平行轴定理：质量为 m 的刚体，过其质心 c 的某一转轴的转动惯量为 J_c，则对平行于该轴和它相距为 d 的另一转轴的转动惯量 J_z 为

$$J_z = J_c + md^2 \tag{4-14}$$

实验时，将两块形状相同、质量均为 m 的圆柱体对称插于载物架中心两侧的圆孔上，则转动系统的转动惯量 J 为

$$J = J_0 + 2(J_c + md^2) \tag{4-15}$$

式（4-15）中，本底转动惯量 J_0、J_c 都为定值，则 J 与 d^2 呈线性关系，实验中若测得此关系，则验证了平行轴定理。

若 d 分别为 d_1、d_2 时，测得的转动惯量分别为 J_1、J_2，则有

$$J_2 - J_1 = 2m(d_2^2 - d_1^2) \tag{4-16}$$

实验中，若测得式（4-16）所表示的关系，也验证了平行轴定理，并说明转动惯量 J 随质量分布而变化。

【实验内容及步骤】

1. 调节实验装置

将水平仪放在空载的十字载物架上，调节塔轮底座三个脚的螺丝使十字载物架水平（即要水平仪的气泡居中），且转轴垂直底座；调整塔轮和滑轮之间的拉线成水平状态，并且拉线与塔轮、滑轮水平相切的方向要一致。

2. 测量本底的转动惯量

将圆盘和圆环从十字载物架上取下，毫秒计通电后选择一路光电门通道进行计时，选择合适的、相同的砝码初始位置，塔轮在砝码作用下从静止开始加速转动，列表记录测量数据，改变砝码质量或塔轮半径（三次以上）重复测量，计算 M 和 β，作出 M-β 图线，并计算本底转动惯量 J_0。HM-J-M 数字存储式毫秒计的使用说明见本实验附录 4-A。

3. 测定刚体的转动惯量

在载物架上分别放上待测的圆盘或圆环，重复上述实验过程，再列表记录测量数据，改变砝码质量或塔轮半径（三次以上）重复测量，计算 M 和 β，作出 M-β 图线，计算本底加圆盘或圆环的总转动惯量 J，用总转动惯量 J 减本底转动惯量 J_0 即为圆盘或圆环的转动惯量。

$J_{圆盘}$ 和 $J_{圆环}$ 的理论计算式如下：

$$J_{圆盘} = \frac{1}{2} m_{盘} R_{盘}^2 \tag{4-17}$$

$$J_{圆环} = \frac{1}{2} m_{环} (R_{外}^2 - R_{内}^2) \tag{4-18}$$

用天平分别测出圆盘的质量 $m_{盘}$、圆环的质量 $m_{环}$，用钢尺分别测出圆盘直径 $R_{盘}$，圆环内外径 $R_{内}$、$R_{外}$，计算出圆环、圆盘转动惯量的理论值，和实验测量值比较，计算相对误差 $E_{J盘}$ 和 $E_{J环}$。

4. 验证刚体转动平行轴定理

用天平测出两块圆柱体的平均质量 $m_{柱}$；载物架对称两侧圆孔中心到转轴的距离 d 由内到外依次为 50 mm、75 mm、100 mm。把两块圆柱体对称插于载物架的圆孔上，分别测出插于不同对称圆孔时系统的转动惯量 J，作 J-d^2 曲线，验证 J 与 d^2 是否呈线性关系。当 d 分别为

d_1、d_2 时，测得的转动惯量分别为 J_1、J_2，验证 $J_2 - J_1 = 2m_柱(d_2^2 - d_1^2)$ 是否成立。考察和分析刚体的质量分布对转动惯量的影响。

【注意事项】

1. 拉线应均匀、整齐地绕在待测塔轮上，不能乱绕和重叠，且与塔轮相切，以免增大摩擦力。

2. 调整滑轮的高度与方向时，应满足从塔轮出来的拉线与滑轮的绕线在同一水平线上，并与地面平行；拉线与塔轮、滑轮相切的方向一致，以确保无附加的系统误差。

3. 实验前检查转动惯量仪是否转动流畅；砝码下落前，手不要压在载物架上；砝码应从静止开始下落。

4. 由于机械加工误差的不可避免，如果要强调实验精度，用毫秒计提取 t 或 β 时，最好只使用 2, 4, 6, …数据，或只使用 1, 3, 5, …数据，以消除因两个遮光片不是精确成 180° 对称分布造成的实验误差。

【思考题】

1. 刚体转动惯量的测定实验中，要求满足的实验条件是什么？

2. 调整转动惯量仪时和实验时如何实现实验要求的条件？

3. 实验中忽略了哪些影响因素？

4. 在验证转动惯量平行轴定理时，若两块质量相同圆柱体不对称放置或两块质量不相同圆柱体对称放置，则分别如何验证平行轴定理？

【参考文献】

[1] 李相银. 大学物理实验. 北京：高等教育出版社，2004.

[2] 张训生. 大学物理实验. 杭州：浙江大学出版社，2004.

【附录 4-A】　HM-J-M 数字存储式毫秒计的使用说明

如图 4-3 所示，面板的左侧竖排 7 个指示灯以指示仪器的工作状态，分别指示：时间、角加速度、按键、通道 II 接收（即 II 光电门脉冲）、通道 II 发射（即 II 光电门供电）、通道 I 接收（即 I 光电门脉冲）、通道 I 发射（即 I 光电门供电）；面板上部共有 8 位数码管，前两位用做数据索引，后 6 位用来显示测量（计算）的数据；仪器共设有 17 个轻触式按键，可以控制所有的功能。

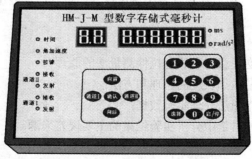

图 4-3　HM-J-M 数字存储式毫秒计

脉冲时刻记录：① 开启电源，系统自动初始化数据存储器，并进入等待状态，数码管显示 "00------"。
② 按 "通道 I" 或 "通道 II" 键（任意一通道即可），给对应的光电门供电，此时对应的通道 I（或 II）发射

指示灯会点亮。③ 按"启/停"键使系统进入记录状态，"时间"和"角加速度"指示灯会同时闪动。④ 每来一个脉冲系统会自动记录该脉冲发生的时刻，此时可以通过再次按"启/停"键来停止系统的记录工作。如果没有手动停止，系统会按内部预设定 n（最大可设定 99）个脉冲后自动停止；在记录过程中，随时可以手动停止记录。⑤在记录满设定的脉冲数或者手动停止记录以后，"时间"指示灯和"角加速度"指示灯会同时停止闪动，并自动转入到浏览时间数据状态，此时"时间"指示灯亮，"角加速度"指示灯灭。

　　浏览时间数据：停止脉冲记录以后，① 通过按动"选择"键使得"时间"指示灯亮、"角加速度"指示灯灭，此时系统处于浏览时间数据的状态。② 通过按"向前"和"向后"键顺序浏览数据，也可以直接通过数字键盘输入要查看的数据序号来查看数据。③ 数字键盘输入方法如下：每次输入两位数字，然后按"确定"键，此时对应的时间数据就会显示出来，如果输入的序号超过记录的最大数量，则会显示"xx------"加以提示。例如，输入"02"，按"确定"键，则显示 2 个脉冲时间的数据。

　　浏览角加速度：① 通过按"选择"键使得"时间"指示灯灭、"角加速度"指示灯亮，此时系统处于浏览角加速度数据的状态。② 可以通过按"向前"和"向后"键顺序浏览数据，也可以直接通过数字键盘输入要查看的数据序号来查看数据，数字键盘输入方法如上。

　　设定需要记录的脉冲数：① 通过按"选择"键使得"时间"指示灯亮、"角加速度"指示灯亮，此时系统处于设定脉冲数的状态。② 通过数字键盘输入两位数的目标脉冲数"xx"，然后按"确定"键，系统会自动记录下该数据，并在数码管上显示"xx------"加以提示。例如，5 个脉冲时输入"05"，显示"05------"；15 个脉冲时输入"15"，显示"15------"。③ 设定完成以后，通过按"启/停"键来启动记录过程。再次按"启/停"键则停止记录过程。

　　技术指标：计时分辨率 0.5 μs；计时精度 20 μs；时间显示精度 1 ms；角加速度显示精度 0.0001 rad/s^2。

　　注意事项：系统只能用于与配套的转动惯量测量装置共同使用，否则可能损坏仪器。

实验 5　光杠杆法测金属丝的杨氏模量

　　任何物体在外力作用下都会发生伸长、缩短、弯曲等变化，这种变化称为形变。当形变不超过某一限度时，撤走外力之后，形变能随之消失，这种形变称为弹性形变。如果外力较大，当它的作用停止时，所引起的形变并不完全消失，而有剩余形变，则称为塑性形变。

　　杨氏模量是反映材料抵抗形变的能力的物理量，杨氏模量的测定对研究金属材料、光纤材料、半导体、纳米材料、聚合物、陶瓷、橡胶等各种材料的力学性质有着重要意义，是选择机械构件材料的依据之一。本实验采用光杠杆放大法测量微小位移，由于它的性能稳定、精度高，而且是线性放大，所以在设计各类测试仪器中得到广泛应用。

【实验目的】

1. 了解杨氏模量的物理意义及静态拉伸测量法的原理；
2. 掌握用光杠杆测量微小长度的原理和方法；
3. 学会用逐差法和作图法处理实验数据；
4. 能够从诸多直接测量量中分析实验结果的主要误差来源。

【预备问题】

1. 什么是形变？什么是弹性形变？什么是塑性形变？
2. 什么是杨氏模量？测量长度的仪器有哪些？用什么仪器测量金属丝的微小变化？

【实验仪器】

杨氏模量测定仪、光杠杆、望远镜尺组、1 kg 砝码 9 个、螺旋测微计、游标卡尺、钢卷尺。

【实验原理】

设有一根长度为 L、截面积为 S 的细长均匀金属丝，沿长度方向施力 F 进行拉伸并发生伸长 ΔL 时，根据胡克定律，在弹性限度内，弹性物体的应力 $\sigma = F/S$ 和应变 $\varepsilon = \Delta L/L$ 成正比。该比值称为材料的杨氏模量（或称弹性模量），以 E 表示，即

$$\frac{F}{S} = E \cdot \frac{\Delta L}{L} \tag{5-1}$$

在国际单位制中，杨氏模量 E 的单位为 N/m^2（即 Pa）。它与外力 F、物体的长度 L 和截面积 S 无关，仅与材料的结构、化学成分及其加工制造方法和温度有关。它反映了物体抵抗正应变的能力，是工程材料中相当重要的一个力学性能指标。

应力 σ 和应变 ε 的关系曲线图如图 5-1 所示，Oa 段的直线斜率为杨氏模量 E，曲线越过 a 点以后，应力和应变不再呈线性关系，即不再服从胡克定律，亦即材料进入了塑性形变阶段，最后直到材料断裂。

若金属丝的直径为 d，则其截面积 $S = \pi d^2/4$，代入式（5-1）可得

$$E = \frac{4FL}{\pi d^2 \Delta L} \tag{5-2}$$

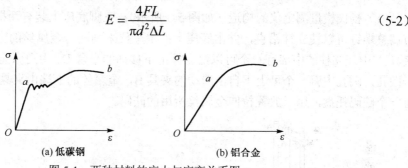

(a) 低碳钢　　　　　　　　　　(b) 铝合金

图 5-1　两种材料的应力与应变关系图

本次实验的目的就是利用式（5-2）测量金属丝的杨氏模量。根据式（5-2）可知，只要测出外力 F、金属丝的长度 L 和直径 d 以及金属丝的伸长量 ΔL，就可以计算出杨氏模量 E。F、L 和 d 比较容易测量，对一般金属丝来说伸长量 ΔL 很小，用一般工具无法测得准确，所以测定杨氏模量 E 的关键是准确测定微小伸长量 ΔL。测量微小长度变化的方法很多，本实验采用的是光杠杆法，其测量原理如图 5-2 所示。这种方法也常用于测量微小角度的变化。

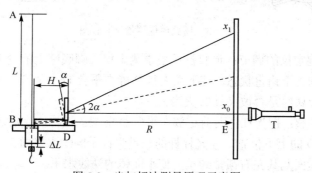

图 5-2　光杠杆法测量原理示意图

参照图 5-2 安置光杠杆及尺读望远镜，设金属丝未伸长前从望远镜里读得标尺读数为 x_0，加砝码 m 后，从望远镜里读得标尺读数为 x_1，前后两次的读数差为 $X = x_1 - x_0$。当镜面转过 α 角时，镜面的法线也转过 α 角。由于入射角等于反射角，这时入射光和反射光的夹角为 2α 角。

若光杠杆平面镜到标尺的距离为 R，光杠杆的后足到两前足连线的垂直距离为 H，金属丝伸长为 ΔL，在 α 角比较小的情况下，由图 5-2 可知

$$2\alpha \approx \tan 2\alpha = \frac{X}{R}, \qquad\qquad \alpha \approx \tan \alpha = \frac{\Delta L}{H}$$

从上两式中消去 α，得

$$\Delta L = \frac{H}{2R} X \tag{5-3}$$

根据几何关系，有 $X = \dfrac{2R}{H} \Delta L$，其中 $\dfrac{2R}{H}$ 称为光杠杆的放大率。

将 $F = mg$ 和式（5-3）代入式（5-2），可得金属丝的杨氏模量 E 的实验公式为

$$E = \frac{8mgLR}{\pi d^2 H(x_1 - x_0)} \tag{5-4}$$

【实验内容及步骤】

1. 调节杨氏模量测定仪

（1）杨氏模量测定仪的构造（如图 5-3 所示）：三脚底座上装有两根立柱和调整螺钉，调节调整螺钉可以使立柱铅直，并由底座上的水平仪来判断。金属丝的上端被夹紧在横梁上的夹具 A 中。立柱的中部有一个可以沿立柱上下移动的平台 D，用于支承光杠杆 C。平台上有一圆孔，圆孔中有一个可上下自由滑动的夹具 B，金属丝的下端由夹具 B 夹紧。夹具 B 下挂有一个砝码托盘，用于放置拉伸金属丝所用的砝码。

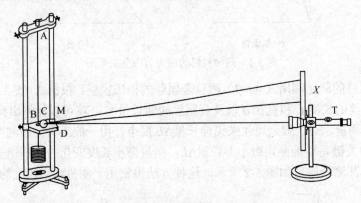

图 5-3 杨氏模量测量仪装置图

（2）杨氏模量测定仪的调节：调整杨氏模量测定仪三脚底座上的调节螺钉，使底座上两立柱及待测金属丝均处于铅直状态，使下端夹具 B 能在平台 D 上的圆孔中上下自由移动，以避免摩擦（并检查金属丝是否被夹具 B 夹紧）。

（3）光杠杆的调整：把光杠杆两前足放在平台 D 前端的横槽内，后足放在下夹具 B 的小平面上；调整平台 D 的上下位置，使光杠杆的三足尖位于同一水平面上，切不可与金属丝接触；调节平面镜的镜面及其左右锁紧螺丝，使平面镜的法线水平。

（4）调节光杠杆及望远镜尺组：① 把望远镜尺组放在离光杠杆镜面约 1.5 m 处，调节望远镜的固定螺钉，使其大致与光杠杆等高。② 调节望远镜仰角调节螺钉，使其光轴水平，并正对光杠杆镜面。若直接从望远镜筒上面的缺口和准星方向看平面镜，能看到标尺的反射像时，说明望远镜已大致正对光杠杆镜面。③ 望远镜目镜调焦：目镜调焦旋钮左右缓慢旋转，使贴近目镜的眼睛能看到最清晰的十字叉丝，并使十字叉丝的横线水平，竖线垂直；④ 望远镜物镜焦距：眼睛从目镜中观察，转动物距调焦旋钮，使标尺的反射像成像于望远镜内的十字叉丝平面上，并做到无视差，即当眼睛上下移动时，十字叉丝与标尺的像之间没有相对移动。

2．测量钢丝的杨氏模量

底盘先加 1 kg 或 2 kg 砝码后的拉力为 $m_0 g$，把钢丝拉直再升始止式测量。此时对应十字叉丝对准的标尺读数 x_0'；以后每次增加 1 kg 砝码，标尺读数稳定后，列表记录读数 $x_1', \cdots, x_8'$；然后再逐次减少 1 kg 砝码，同样记录相应的读数 $x_8'', x_7'', \cdots, x_1''$。备注：砝码不变，$x_8''$ 与 x_8' 基本相等。计算每次 m_i 砝码对应的平均值 $x_i = (x_i' + x_i'')/2$。

用钢卷尺测量光杠杆镜面（即其两前足尖所在的线槽）到望远镜的直标尺的水平距离 R；用钢卷尺测量上下夹具之间金属丝的有效长度 L。

将光杠杆在纸上轻轻压出三个足印，用直尺将三个足印连成三角形，用游标卡尺测量出后足至两前足连线之间的垂直距离 H。

用螺旋测微计在金属丝不同部位重复 6 次测量直径 d，列表记录数据，求平均值 $\bar{d}$。

用逐差法求 $\Delta m = \dfrac{1}{4}\sum(m_{i+4} - m_i)$ 和相对应的 $\Delta X = \dfrac{1}{4}\sum(x_{i+4} - x_i)$。用逐差法求出钢丝的杨氏模量 $\bar{E}$，并计算杨氏模量的不确定度 u_E

$$\frac{u_E}{E} = \sqrt{4\left(\frac{u_{\bar{d}}}{d}\right)^2 + \left(\frac{u_{\overline{\Delta x}}}{\Delta x}\right)^2 + \left(\frac{u_R}{R}\right)^2 + \left(\frac{u_L}{L}\right)^2 + \left(\frac{u_H}{H}\right)^2} \tag{5-5}$$

3．求出钢丝的杨氏模量 E

用作图法（或最小二乘法）求出钢丝的杨氏模量 E。

【注意事项】

1．砝码须交错放置，以免倾斜。

2．光杠杆的平面镜和望远镜尺组所构成的光学系统一经调好，实验过程中就不能再有任何移动，否则所测数据无效，实验就要从头做起。在加减砝码时要特别小心，轻拿轻放，待系统稳定后（至少要等 1 分钟）再读数。

3．调节望远镜时，先进行目镜调焦，后进行物镜调焦，次序不能颠倒，一定要做到无视差。

4．测量金属丝的直径 d 时，应在金属丝的上、中、下三个部位测量，并且每处的测量都要在相互垂直的方向上各测一次。

【思考题】

1．根据光杠杆原理，写出光杠杆对微小伸长量的放大倍数公式，如果望远镜上的标尺到光杠杆小平面镜的距离 $R = 100.0$ cm，光杠杆的后足到两前足连线的垂直距离为 $H = 10.00$ cm，则这时光杠杆的放大倍数是多少？

2. 材料相同、粗细不同的两根钢丝，它们的杨氏模量是否相同？长度不同，杨氏模量是否相同？

3. 采用什么操作方法和数据处理方法，才可以消除钢丝伸长滞后效应所带来的系统误差？

4. 根据实验数据，定量分析各被测量中哪一个测量量的不确定度对结果影响最大？

5. 做本实验时，为什么要求在正式读数前先加砝码把金属丝拉直？这样做有什么作用？

6. 实验完毕，为什么要把所有的砝码从底盘取下？否则，对接着的实验测量有何影响？

实验 6　声速测量

声波是一种纵波，它是描述声音在介质中传播特性的一个基本物理量。对频率超过 20 kHz 的超声波，其传播速度的测量在工程测距、探伤、定位，以及液体浓度测量、气体温度变化的测量等方面均有广泛应用。

【实验目的】

1. 了解超声换能器的工作原理和功能；
2. 学习用驻波的振幅极值法和相位比较法测量超声波的速度；
3. 验证空气中声速与空气的比热容比的关系。

【预备问题】

1. 压电换能器产生超声波时应用了什么效应？接收超声波时应用了什么效应？
2. 怎样确定超声压电换能系统的谐振频率？
3. 在声波传播中，形成驻波共振的条件是什么？如何测量超声波的波长？

【实验仪器】

声速测量仪、示波器、函数信号发生器、干湿温度计、水银气压计。

【实验原理】

本实验以空气中的超声波为测量对象，通过测出超声波的频率 f 和波长 λ，然后利用以下关系式求出声速 V：

$$V = \lambda f \tag{6-1}$$

1. 超声波的产生和接收

声速测量仪的结构如图 6-1 所示，其主要部件之一是压电陶瓷超声波换能器，简称为压

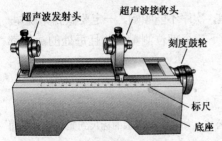

图 6-1　声速测量仪的结构

电换能器，它主要由压电陶瓷片构成，是发射和接收超声波的器件。压电陶瓷片具有正压电和逆压电两种效应，正压电效应就是当它受到与材料极化方向一致的应力 T 时，在其极化方向上会产生一定的电场强度 $E = \sigma T$，E 与 T 具有线性关系；逆压电效应就是当在它的极化方向上加上电压 U 时，它会产生伸缩形变 $S = dU$，S 与 U 也有线性关系。比例系数 σ、d 与材料性质有关，都称为压电应变常量。

　　压电换能器有一个谐振频率 f_0，当外加强迫力或输入电信号的频率等于 f_0 时，它的灵敏度最高，此时输出的声波或电信号最强。声速测量仪选用两个谐振频率相同的压电换能器，并使两者端面保持互相平行，其中一个作为发射器，另一个作为接收器。当在发射端压电陶瓷片极化方向上加载一个正弦波信号时，其纵向上就会产生伸缩变化，产生超声波；声波传到另一端，接收端的压电陶瓷片则将声压变化转化为电压的变化。

　　本实验采用超声波作为声源。实验中采用超声波作为声源具有如下优点：超声声源具有平面性、单色性好和方向性强等特点；一般的音频对超声波的干扰较少；超声波波长较短，在不长的一段距离内能测到多个波长数据进行平均值处理，能提高声速测量精确度。

2. 声速的测量

　　本实验中，声波频率 f 从函数信号发生器上读出，声波波长 λ 则可采用驻波振幅极值法和相位比较法分别测出。

　　（1）驻波振幅极值法测量声波波长

　　当振动方向、频率相同，初位相差恒定，传播方向相反的两列平面简谐波相遇而发生干涉时，将在相遇区的某些地方振动最大，而某些地方则振动最小，这种现象就叫做**驻波**现象。振动最大处称为波腹，振动最小处称为波节。

　　驻波振幅极值法（又称驻波共振法）测量声速的实验装置按图 6-2 所示接线，函数信号发生器输出的正弦电信号接到发射器 S_1，并将函数信号发生器的输出频率调为压电陶瓷换能器的谐振频率，此时 S_1 发出平面超声波；超声波在空气中传播到接收器 S_2，S_2 将接收到的声压转换成电信号并输出到示波器观察。

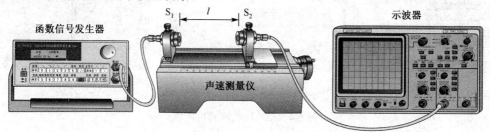

图 6-2　驻波振幅极值法测量声速

　　S_1、S_2 相互平行，超声波在两平面之间往返反射，发射波与反射波在 S_1、S_2 之间的区域内相遇产生干涉，形成驻波。由于 S_2 的端面是刚性面，空气中传播的入射波在其端面上的反射波，将有半波损失，所以接收器处为介质质点位移驻波的波节，声压驻波的波腹。改变 S_1 和 S_2 之间的距离 l，在满足

$$l_n = n \cdot \frac{\lambda}{2} \, (n = 1, 2, 3, \cdots) \tag{6-2}$$

的一系列特定位置上，将出现**驻波共振**现象。此时，驻波振幅最大，接收器 S_2 处的声压达到最大值，其输出的电压也是最大值。声压振幅随 S_2 位置的分布如图 6-3 所示，相邻两个驻波振幅极大值之间的距离为 $\lambda/2$。测出第 1 个和第 $n+1$ 个声压极大值的距离 l_n，则波长 $\lambda = 2l_n/n$。

　　（2）相位比较法测量声波波长

　　实际上，在发射器 S_1 和接收器 S_2 之间存在的是驻波和行波的叠加。因此，还可以通过比较行波在 S_1 和 S_2 处的相位来测定声速。这种方法称为相位比较法或行波法。

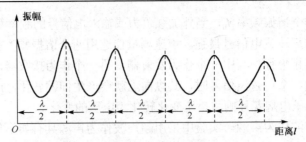

图 6-3　驻波振幅的分布

发射波通过空气介质传播到接收器，在同一时刻，接收器处声压振动比发射器处声压振动的相位落后了 $2\pi l/\lambda$，即发射器与接收器两处声压振动的相位差 $\varphi = 2\pi l/\lambda$。当 $l = n\lambda$（$n = 1, 2, 3,\cdots$）时，$\varphi = 2n\pi$，发射器与接收器声振动同相；而当 $l = (n-1/2)\lambda$ 时，$\varphi = (2n-1)\pi$，发射器与接收器声振动相位相反。这表明可以用测量相位差的办法来测定波长。

相位比较法测量声速的实验装置接线图可参考图 6-4，从函数信号发生器输出电信号到发射器 S_1，再从 S_1 发射波形端口输出电信号输到示波器的 X 通道，接收器 S_2 的输出信号则输到示波器的 Y 通道，此时，可以在示波器上观察到两个频率相同、方向垂直的振动合成的图形。当它们的相位差为 0 或 π 时，图形变成向右或向左的直线。故随着换能器 S_2 的移动，示波器会出现周期性的李萨如图形，如图 6-5 所示。当换能器 S_2 从 0 相位差（向右直线）位置调到下一个周期 2π 相位差（向右直线）位置时，换能器移动的距离为一个波长 λ。

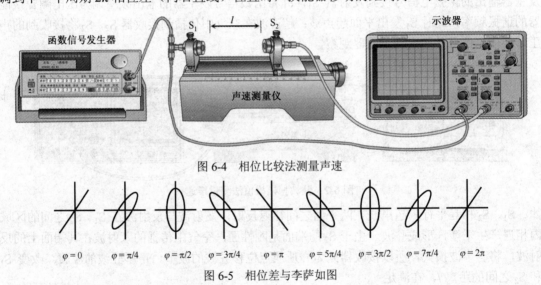

图 6-4　相位比较法测量声速

$\varphi=0$ 　　$\varphi=\pi/4$ 　　$\varphi=\pi/2$ 　　$\varphi=3\pi/4$ 　　$\varphi=\pi$ 　　$\varphi=5\pi/4$ 　　$\varphi=3\pi/2$ 　　$\varphi=7\pi/4$ 　　$\varphi=2\pi$

图 6-5　相位差与李萨如图

3. 空气中声速的理论计算值

声波在理想气体中的传播过程，可以认为是绝热过程，此时声速可表示为

$$V = \sqrt{\frac{\gamma RT}{\mu}} \tag{6-3}$$

式中，$\gamma = C_P/C_V$，γ 为气体的比热容比；$R = 8.314\ \text{J/(mol·K)}$，$R$ 为摩尔气体常量；μ 是气体的摩尔质量；T 是气体的热力学温度，若测出摄氏度温度 t，则

$$T = T_0 + t \quad (T_0 = 273.15\ \text{K}) \tag{6-4}$$

代入式（6-3）得

$$V = \sqrt{\frac{\gamma R}{\mu}(T_0 + t)} = \sqrt{\frac{\gamma R T_0}{\mu}} \cdot \sqrt{1 + \frac{t}{T_0}} = V_0\sqrt{1 + \frac{t}{T_0}} \tag{6-5}$$

如把干燥空气视为理想气体，则 0℃时的声速 $V_0 = 331.45$ m/s。若同时考虑大气压和空气中水蒸气的影响，则声速可表示为

$$V = 331.45\sqrt{\left(1 + \frac{t}{T_0}\right)\left(1 + \frac{0.3192P_W}{P}\right)} \quad (\text{m/s}) \tag{6-6}$$

式中，P 为大气压；P_W 为空气中水蒸气的分压强，它等于测量温度（t）下水蒸气的饱和蒸气压 e 乘以相对湿度 H，即 $P_W = eH$。

【实验内容及步骤】

1. 驻波振幅极值法测量声速

（1）按图 6-2 连接线路，经检查无误后接通电源预热。记录函数信号发生器频率的步进分度值 0.01 kHz 和读数鼓轮的分度值 0.01 mm。

（2）函数信号发生器选正弦波输出，频率为 40 kHz 左右，输出电压峰峰幅度为 10 V。调节示波器，使示波器荧屏显示稳定、有适当幅度的正弦波，按 "<" 键，将函数信号发生器显示屏上的频率光标移位到十位 Hz 上，再微调"多功能旋钮"调节正弦波频率，直至示波器显示的正弦波幅度达到最大，此时的频率为超声系统的谐振频率 f_0（记录和保持 f_0 不变）。

（3）移动 S_2，观察接收器输出电信号幅度的变化。

（4）将 S_2 调置约 20mm（注意 S_1 与 S_2 不能相碰），再把 S_2 逐渐拉开，观察示波器上出现声压极大值的规律，S_2 从 40mm 开始精确测量声压极大值对应的 l_0，S_2 每移动一次半波长距离出现一次声压极大值，连续测量和记录 12 个声压极大值对应的测量数据 $l_0, l_1, l_2, \cdots, l_{11}$。用逐差法处理数据，求出 6 个逐差值（$\Delta l_1 = l_6 - l_0$）及其平均值 $\overline{\Delta l}$，计算波长的平均值 $\overline{\lambda} = \overline{\Delta l}/3$。由式（6-1）求出声速 $V_{测1}$，计算声速测量的不确定度，分析测量结果。

2. 相位比较法测定声速

（1）按图 6-4 接好线路，按示波器 CH2 键使屏幕底部显示 "2:"，按 X-Y 键，适当调节 CH1 和 CH2 的偏转因数，可参考图 6-5 在示波器荧屏上测量发射波与接收波的相位差。

（2）S_2 调置约 20mm 开始测量，转动读数鼓轮缓慢把 S_2 拉开。从相位差 $\varphi = 0$（或 $\varphi = \pi$）开始，即示波器出现第一个"右斜直线"（或"左斜直线"）的李萨如图形时，读取接收器 S_2 端面的位置 l_0，继续向同一方向缓慢移动 S_2，每出现一个相同方向的"斜直线"，即每移动一个波长距离时，记录一次接收器的位置 l_i，连续测量 12 个数据 $l_0, l_1, l_2, \cdots, l_{11}$。用逐差法处理数据，求出 6 个逐差值（$\Delta l_1 = l_6 - l_0$）及其平均值 $\overline{\Delta l}$，计算波长的平均值 $\overline{\lambda} = \overline{\Delta l}/6$。由式（6-1）求出声速 $V_{测1}$，计算声速测量的不确定度，分析测量结果。

3. 声速测量值与理论计算值比较

仔细读取湿度计的干、湿温度值（t'、t）和气压计的气压值 P。根据湿温度 t' 和干、湿温差度（$t - t'$），查书后附表 A-14 相对湿度查对表得出相对湿度 H，查水蒸气饱和蒸气压表得出 t 温度下水蒸气的饱和蒸气压 e，求得水蒸气分压 $P_W = eH$，按式（6-6）计算实验条件下

声速的理论值 $V_{理}$。将驻波振幅极值法和相位比较法测得的声速测量值分别与声速理论值 $V_{理}$ 进行比较，求出它们的相对误差（换算单位 1 mmHg = 133.322 Pa）。

【注意事项】

1. 压电换能器中的压电陶瓷片是圆环形薄片，在操作过程中，S_1 与 S_2 不能相碰，以免损坏换能器。声速仪发射换能器有两端口，发射端的信号线接发生器，发射波形端接示波器。

2. 读数鼓轮使用时要防止回程误差。测量时要缓慢地向同一方向转动读数鼓轮，中途不得改变读数鼓轮的转动方向，否则，鼓轮与其螺杆不同步转动，会造成回程误差。

【思考题】

1. 驻波振幅极值法测声速和相位比较法测声速有什么区别？

2. 实验中，示波器显示的是接收端面的声压变化波形，还是媒质质点位移变化的波形？

3. 驻波振幅极值法测量时，为什么在示波器上可明显地观察到声压振幅随距离的增长而衰减？

4. 采用超声波作为声源有什么好处？

实验 7　用非平衡直流电桥研究热电阻的温度特性

直流电桥是一种精密的非电量测量仪器，它分为平衡直流电桥和非平衡直流电桥。

平衡直流电桥通过调节电桥平衡，把待测电阻与标准电阻进行比较直接得到待测电阻值，如惠斯通电桥、开尔文电桥；非平衡直流电桥直接测量电桥输出电压信号，然后通过运算得到电阻值。由于平衡直流电桥需要调节电桥平衡，因此只能测量相对稳定的物理量。在实际工程和科学实验中，通常采用非平衡直流电桥测量连续变化的物理量，如温度、压力、形变等。

【实验目的】

1. 了解用平衡直流电桥（惠斯通电桥）测量电阻的基本原理和操作方法；

2. 掌握用非平衡直流电桥测量变化电阻的基本原理和操作方法；

3. 初步掌握非平衡直流电桥的设计方法。

【预备问题】

1. 平衡直流电桥与非平衡直流电桥的电路和测量操作有哪些不同？

2. 什么时候用平衡直流电桥测电阻较好？什么时候用非平衡直流电桥测电阻较好？

【实验仪器】

直流稳定电源、电阻箱、QJ23 型惠斯通电桥、数字直流电压表、待测热电阻 Pt100（或 Cu50）、升温加热炉、非平衡直流电桥接线板。

【实验原理】

1. 平衡直流电桥

惠斯通电桥电路的原理图如图 7-1 所示，电阻 R_1、R_2、R_3 与待测电阻 R_X 构成四边形，对角 AC 两端接电源 U_S，另一对角 BD 两端接检流计 G。电桥平衡时，检流计 G 无电流，B、D 两点等电位，即 $U_{AB} = U_{AD}$，$U_{BC} = U_{DC}$，$I_1 = I_4$，$I_2 = I_3$，则 $I_1 R_1 = I_2 R_2$，$I_3 R_3 = I_4 R_X$，于是有

$$\frac{R_1}{R_2} = \frac{R_X}{R_3} \tag{7-1}$$

$$R_X = \frac{R_1}{R_2} \cdot R_3 = K R_3 \tag{7-2}$$

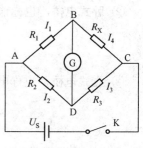

图 7-1　惠斯通电桥

式中，$K = \dfrac{R_1}{R_2}$ 称为电桥的比率。一般惠斯通电桥的比率有 0.001、0.01、0.1、1、10、100 和 1000 七挡。根据待测电阻 R_X 大小选择 K，调节 R_3 使检流计 G 为零，然后由式（7-2）求出待测电阻 R_X 的值。惠斯通电桥的最大测量值可达 $10^6\,\Omega$。

2. 非平衡直流电桥

非平衡直流电桥的电路如图 7-2 所示，BD 两端接内阻为 R_0 的数字电压表。该电桥不需要调平衡，只要测量输出电压 U_0 或电流 I_0，即可通过计算求得 R_X 值。

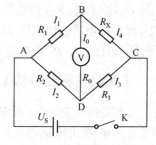

图 7-2　非平衡直流电桥

（1）非平衡直流电桥输出电压

当负载电阻 $R_0 \to \infty$ 时，$I_0 = 0$，电桥输出处于开路状态。当电桥输出端接数字电压表或高输入阻抗放大器时属于这种情况。

因 $I_0 = 0$，故 $I_1 = I_4$，$I_2 = I_3$，根据分压原理，输出电压 U_0 为

$$U_0 = U_{BC} - U_{DC} = \frac{R_X}{R_1 + R_X} U_S - \frac{R_3}{R_2 + R_3} U_S = \frac{R_2 R_X - R_1 R_3}{(R_1 + R_X)(R_2 + R_3)} U_S \tag{7-3}$$

由式（7-3）看出，当 $R_1 R_3 = R_2 R_X$ 时，$U_0 = 0$，电桥处于平衡，这就是惠斯通电桥。

若 R_1、R_2、R_3 为固定电阻，R_X 为随温度变化的电阻，$R_X = R(t)$。设室温 $t = t_0$ 时，$R_X = R_{X0}$，当温度 $t = t_0 + \Delta t$ 时，$R_X = R_{X0} + \Delta R_X$，由式（7-3）求得电压 U_0 为

$$U_0 = \frac{R_2 R_{X0} + R_2 \Delta R_X - R_1 R_3}{(R_1 + R_{X0})(R_2 + R_3) + \Delta R_X (R_2 + R_3)} \cdot U_S \tag{7-4}$$

在室温 t_0 时预调电桥平衡，即调节 R_1、R_2 和 R_3，使得 $R_1 R_3 = R_2 R_{X0}$，则式（7-4）变为

$$U_0 = \frac{R_2 \Delta R_X}{(R_1 + R_{X0})(R_2 + R_3) + \Delta R_X (R_2 + R_3)} \cdot U_S \tag{7-5}$$

当 R_X 电阻变化很小时，$\Delta R_X \ll R_1$、R_2、R_3，则式（7-5）分母中的 ΔR_X 可以略去，式（7-5）变为

$$U_0 = \frac{R_2 \cdot \Delta R_X}{(R_1 + R_{X0})(R_2 + R_3)} \cdot U_S \tag{7-6}$$

（2）非平衡电桥的分类

下面分三种桥式电路讨论。

① **等臂电桥**：$R_1 = R_2 = R_3 = R_{X0}$，式（7-6）变为

$$U_0 = \frac{U_S}{4} \cdot \frac{\Delta R_X}{R_{X0}} \tag{7-7}$$

② **卧式电桥**，也称输出对称电桥：$R_1 = R_{X0}$，$R_2 = R_3$，且 $R_1 \neq R_3$，式（7-6）变为

$$U_0 = \frac{U_S}{4} \cdot \frac{\Delta R_X}{R_{X0}} \tag{7-8}$$

③ **立式电桥**，也称电源对称电桥：$R_1 = R_2$，$R_3 = R_{X0}$，且 $R_1 \neq R_3$，式（7-6）变为

$$U_0 = \frac{R_1 R_3}{(R_1 + R_3)^2} \cdot \frac{\Delta R_X}{R_{X0}} \cdot U_S \tag{7-9}$$

以上三种电桥都可以通过测量电压 U_0，然后分别通过式（7-7）、式（7-8）和式（7-9）计算得到 ΔR_X，从而求得 $R_X = R_{X0} + \Delta R_X$。

讨论：由式（7-7）至式（7-9）可以看出，当 $\Delta R_X \ll R_1$、R_2、R_3 时，三种电桥的输出电压 U_0 均与 $\Delta R_X/R_{X0}$ 呈线性关系。在 R_{X0}、ΔR_X 相同的情况下，等臂电桥、卧式电桥输出电压 U_0 比立式电桥输出电压 U_0 高，因此灵敏度也高；而立式电桥则可以通过选择 R_1、R_3 来扩大测量范围，R_1、R_3 差距越大，R_X 的测量范围也越大。

【实验内容及步骤】

本实验以 Pt100（或 Cu50）热电阻作为待测电阻进行测量。Pt100 铂电阻和 Cu50 铜电阻都是热电阻式传感器，它们的电阻与温度的关系在 0~150℃ 范围内基本是线性的，有 $R_t = R_0(1 + \alpha t)$，其中 R_t、R_0 是热电阻分别在 t℃、0℃时的阻值。理论上 Pt100 在 0℃ 时的阻值 $R_{0铂} = 100\,\Omega$，正温度系数 $\alpha_铂 = 3.908 \times 10^{-3}/℃$；Cu50 在 0℃时的阻值 $R_{0铜} = 50\,\Omega$，正温度系数 $\alpha_铜 = 4.28 \times 10^{-3}/℃$。

QJ23 型惠斯通电桥和 FQJ 型加热实验装置的使用说明，分别见本实验附录 7-A 和附录 7-B。

1. 惠斯通平衡直流电桥测量

（1）接上电源 U_S 及待测电阻。

（2）检流计调零，电源电压 $U_S = 4.5\,\text{V}$。

（3）根据测量温度 t 由式（7-10）估算待测电阻 R_X，由 R_X 的大小选择适当比率 K，再由电桥平衡公式 $R_X = KR_3$ 预置 R_3 的初值。

（4）按下电源开关"B"和检流计开关"G"，用渐近法调节 R_3（即按 ×1000、×100、×10 和 ×1 的顺序依次调节），使检流计指针指零。数据记录到自拟表中。

（5）开启加热炉，待测电阻升温，加热温度范围为室温至 65℃，每隔 5℃测量 1 个点。测量数据记录到自拟表格中。

（6）根据测量数据用直角坐标纸作 R_X-t 图，并做线性拟合，由直线斜率 K 求出电阻温度系数 $\alpha_实 = K/R_0$，将测量值 $\alpha_实$ 与理论值 $\alpha_理$ 相比较，求出百分误差。

2. 卧式非平衡直流电桥测量

（1）在 0~100℃ 范围内，Pt100（或 Cu50）的电阻变化 ΔR_X 最大约几十欧姆，选择 R_1、R_2、$R_3 \gg \Delta R_X$，且 $R_1 = R_{X0}$，$R_2 = R_3$，$R_1 \neq R_3$，用式（7-8）来测量。

（2）R_1、R_2、R_3 为电阻箱，R_X 为加热升温炉中的待测电阻，按图 7-2 搭接非平衡直流电桥；电源电压 $U_S = 4.5\,\text{V}$；用数字电压表测输出电压 U_0。

（3）确定各电桥臂电阻值。用数字电压表测量室温时待测电阻的阻值 R_{X0}，取 $R_1 = R_{X0}$，$R_2 = R_3$，$R_1 \neq R_3$。注意条件 R_1、R_2、$R_3 \gg \Delta R_X$，如取 $R_2 = R_3 = 300\ \Omega$。

（4）预调电桥平衡。接通电源，微调 R_1，使电压输出 $U_0 = 0$，记下 R_1 值（即 R_{X0} 值）。

（5）加热升温，加热温度范围为室温至 65℃。每 5℃ 测量 1 个点，同时读取温度 t 和数字电压表电压 U_0，记入自拟表中。

（6）由式（7-8）计算 ΔR_X，待测电阻的阻值 $R_X = R_{X0} + \Delta R_X$。

（7）根据表中实验数据用直角坐标纸作 $R_X\text{-}t$ 图，并做线性拟合，由直线斜率 K 求出电阻温度系数 $\alpha_{测} = K/R_0$，将测量值 $\alpha_{测}$ 与理论值 $\alpha_{理}$ 相比较，求出百分误差。

3．比较上述两种测量方法误差大小

【注意事项】

1．为保证数据的准确度，应采用"I"挡慢加温。

2．热敏电阻有耐高温的局限，加温的上限值不能超过 120℃。

【思考题】

1．在做非平衡直流电桥实验时，能否不进行预调平衡？为什么？

2．非平衡直流电桥中立式电桥为什么比卧式电桥测量范围大？

【附录 7-A】QJ23 型惠斯通电桥的使用说明

QJ23 型惠斯通电桥的面板结构如图 7-3 所示，内部电路如图 7-4 所示。

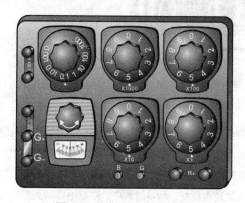

图 7-3　惠斯通电桥面板结构

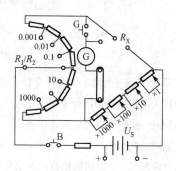

图 7-4　惠斯通电桥内部电路

电桥各部件的功能和特点如下：

（1）**比较臂 R_3**：位于面板右上方，由 4 个标有"×1000"、"×100"、"×10"、"×1"的十进位电阻盘组成，最大阻值为 9999 Ω，用法同电阻箱。

（2）**比率臂 K**：位于比较臂左方，相当于图 7-1 中的 R_1 和 R_2，由 8 个精密电阻组成。旋钮盘上的比率示值 $K = R_1/R_2$，分别从 0.001 到 1000 共有七挡。比率选择原则：为了保证 R_X 的测量精度，R_3 要有四位读数，一般 R_X 越小，比率取值越小，如 $R_X = 1\ \Omega$，$K = 0.001$；$R_X = 10\ \Omega$，$K = 0.01$。

（3）**检流计 G**：位于比率臂下方，用于指示电桥平衡与否。检流计上有调零旋钮，测量前应先调零，调节时要轻微、缓慢，以免扭断检流计悬丝。

（4）R_X：被测电阻接线柱。

（5）B^+、B^-外接电源接线柱：位于面板的左上方，用于接外部电源。在接外部电源前，必须将箱内电池盒的电池取出。

（6）**B 按钮**：电源开关，位于面板的下方，按下"B"则电源接入电路。实验中不要将此开关按下锁住，以避免电流热效应引起阻值改变。

（7）**G 按钮**：检流计开关，位于面板的下方，按下"G"则检流计接入电路。实验中，此开关一般只能跃按，以避免非瞬时过载而损坏检流计。

（8）**G 内接、外接接线柱**：共三个接线柱，用于切换检流计。若使用箱内检流计，用金属连接片将其中、下两个接线柱短接；若使用箱外检流计，先用金属连接片将其上、中两个接线柱短接，再将中、下两接线柱和外部检流计相接。

QJ23 型箱式电桥使用前，应先松开"B"、"G"按钮，进行调零。使用完毕，应松开"B"、"G"按钮。注意：不使用 QJ23 电桥时，要用金属连接片将上、中两个接线柱短接，以保护检流计。

【附录 7-B】FQJ 型加热实验装置的使用说明

FQJ 型加热实验装置采用温控加热炉升温，它包含 1 个测温升温控制器和 2 个升温（保温）炉，如图 7-5 所示。

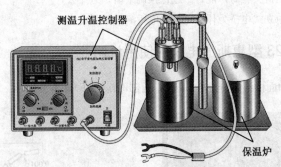

图 7-5　FQJ 型加热实验装置图

两个升温（保温）炉可以交替升温，节省冷却时间。升温炉之温度由温度控制器控制。炉胆中有一个热容量较大的铜板与炉盖相连接。铜板、温度传感器及待测电阻紧密接触以保证温度一致并不易波动。在交换加热炉时，此铜板可以放入冰中冷却。开启电源，即可预设升温炉所升的温度。加热挡有四个挡位："1"挡适合室温～50℃慢速加热；"2"挡适合 50℃～80℃中速加热；"3"挡适合 80℃～120℃快速加热；"关"挡为停止加热。实验时应检查测温信号线两插头与插座接触是否良好，测量过程中，注意不要动测温信号线，以免数据不正确。

实验 8　用双臂电桥测低电阻

电阻按照阻值的大小可分为高电阻（100 kΩ 以上）、中电阻（1Ω～100 kΩ）和低电阻（1 Ω以下）三种。一般导线本身及接点处引起的电路中的附加电阻约为 0.01 Ω 左右，这样在测低电阻时就不能把它忽略。对惠斯通电桥加以改进而成的双臂电桥（又称开尔文电桥）能够较好地消除附加电阻的影响，适用于 10^{-5}～$10^2\,\Omega$ 电阻的测量，如测量金属材料的电阻率、电机、变压器绕组的电阻，低阻值线圈电阻，等等。

【实验目的】

1. 掌握用双臂电桥测量低电阻的原理和测量方法，理解四端接法的必要性。
2. 掌握金属棒电阻率的测量方法；
*3. 学习金属导体的电阻温度系数的测量方法。

【预备问题】

1. 双臂电桥中，待测低电阻阻值的计算公式 $R_X = \dfrac{R_1}{R_2} R_S$ 成立的条件是什么？

2. 若测 $R_X \approx 0.5\ \Omega$，QJ-44 型双臂电桥的倍率 M 应选为多大？

3. 图 8-6(b) 的四端电阻哪两端是电流端？哪两端是电压端？所测电阻是哪两端？

【实验仪器】

箱式双臂电桥、直流稳定电源、灵敏检流计、直流电流表、双臂电桥实验板、2x21 型电阻箱（0.1 级）、BZ3 标准电阻（0.01 级）、待测四端低电阻、四端低阻测试夹具（含钢、铜、铝测试棒）、滑线变阻器（22 Ω）、游标卡尺等。

Zx21 型电阻箱和 SS2323 可跟踪直流稳定电源的介绍，见本实验的附录 8-A 和附录 8-B。

【实验原理】

1. 双臂电桥线路结构及消除附加电阻影响的原理

图 8-1 为惠斯通电桥测电阻原理图，电阻 R_1、R_2、R_3、R_X 称为电桥的四个"桥臂"。接入

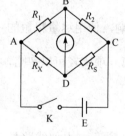

图 8-1　惠斯通电桥

检流计的对角线 BD 称为"桥"。接通电源，当检流计的指针指零，B、D 两点电位相等，这时电桥平衡，有 $R_X = \dfrac{R_1}{R_2} R_S$。

若图 8-1 中待测电阻 R_X 是低值电阻，R_S 也应该是低值电阻，R_1 和 R_2 可以用较高阻值的电阻。这样，虽然连接 R_1 和 R_2 的四根导线的电阻和接触电阻可以忽略，但连接 R_X 和 R_S 的四根导线的电阻和 A、C、D 三点的接触电阻对测量结果的影响很大，不能忽略。例如，R_X 测量阻值为 0.01 Ω，若附加电阻为 0.01 Ω 左右时，其误差可达 100%，这就无法得出测量结果。

双臂电桥的线路结构（如图 8-2 所示）与惠斯通电桥有两点显著不同：① 低阻值的待测电阻 R_X 和桥臂电阻 R_S 均为四端接法；② 增加了两个高阻值电阻 R_3 和 R_4，构成双臂电桥的"内臂"。

四端电阻外侧的两个接点称为电流端，如图 8-2 中 R_X 的 A_1、D_1 端和 R_S 的 C_1、D_3 端。四端电阻的电流端通常接电源回路，从而将电流端的附加电阻折合到电源回路的电阻中，如图 8-2 的 A_1、C_1 两接点的附加电阻折入电源内阻。而 D_1、D_3 两接点用粗导线相连，设 D_1、D_3 间的附加电阻为 r。若 R_1、R_2、R_3、R_4 满足一定条件（$\dfrac{R_1}{R_2} = \dfrac{R_3}{R_4}$），也可消除 r 对测量结果的影响（后面证明）。

　　四端电阻内侧的两个接点称为电压端，如图 8-2 中 R_X 的 A_2、D_2 端和 R_S 的 C_2、D_4 端。四端电阻的电压端通常接高电阻回路（或电流为零的补偿回路）。图 8-2 中，A_2、C_2 两接点的附加电阻分别并入 R_1、R_2；而 D_2、D_4 两接点的附加电阻分别并入 R_3、R_4。由于 R_1、R_2、R_3、R_4 本身电阻很高，所以这些附加电阻对它们的影响甚微。此外，电压端之间使用低电阻粗短导线连接，有效地消除了导线附加电阻的影响。

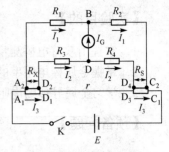

图 8-2　双臂电桥原理图

2. 双臂电桥的平衡条件

　　如图 8-2 所示，通电电桥达到平衡时，检流计的电流 $I_G = 0$，B、D 两点电位相等，根据基尔霍夫定律，可得方程组

$$\begin{cases} I_1 R_1 = I_3 R_X + I_2 R_3 \\ I_1 R_2 = I_3 R_S + I_2 R_4 \\ I_2(R_3 + R_4) = (I_3 - I_2)r \end{cases}$$

解方程组得

$$R_X = \frac{R_1}{R_2} R_S + \frac{rR_4}{R_3 + R_4 + r}\left(\frac{R_1}{R_2} - \frac{R_3}{R_4}\right) \tag{8-1}$$

　　调节 R_1、R_2、R_3、R_4，使双臂电桥在结构上尽量做到上式第二项满足 $\dfrac{R_1}{R_2} = \dfrac{R_3}{R_4}$，则由式（8-1）可得双臂电桥的平衡条件为

$$R_X = \frac{R_1}{R_2} R_S \tag{8-2}$$

　　实际上，很难完全做到 $\dfrac{R_1}{R_2} = \dfrac{R_3}{R_4}$。为了减小式（8-1）中第二项的影响，使用尽量粗短的导线以减小电阻 r 的阻值（$r < 0.001\ \Omega$），使式（8-1）第二项尽量小，与第一项比较可以忽略，以使式（8-2）成立。

3. 箱式双臂电桥

　　QJ-44 型箱式双臂电桥是一种典型的双臂电桥电路（面板如图 8-3 所示，内部线路如图 8-4 所示），它由比率臂倍率 M 和比较臂（读数盘）组成。比率臂倍率 $M = \dfrac{R_1}{R_2} = \dfrac{R_3}{R_4}$，由 ×0.01、×0.1、×1、10、×100 五挡组成；比较臂由一个十进步进盘 R_{SA} 和一个滑线盘 R_{SB} 组成，即 $R_S = R_{SA} + R_{SB}$。

　　使用前，箱式双臂电桥电池盒内应装有 9 V 叠层电池，若电池盒内未装 1.5 V 电池，则 $B_外$ 的 "+、−" 接线端需要外接 1.5 V 直流电源；待测四端低电阻与 C_1、P_1、P_2、C_2 接线端连接，其中 C_1、C_2 为电流端，P_1、P_2 为电压端；检查检流计表头机械调零无误后，接通 "K_1" 开关使放大器电路通电，调节 "灵敏度" 旋钮（即顺时针旋到底）使灵敏度为最大，由于 9 V 电池电能会消耗，放大器可能有电压作用于表头，因而需要通过 "调零" 旋钮调整检流计恢复指零，测量过程应密切检查和调零。

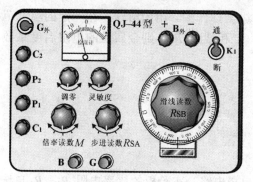

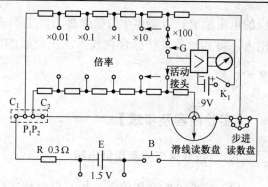

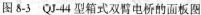

图 8-3 QJ-44 型箱式双臂电桥的面板图   图 8-4 QJ-44 型箱式双臂电桥的内部线路图

测量时，依据测量范围（如表 8-1 所示）选择比率臂倍率 M，选择原则"步进读数 R_{SA}"盘示值不能为 0。首先检流计的灵敏度适当调低，同时触按"B"、"G"按钮接通双臂电桥测量电路，在电桥未平衡时限制通过检流计的电流，有利于用逼近法调节"倍率读数 M"和"步进读数 R_{SA}"使电桥粗调平衡；然后提高检流计的灵敏度，调节"步进读数 R_{SA}"和"滑线读数 R_{SB}"，使电桥平衡，被测电阻值为

$$R_X = 倍率 M \times （步进盘读数 R_{SA} + 滑线盘读数 R_{SB}） \tag{8-3}$$

表 8-1 QJ-44 型双臂电桥的倍率与待测电阻范围、电桥的等级、允许误差的关系

倍率 M	待测电阻 R_X 的范围（Ω）	等级 a	基准值 R_N（Ω）	允许误差Δ（Ω）
×100	1.1～11	0.2	10	
×10	0.11～1.1	0.2	1	
×1	0.011～0.11	0.2	0.1	$\Delta = a\%\left(\dfrac{R_N}{10} + X\right)$
×0.1	0.0011～0.011	0.5	0.01	式中，R_N 为表中的基准值，X 为读数盘的示值，
×0.01	0.00011～0.0011	1	0.001	即 $X = M(R_{SA} + R_{SB})$

4. 测量金属棒的电阻率

根据电阻定律，导体电阻与导体长度 L 成正比，与导体横截面 S 成反比，表达式为 $R = \rho\dfrac{L}{S}$，其中 ρ 为比例系数，称为电阻率，它仅与导体材料有关，与环境温度有关。

若已知圆柱金属棒的直径 d、长度 L、横截面 S，则其电阻率为

$$\rho = \frac{\pi d^2}{4L} R_X \tag{8-4}$$

5. 测量导体的温度系数

通常金属电阻的阻值会随温度的改变而变化，对于金属导体有 $R_t = R_0(1 + at + \beta t^2 + \cdots)$，其中 R_0 为 0℃时的电阻，R_t 为 t℃时的电阻，$\alpha, \beta, \cdots$ 为电阻的温度系数，且 $\alpha > \beta > \cdots$。在 0℃～100℃温度范围内的 β 值很小，导体的电阻与温度的关系可近似为线性关系，即

$$R_t = R_0(1 + \alpha t) \tag{8-5}$$

设计金属丝适当长度，将表皮胶化的金属丝浸在保温水杯中，测量一系列温度 t 和对

应的电阻值 R_t，以温度 t 为横坐标、以电阻 R_t 为纵坐标作图。用图解法，在一定的温度范围内，得到一条最佳拟合直线，求出直线的斜率 k 和截距 R_0，则金属丝的电阻温度系数 $\alpha = \dfrac{k}{R_0}$。

【实验内容及步骤】

1．自搭双臂电桥测量低电阻

（1）按图 8-5 布置仪器，用双臂电桥实验板自搭电路。实验板的比率电阻 R_2、R_4 自选 $R_2 = R_4 = 100\ \text{k}\Omega$ 或 $1.00\ \text{M}\Omega$（均为 0.2 级）。图 8-5 中电源 E 取 1.5 V，R 为滑线变阻器（0～22 Ω），R_X 为待测四端低电阻，R_S 为四端标准电阻（1 Ω），比率电阻 R_1 和 R_3 为 Zx21 型电阻箱（预调均为 5000.0 Ω），G 为检流计，R_h 为开关式保护电阻（分粗、中、细三挡）。

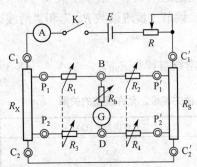

图 8-5　双臂电桥实验板的接线电路

（2）粗调电桥平衡：保护电阻 R_h 和限流器 R 先取最大阻值，合上开关 K，使用逼近法同步调节 R_1、R_3（$R_1 = R_3$），使电桥粗调平衡。

注意：在每次调节 R_1、R_3 之前，先打开开关 K，调节 R_1、R_3 无误，才闭合开关。

若 SS2323 可跟踪稳定电源 E 或电阻 R_S、R_1 和 R_3 设置不当，主回路电流超过设定的电源额定电流，则电源过载保护启动，其输出电压会下降，且恒流输出。

充分利用开关式保护电阻 R_h，保护检流计。R_h 置"粗"约几万欧姆，限流作用最大；R_h 置"中"约几百欧姆，减小限流，提高电桥灵敏度；R_h 置"细"为零电阻，电桥灵敏度更高。电桥不平衡时，要防止流过检流计电流过大而损坏检流计。

（3）细调电桥平衡：逐步减小 R_h 和 R，使用逼近法同步调节 R_1、R_3，使电桥细调平衡；直至 R_h 取零、R 为最小值，电桥灵敏度最高时，同步调节 R_1、R_3，使电桥平衡。

（4）列表记录 R_1、R_3、R_2、R_4、R_S 的实验数据，列出式子计算 R_X 及不确定度 $u(R_X)$，报道测量结果 $R_X = R_X \pm u(R_X)$。

2．用箱式双臂电桥测量金属棒的电阻率

（1）金属棒四端接线：待测金属棒 R_X（图 8-6）四个接线柱分别与箱式双臂电桥（图 8-3）对应的 C_1、P_1、C_2、P_2 接线柱用粗导线连接牢固；移动测试滑动柱 P_2 固定于金属棒被测的长度 $\overline{P_1 P_2}$ 处，金属棒的四个夹具用锁紧螺丝锁紧待测金属棒。

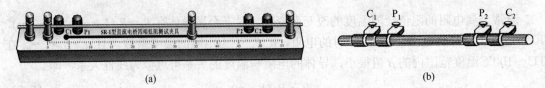

(a)　　　　　　　　　　　　　　(b)

图 8-6　金属棒及其测试夹具

（2）电桥检流计调零：接通图 8-3 中检流计放大电路独立电源开关 K_1，检查和松开电桥电源和检流计的"B"和"G"按钮（不置按下锁紧），再将"灵敏度"旋钮顺时针方向旋到灵敏度最大位置，调节灵敏度"调零"旋钮，使检流计指零。

（3）粗调电桥平衡：选择 M 倍率挡；逆时针方向调节"灵敏度"旋钮置灵敏度较低或中间位置；调节步进读数盘 R_{SA} 和滑线读数盘 R_{SB} 后，按下电桥"G"按钮，同时点触式按下"B"按钮，检查检流计是否指零；若检流计指示偏大则重新选择 M 倍率挡，直至逐步调节 R_{SA} 和 R_{SB}，"B"、"G"接通后，检流计仍然指零，则电桥粗调平衡。

（4）细调电桥平衡：逐渐顺时针方向旋转"灵敏度"旋钮，逐渐提高灵敏度，直至最大灵敏度，调节读数盘 R_{SB}，使电桥平衡。列表记录测量数据 M、R_S 和测量值 R_X。

（5）移动 P_2 的位置，测量待测金属棒 P_1P_2 不同长度 l_1, l_2, $\cdots$, l_6 对应的电阻值 R_{X1}, R_{X2}, $\cdots$, R_{X6}，列表记录测量数据。

（6）测量金属棒六个不同长度位置的直径 d，列表记录实验数据，求出平均值 $\bar{d}$。

（7）列式计算 ρ_1, ρ_2, $\cdots$, ρ_6，并把数据填入数据表格中，再计算平均值 $\bar{\rho}$ 及其不确定度 $u(\rho)$，写出测量结果的表达式 $\rho = \bar{\rho} \pm u(\rho)$。

（8）绘制 R_X-L 图，求出直线斜率 K，用作图法求出测量结果 ρ。

*3. 设计测量金属丝的电阻温度系数

设计合适长度的金属丝放入恒温槽中，在不同温度下测量金属丝的电阻，绘制 R_X-t 图，由直线斜率 k 和截距 b，求出金属丝的电阻温度系数 α。若知道或测出金属丝的材料性质，可查附表 A-10，与标准值比较，求出电阻温度系数的测量相对误差。

【注意事项】

1. 自搭式双臂电桥应按电流回路法连接线路。尽量减小连线电阻和接触电阻。
2. 为保证测量精度，主回路电流不应太大，测量通电时间应尽量短暂，减小电流热效应。
3. 电桥平衡，记录数据时，应松开"B"、"G"按钮，避免电能消耗，电路发热，电流热效应等因素影响测量结果。
4. 实验结束，应把"K_1"开关放置"断"位置，以免消耗 9 V 电池的电能。

【思考题】

1. 若标准电阻 R_S 和金属棒 R_X 各自的电压端与电流端互相颠倒，对实验结果有何影响？
2. 图 8-5 中，如果电阻 R_X 的 P_1 与 P_2 相互交换，问电桥能否平衡？为什么？
3. 用箱式双臂电桥测低值电阻时，如果待测电阻与测量仪器之间的连接导线过细、过长，对测量的准确度有无影响？为什么？
4. QJ-44 型箱式双臂电桥测量金属棒电阻时，若接上待测电阻 $R_X \approx 0.01\ \Omega$，预定图 8-4 所示的主回路额定电流为 1A，限流电阻 $R=0.3\ \Omega$，两滑线盘 $R_S=0.11\ \Omega$，应设置电源 E 输出电压为多少？

【参考文献】

[1] 杨述武. 普通物理实验（二、电磁学部分）. 北京：高等教育出版社，2000.

【附录 8-A】Zx21 型电阻箱

Zx21 电阻箱面板图及内部线路示意图如图 8-7 和图 8-8 所示，它适用于周围空气温度+5℃～+35℃ 及相对湿度≤80%时，作为直流电路可调节阻值之用。调节范围为 9×(0.1 + 1 + 10 + 100 + 1000 + 10000)Ω = 99999.9 Ω，零值电阻为 20 ± 5 mΩ。

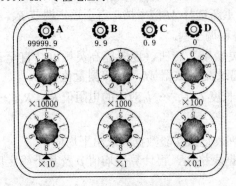

图 8-7　Zx21 电阻箱面板图

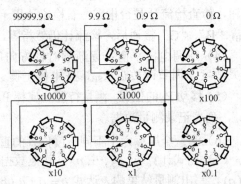

图 8-8　Zx21 电阻箱内部线路示意图

使用注意事项：（1）使用时应先旋转一下各组旋钮，使接触稳定可靠，减小接触电阻。（2）使用时，绝不能超过规定的最大允许电流值（见表 8-2），以免损坏电阻箱。（3）当只需小电阻值时，应将连线接到"0"和"9.9"（或"0.9"）示值接线柱，减小电阻箱内的引线和接触电阻。（4）允许误差$\Delta = \sum R_{Xm}\, a_m\% + R_0(\Omega)$，其中 m 为 6 个电阻挡位，R_{Xm}、a_m 分别为各挡电阻挡的电阻及其准确度，R_0 为接触电阻。

表 8-2　Zx21 电阻箱技术指标（参考功率 0.2 W，标称使用功率 0.3 W）

标称挡（Ω）	×10k	×1k	×100	×10	×1	×0.1
准确度（%）	0.1	0.1	0.1	0.2	0.5	5
额定电流	4.5 mA	14 mA	45 mA	140 mA	0.45 A	1.4 A

注：长时间使用的额定电流是最大允许电流的 75%。

如图 8-7 所示，AD 端电阻 $R = 11588.0\ \Omega$，$\Delta = 11500×0.1\% + 80×0.2\% + 8×0.5\% + 0×5\% = 11.7\ \Omega$；而 BD 端电阻 $R = 8.0\ \Omega$，$\Delta = 8×0.5\% + 0×5\% = 0.04\ \Omega$。

【附录 8-B】SS2323 可跟踪直流稳定电源

SS2323 可跟踪直流稳定电源是稳压、稳流、连续可调、稳压—稳流两种工作状态可随负载的变化自动切换，两路可实现串、并联工作，能实现独立、跟踪、串联和并联工作方式。

SS2323 可跟踪直流稳定电源面板结构图如图 8-9 所示，各部件的功能：（1）"POWER"电源开关；（2）"OUTPUT"输出电压和电流开关；（3）"OUTPUT"输出电压和电流状态的指示灯，绿灯亮有输出，灯不亮无输出；（4）"VOLTAGE（SLAVE）"（独立模式时）调整 CH2 输出电压旋钮；（5）"VOLTAGE（CH2）"调整限定 CH2 的最高输出电压值；（6）"—"负极输出端子（黑色）；（7）"+"正极输出端子（红色）；（8）"C.V./C.C.（SLAVE）"指示灯，当 CH2 输出在稳压状态时 C.V.灯（绿灯）亮，而在并联跟踪方式或 CH2 输出在恒流状态时，C.C.灯（红灯）亮；（9）"CURRENT（SLAVE）"（独立模式时）调整 CH2 输出电流旋钮；（10）"GND"大地和电源接地端子；（11）"TRACKING"两个按键可选择设置为同时不按下、或左键按下而右键不按下、或同时按下，则电源分别对应为 INDEP（独立）、SERIES（串联）或 PARALLEL（并联）的跟踪模式；（12）"V0LTAGE（MASTER）"调整 CH1 输出电压旋钮，并在并联或串联输出时调整电源的输出电压；（13）"VOLTAGE（CH1）"调整限定 CH1 的最高输出电压值；（14）"C.V./C.C.（MASTER）"指示灯，当 CH1 输出在稳压状态时，或在并联或串联跟踪模式，CH1 或 CH2 输出在稳压状态时，C.V.灯（绿灯）亮，而当 CH1 输出在稳流状态，C.C. 灯（红灯）亮；（15）"CURRENT（MASTER）"调整 CH1 输出电流旋钮，在并联模式时调整整体输出电流；（16）显示屏，从左到右，显示 CH2 输出端输出的电压和电流、CH1 输出端输出的电压和电流。

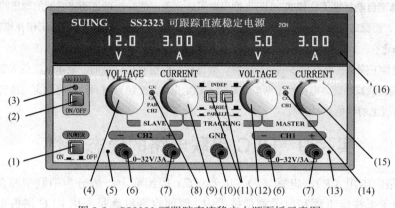

图 8-9　SS2323 可跟踪直流稳定电源面板示意图

电源四种工作模式的操作方法：

1. 设置独立输出工作模式： ① 打开电源，确认[OUTPUT]开关置于关断状态；② 将两个[TRACKING]按键按出，设定 CH1 和 CH2 两组电源独立操作模式；③ 两组电源独立调整电压和电流旋钮至所需的输出电压和额定电流值；④ 如图 8-10 所示，连接负载后，打开［OUTPUT］开关。CH1 和 CH2 两组电源独立同时工作，CH1 和 CH2 电源（在额定电流时）电压输出 0～额定值（32 V）连续可调。

2. 设置串联跟踪工作模式： ① 打开电源，确认［OUTPUT］开关置于关断状态；② 按下［TRACKING］左边的按键，松开右边按键，设定串联跟踪模式，CH2 输出端正极将自动与 CH1 输出端子的负极相连接；③ 将 CH2 电流控制旋钮顺时针旋转到最大，CH2 电流输出随 CH1 电流设定值而改变。根据所需工作电流调整 CH1 调流旋钮，合理设定 CH1 的限流点（过载保护），实际输出电流值为 CH1 或 CH2 电流表头读数；④ 使用 CH1 电压控制旋钮调整所需的输出电压（实际的输出电压值为 CH1 表头与 CH2 表头显示电压之和）；⑤ 单电源供电：如图 8-11 所示，将测试导线一条接到 CH2 的负端，另一条接 CH1 的正端，而此两端可提供 2 倍（CH1）主控输出电压显示值；⑥ 一组正负对称直流电源：如图 8-12 所示，将 CH1 输出负端（即 CH2 输出正端）当作参考共地点，则 CH1 输出端正极对共地点，可得到正电压（CH1 表头显示值）及正电流（CH1 表头显示值），而 CH2 输出负极对共地点，可得到与 CH1 输出电压值相同的负电压，即跟踪式串联电压；⑦ 连接负载后，打开［OUTPUT］开关，即可正常工作。

注意：电源的 GND 端子是大地和电源接地端子，不是负载电路的参考共地点。

3. 设置并联跟踪工作模式： ① 打开电源，确认［OUTPUT］开关置于关断状态；② 将［TRACKING］的两个按钮都按下，设定为并联模式，CH1 输出端正极和负极会自动和 CH2 输出端正极和负极两两相互连接；③ 在并联模式时，CH2 的输出由 CH1 的电压和电流旋钮控制，跟踪于 CH1 输出电压，从 CH1 电压表或 CH2 电压表可读出输出电压值；④ CH2 的输出电流由 CH1 的电流旋钮控制，跟踪于 CH1 输出电流。用 CH1 电流旋钮来设定并联输出的限流点（过载保护）；电源的实际输出电流为 CH1 和 CH2 两个电流表头指示值之和；⑤ 使用 CH1 电压控制旋钮调整所需的输出电压；⑥ 如图 8-13 所示，连接负载后，打开[OUTPUT]开关，即可正常工作。

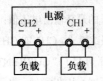
图 8-10　独立电源

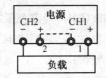
图 8-11　串联电源输出

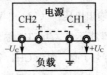
图 8-12　正负跟踪电源

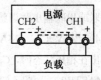
图 8-13　并联跟踪电源

4. 稳压/稳流自动转换工作模式：① 当输出电流达到预定值时，可自动将电源的稳压特性转变为稳流特性。反之亦然。而稳定电压和稳定电流交点称之为转换点。例如，有一负载使电源工作在稳定电压状态下，此时输出电压稳定在一额定电压点，若增加负载直到限流点的界限，在此点，输出电流成为一稳定电流，且输出电压将有微量下降，甚至有更多的电压下降。前面板的红色 C.C.灯亮时，表示电源供应器工作在稳流状态。② 同样，当负载减小时，电压输出渐渐回复至一稳定电压，交越点将自动的将稳定电流转变为稳定电压状态，此时前面板上的绿色 C.V.灯亮。

实验 9　RLC 串联电路的稳态特性

RLC 电路由电阻（R）、电感（L）、电容（C）等组成，一般分为串联型和并联型。RLC 电路广泛应用于无线电工程和电子测量技术中，例如收音机就是采用 RLC 谐振电路来进行选台。本实验以 RLC 串联电路为例，研究其相关的电路特性。

【实验目的】

1. 研究交流信号在 RLC 串联电路中的幅频特性和相频特性；
2. 巩固交流电路中矢量图解法和复数表示法。

【预备问题】

1. 测量幅频特性时，是否要保持电压 U_S 不变？
2. 如何用实验的方法找出 RLC 电路的谐振频率？

【实验仪器】

双踪示波器，函数信号发生器，R、L、C 元件盒，万能电路插板。

【实验原理】

纯电阻、纯电感、纯电容在交流电路中的作用用复阻抗 $\boldsymbol{Z}$ 来表示，可以得到相应于直流电路的交流欧姆定律和交流基尔霍夫定律的复数形式。矢量图解法是计算交流电路的一种直观的方法，交流量的峰值与矢量的大小相对应，初相位与矢量的方向相对应。

在交流电路中，电阻值与频率无关，电容具有"通高频、阻低频"的特性，电感具有"通低频，阻高频"的特性。将电阻、电容、电感串联起来，可以得到特殊的幅频特性和相频特性，具有选频和滤波作用。

本实验用交流电路的复数形式和矢量图来研究 RLC 串联电路的幅频特性和相频特性。

1. RLC 串联电路的幅频特性

由于交流电路中的电压和电流不仅有大小变化，而且还有相位差别，因此常用复数及矢量图解法来研究。

图 9-1 是 RLC 串联电路，交流电源电压为 $\dot{U}_S$。RLC 电路的复阻抗为

$$Z = R + j\left(\omega L - \frac{1}{\omega C}\right)$$

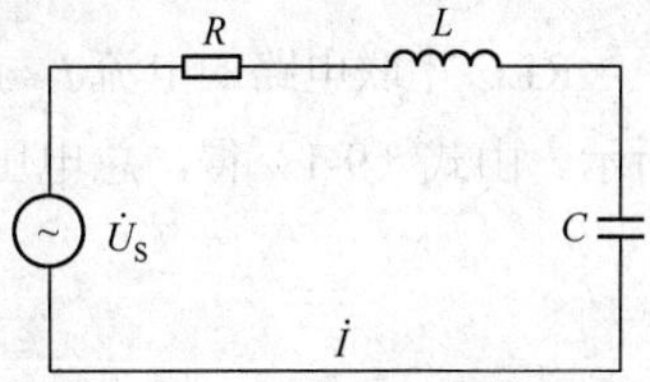

回路电流为

$$\dot{I} = \frac{\dot{U}_S}{Z} = \frac{\dot{U}_S}{R + j\left(\omega L - \frac{1}{\omega C}\right)} \qquad (9\text{-}1)$$

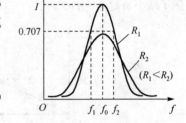

图 9-1　RLC 串联电路

电流大小为

$$I = \frac{U_S}{|Z|} = \frac{U_S}{\sqrt{R^2 + \left(\omega L - \frac{1}{\omega C}\right)^2}} \qquad (9\text{-}2)$$

式（9-2）表明，回路电流的大小 I 与电源的频率 $f(\omega = 2\pi f)$ 有关。I-f 的关系曲线如图 9-2 所示，称为 RLC 串联电路的幅频特性曲线。

由图 9-2 可见，当 $f = f_0$ 时，电流 $I = I_0$ 为最大值，此时感抗与容抗大小相等、方向相反，即 $\omega_0 L = 1 / \omega_0 C$，电路中阻抗 $Z = R$ 表现为最小且为纯电阻，这种现象称为**串联谐振**。

谐振频率

$$f_0 = \frac{\omega_0}{2\pi} = \frac{1}{2\pi\sqrt{LC}} \qquad (9\text{-}3)$$

谐振电流

图 9-2　RLC 串联幅频特性曲线

$$I_0 = \frac{U_S}{|Z|} = \frac{U_S}{R} \qquad (9\text{-}4)$$

谐振时，回路的感抗（或容抗）与回路的电阻之比称为回路的品质因数，以 Q 表示，其值为

$$Q = \frac{\omega_0 L}{R} \qquad (9\text{-}5)$$

如图 9-2 所示，将电流 $I = 0.707 I_0$ 时的两点频率 f_1、f_2 的间距定义为 RLC 回路的**通频带** $\Delta f_{0.7}$，其值为

$$\Delta f_{0.7} = f_2 - f_1 = \frac{f_0}{Q} \qquad (9\text{-}6)$$

由式（9-5）和式（9-6）及图 9-2 可知，RLC 电路的电阻 R 越大，品质因数 Q 越小，通频带 $\Delta f_{0.7}$ 越宽，滤波性能就越差。

谐振时，电阻、电感、电容的电压为最大值，此时电感与电容的电压为电源电压的 Q 倍，即

$$U_{L0} = I_0 \omega_0 L = \frac{U_S}{R} \omega_0 L = Q U_S \qquad (9\text{-}7)$$

$$U_{C0} = I_0 \frac{1}{\omega_0 C} = \frac{U_S}{R\omega_0 C} = Q U_S \qquad (9\text{-}8)$$

通常 Q 值可为几十到几百，即谐振时电容和电感两端的电压为信号源电压的几十到几百倍，在实验中要注意保护元件，不要超过元件的耐压。

2．RLC 串联电路的相频特性

RLC 串联电路的电流 $\dot{I}$ 与电阻两端的电压 $\dot{U}_R$ 是同相位，RLC 串联电路的电压矢量如图 9-3 所示。由式（9-1）得，总电压 $\dot{U}_S$ 与电流 $\dot{I}$ 之间的相位（或 $\dot{U}_S$ 与电阻电压 $\dot{U}_R$ 的相位）为

$$\varphi = \arctan \frac{\omega L - \dfrac{1}{\omega C}}{R} \tag{9-9}$$

式（9-9）表明，回路相位 φ 与电源频率 $f(\omega)$ 有关，$\varphi\text{-}f$ 的关系曲线如图 9-4 所示，称为 RLC 串联电路的**相频特性曲线**。以下分三种情况讨论：

（1）当 $f = f_0$ 时，$\varphi = 0$，电路谐振，电源电压 $\dot{U}_S$ 与电流 $\dot{I}$ 同相位。

（2）当 $f > f_0$ 时，$\varphi > 0$，电路呈电感性，表示电源电压 $\dot{U}_S$ 的相位超前于电流 $\dot{I}$ 的相位，随 f 增大 φ 趋于 $\pi/2$。

（3）当 $f < f_0$ 时，$\varphi < 0$，电路呈电容性，表示电源电压 $\dot{U}_S$ 的相位落后于电流的 $\dot{I}$ 相位，随 f 减小 φ 趋于 $-\pi/2$。

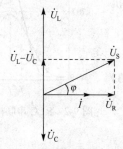

图 9-3　RLC 串联电压矢量图

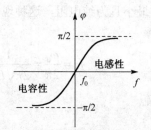

图 9-4　RLC 串联相频特性曲线

【实验内容及步骤】

RLC 串联电路如图 9-1 所示，$\dot{U}_S$ 为正弦信号源电压（内阻为 R_S），$C \approx 0.01\ \mu\text{F}$，$L \approx 10\ \text{mH}$（电感含电阻 R_L），$R = 10\ \Omega$（或 $51\ \Omega$），列式计算谐振频率的理论值 $f_{0\,\text{理论}}$（约 15.8 kHz）。

回路总电阻 $R_{\text{总}} = R + R_S + R_L$，因此回路品质因数式（9-5）修正为

$$Q = \frac{\omega_0 L}{R + R_S + R_L} \tag{9-10}$$

1．RLC 串联电路谐振频率的测量

连接好 RLC 串联电路，取 $U_{\text{Spp}} = 1.00\ \text{V}$，$R = 10\ \Omega$。因为粗测是为了快速寻找谐振频率 f_0 的大致值，以便测量幅频曲线时在 f_0 附近调小频率步长进行精细测量，故在粗测时，调节函数信号发生器信号频率 f 从 10 kHz 到 20 kHz 逐步增大，**保持信号源幅度旋钮不变**，用数字万用表或示波器测量信号发生器的输出电压 U_S。实验发现，U_S 先由大变小，然后由小变大。由图 9-2 可知，在 f_0 时，RLC 串联电路电流最大，函数信号发生器的内阻压降最大，输出电压 U_S 最小，因此 U_S 最小值对应的信号频率就是谐振频率 f_0，记录 f_0。

2．RLC 串联电路幅频特性的测定

这是研究回路电流的大小 I 与电源频率 f 的关系。电阻 R 两端电压 U_R 与 I 成正比，有 $I =$

U_R/R。可用交流电压表测出不同 f 的 U_R 值，求出对应的 I 值，取 f 为横坐标，I 为纵坐标，绘出 RLC 电路的幅频特性 I-f 曲线图。**注意：取不同的 f 值，$\dot{U}_S$ 要保持不变。**

（1）取 $U_{Spp} = 1.00$ V，$R = 10\ \Omega$，测出频率 f 从 10 kHz 到 20 kHz 变化 10 个值时 R 两端的电压 U_{Rpp}（注意在**谐振频率** f_0 附近左右对称选点要密一些），求出各个测量点对应的电流值 I_{PP}，并列表记录 f、U_{RPP}、I_{PP} 的测量数据；其余参数不变，取 $R = 51\ \Omega$，重复以上操作。

（2）在同一坐标纸中，分别绘出 R 为 10 Ω 和 51 Ω 时的 I-f 幅频特性曲线。从两条 I-f 曲线上分别求出相应的谐振频率 f_0 和通频带宽 $\Delta f_{0.7}$，计算出测量值 f_0 与理论值 $f_{0\ 理论}$ 的相对误差 E_{f0}。从 I-f 曲线观察 R 分别为 10 Ω 和 51 Ω 时，滤波效果有什么区别？

3. RLC 串联电路相频特性的测定

这是研究电源电压 $\dot{U}_S$、回路电流 $\dot{I}$ 的相位与电源频率 f 的关系，由于 $\dot{U}_R = \dot{I}R$，$\dot{U}_R$ 和 $\dot{I}$ 同相，因而可以用 $\dot{U}_R$ 代替 $\dot{I}$ 去和 $\dot{U}_S$ 比较相位。

用双踪示波器进行相位比较法测量的操作方法：$\dot{U}_S$ 与示波器的 CH1 相连，$\dot{U}_R$ 与示波器的 CH2 相连。操作方法：调节"触发源"旋钮选"垂直触发（VERT）"位置，调节"触发电平（TRIG LEVEL）"，使波形稳定。

分别调节 u_S 和 u_R 波形到适当大小，测量 u_S 和 u_R 波形之间的水平时间差 Δt 和 u_S 的周期 T，则相位差

$$\varphi = \frac{\Delta t}{T} \times 360° \qquad (9\text{-}11)$$

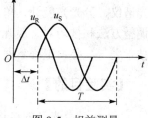

图 9-5 相差测量

式中，φ 的单位为度，φ 有正、负号。当 $f < f_0$ 时，波形如图 9-5 所示，u_S 波形在 u_R 波形右边，u_S 落后于 u_R（即电压滞后于电流），电路为电容性，此时的 φ 值取负号；相反，则 u_S 超前于 u_R，电路为电感性，φ 值取正号。若 u_S 与 u_R 同相，则电路谐振，电路为电阻性，φ 值为零。

根据上面的方法，调节不同频率的正弦波，测得对应的相位差；以 f 为横坐标，以 φ 为纵坐标，画出 RLC 电路相频特性曲线。

（1）取 $U_{Spp} = 1.00$V，$R = 10\ \Omega$，f 从 10 kHz 到 20 kHz 变化 10 个值，用双踪示波器分别测量 u_S 与 u_R 波形的相位差 Δt 和 u_S 波形的周期 T。由式（9-11）计算 φ，并列表记录 f、Δt、φ 的测量数据。

（2）在坐标纸中绘出 $R = 10\ \Omega$ 时的 φ-f 曲线，从 φ-f 曲线观察 RLC 串联电路的移相作用。并在图中分别标明在哪个频率区域内电路是电容性、电感性和电阻性。

4. 测定 RLC 串联电路的 Q 值

取 $U_{Spp} = 1.00$ V，$R = 10\ \Omega$，调节频率 $f = f_0$，测出此时电容 C 两端的电压 U_{copp}，记录 f_0、U_{Spp}、U_{copp}。

用 $Q = \dfrac{U_{copp}}{U_{Spp}}$ 计算 $R = 10\ \Omega$ 时 RLC 串联电路的 Q 值，并与实验值 $Q_{测} = \dfrac{f_0}{\Delta f_{0.7}} = \dfrac{f_0}{f_2 - f_1}$ 比较，求出相对误差 E_Q。

【注意事项】

1. 测量不同 f 的 U_R 时，必须调节信号发生器的幅度旋钮使 U_S 保持恒定（即保持 U_S 波形的幅度不变）；

2. 在谐振频率 f_0 的两侧至少各测 5 个点，以便于作图；
3. 电路谐振时，注意保护相关仪器及元件；
4. 注意共地。实验内容 1、2 要求 U_S 与 U_R 共地；实验内容 3 要求 U_S 与 U_C 共地。

【思考题】

1. 测量过程中，改变信号源频率 f 时，其输出电压 U_S 是否变化？为什么？
2. 使串联电路发生谐振的方法有几种？
3. 怎样确定电路呈电感性还是呈电容性？
4. RLC 串联电路中，已知电容 C 耐压为 50 V，回路品质因数 $Q = 100$，电源电压 U_S 最大不能超过多少？

实验 10　分光计的调节及棱镜折射率的测定

　　分光计是一种精密测量光线偏转角度的光学仪器，也称测角仪。许多光学基本物理量，如折射率、波长、色散率、衍射角、光栅常数等都与光线经过光学元件后出射光的偏转角有关，因此分光计是测量这些物理量常用的基本光学仪器。另外，因为诸如棱镜光谱仪、光栅光谱仪、分光光度计、单色仪等许多光学仪器的基本结构都是以它为基础的，所以分光计的调整方法和技巧对一般光学仪器的调整有一定的通用性，它的调整技术是光学实验中的基本技术之一，必须正确掌握。

【实验目的】

1. 了解分光计的结构，学习调整分光计；
2. 掌握利用分光计测量三棱镜顶角的方法；
3. 学会用最小偏向角法测量玻璃三棱镜的折射率。

【预备问题】

1. 分光计由哪几个主要部件组成？它们的作用是什么？
2. 对分光计的调节要求是什么？如何判断调节达到要求？怎样才能调节好？
3. 本实验所用分光计测量角度的精度是多少？为什么设两个游标？如何测量望远镜转过的角度？
4. 在分光计调节使用过程中，要注意什么事项？

【实验仪器】

　　分光计（JJY1′ 型），汞灯及电源；三棱镜，平面反射镜。
　　JJY1′ 型分光计介绍见本实验附录 10-A

【实验原理】

1. 分光计调整原理

　　分光计在使用前必须进行调整。分光计的调整方法与技巧对一般光学仪器的调整也有一定的通用性，因此学会对它的调节和使用，有助于掌握操作更为复杂的光学仪器。
　　本实验使用的 JJY1′ 型分光计如图 10-1 所示。

　　分光计的测量系统由三个平面组成，一个是由读数盘和游标盘组成的读值平面，另一个是测量时转动望远镜时由其光轴扫出的平面，叫观测平面，再一个是由平行光管发出的入射光线和经过被测光学元件后的出射光线组成的光路平面。要准确测量有关角度，这三个平面必须要互相平行且与共同的仪器中心转轴垂直，这就是分光计的调节目的和调节原理的基本依据。这三个平面，其中读数平面在仪器出厂时厂家已经调好与中心转轴垂直，而观测平面只要调整望

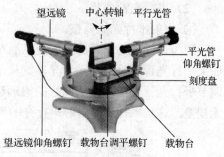

图 10-1　分光计结构图

远镜光轴与中心转轴垂直则它也必然也与中心转轴垂直；光路平面只要调整平行光管出射光是平行光且光线垂直于中心转轴，再配合调整载物台上被测光学元件的光学面（如三棱镜的两个光滑面，光栅片的光栅面）平行中心转轴，使经过被测光学元件的出射光线也垂直于中心转轴，则光路平面就会垂直于中心转轴。所以分光计使用前，必须要进行调整，使它处在能准确测量状态。对分光计调整的要求归纳为以下四个要求：

　　① 望远镜、平行光管的光轴均垂直于仪器中心转轴；
　　② 望远镜对平行光聚焦（即望远调焦于无穷远）；
　　③ 平行光管出射平行光；
　　④ 待测光学元件光学面与中心转轴平行。

　　那么，调节过程中如何判断调节达到要求呢？也就是达到要求的判断标志是什么？
　　（1）望远镜的调节
　　图 10-2 是 JJY1′ 型分光计的阿贝式自准直望远镜内部结构图和调整的自准直光路图。

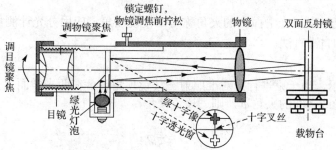

图 10-2　望远镜内部结构图和调整的自准直光路图

　　① 用自准直法（使物、像在同一透镜焦平面上的光路方法）调节望远镜对平行光聚焦。
　　自准直光路：当分划板处在物镜焦平面位置时，其下方透光十字缝透射的光线经过物镜后变成平行光，再被载物台上反射镜反射回望远镜必成清晰像在分划板上。所以调节望远镜的目镜和物镜聚焦，使从望远镜中同时看到分划板上的黑十字准线和绿色反射十字像最清晰且无视差，这是望远镜对平行光聚焦的判定标志。
　　② 用自准直光路和各半调节法调整望远镜光轴与仪器中心主轴垂直。
　　从望远镜内部结构和自准直光路（图 10-2）可见，当望远镜光轴水平且与中心转轴垂直时，反射绿色十字像必然与分划板下部的透光十字缝关于中心水平黑十字线上下对称（图 10-2），所以载物台上的双面反射镜转 180° 前后，两反射绿色十字像均与分划板上方黑十字线重合（图 10-2），这是望远镜光轴与分光计中心转轴垂直的判定标志。

（2）平行光管调节

① 出射平行光的调整。

因为调好望远镜后，望远镜已能对平行光聚焦，所以把望远镜对准平行光管（图 10-3），如果平行光管出射的是平行光，则从望远镜看到平行光管的透光狭缝亮线像应最清晰。所以调节平行光管聚焦，使从调好的望远镜看到狭缝亮线像最清晰且与分划板上的黑十字线之间无视差，这是平行光管出射平行光的判定标志。

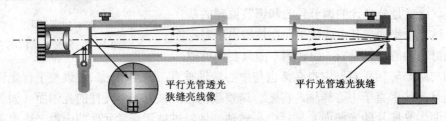

图 10-3　平行光管调整光路图

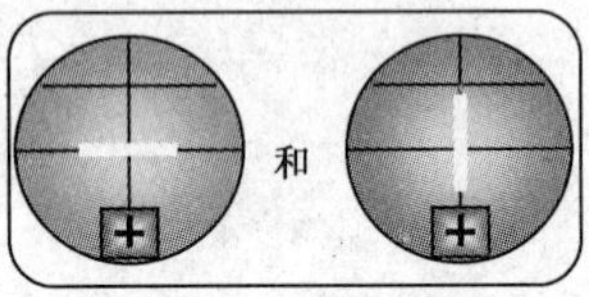

② 平行光管光轴与分光计中心转轴垂直的调整。

因为望远镜光轴已经与中心转轴垂直，所以只要调节到使平行光管光轴与望远镜光轴共线即可。使夹缝亮线像水平和竖直时分别与望远镜分划板上的中心水平黑十字线和竖直黑十字线重合，是平行光管光轴与望远镜光轴共线并与分光计中心轴垂直的判定标志（如图 10-4 所示）。（注意，前提是望远镜已经调好。）

图 10-4　共线和垂直的判定标志

2. 三棱镜顶角测量原理

三棱镜两个光学面（光滑面）的夹角称为三棱镜顶角。应用分光计测量三棱镜顶角有两种方法：反射法和自准直法。

（1）反射法

如图 10-5 所示，当一束平行光对准照射三棱镜顶角时，在两光学面上分成两束反射光。只要测出两反射光线之间的夹角 φ，则三棱镜顶角

$$A = \frac{1}{2}\varphi \qquad (10\text{-}1)$$

（2）自准直法（法线法）

自准直法测量三棱镜顶角，是利用望远镜自身的阿贝式自准直系统及三棱镜光学面作为反射镜，构成自准直光路来测量，如图 10-6 所示。只要测出两光学面法线之间的夹角 φ，则三棱镜顶角

$$A = 180° - \varphi \qquad (10\text{-}2)$$

3. 三棱镜折射率测量原理

如图 10-7 所示三棱镜折射光路，一束单色光以 i_1 角入射到 AB 面上，经棱镜两次折射后，从 AC 面射出来，出射角为 i_2。入射光和出射光之间的夹角 δ 称为偏向角。当棱镜顶角 A 一定时，偏向角 δ 的大小随入射角 i_1 的变化而变化。而当 $i_1 = i_2$ 时，δ 为最小（证明略）。这时的偏向角称为最小偏向角，记为 δ_{min}。

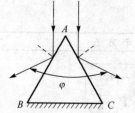

图 10-5　反射法测量顶角光路

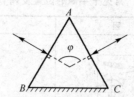

图 10-6　自准直法测顶角光路

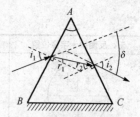

图 10-7　三棱镜折射光光路

由图 10-7 知，当 $i_1 = i_2$ 时，由折射定律有 $r_1 = r_2$，则 $\delta_{min} = (i_1 - r_1) + (i_2 - r_2) = 2i_1 - 2r_1$，又从光路的几何关系，有 $A = r_1 + r_2 = 2r_1$，所以 $\delta_{min} = 2i_1 - A$，$i_1 = \dfrac{\delta_{min} + A}{2}$，由折射定律得

$$n = \frac{\sin i_1}{\sin r_1} = \frac{\sin \dfrac{\delta_{min} + A}{2}}{\sin \dfrac{A}{2}} \qquad (10\text{-}3)$$

可见，只要测得三棱镜的顶角 A 和最小偏向角 δ_{min}，便可间接测出三棱镜对该光波的折射率。

【实验内容及步骤】

1. 分光计调整

（1）目测粗调

将望远镜、载物台、平行光管用目测粗调成水平，并与中心轴垂直，使得在载物台放上反射镜后能从望远镜看到反射镜反射回来的绿色十字像。注意，粗调对于分光计的顺利调整很重要，如果粗调不认真，可能给精细调节造成困难（如从望远镜看不到反射的绿色十字像）。

（2）精细调节

① 用自准直法（使物、像在透镜同一焦平面上的方法）调整望远镜对平行光聚焦。

在载物台上放置反射镜，放置方法按图 10-8 的要求。利用自准直光路，反复调节目镜（旋转目镜使黑十字线最清晰）和物镜（前后拉动望远镜内筒使反射绿色十字像最清晰）聚焦使黑十字线与绿色反射像最清晰且无视差。

② 用**各半调节法**调整望远镜光轴与仪器中心主轴垂直。

如果看到反射的绿色像在上十字线下方

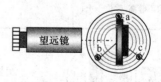

图 10-8　小镜放置：镜面与载物台下一个螺丝共面，其余两个螺钉在镜面前后对称位置

（或上方）S 距离处（见图 10-9），则先调节望远镜仰角螺丝使绿色像靠近上十字线 $S/2$ 距离，再调节载物台下最靠近望远镜的 b（或 c）螺丝，使绿色像与上十字线重合，转动游标盘带动载物台反射镜转过 180° 后再次各半调节，如此反复几次，最终使反射镜转 180° 前后绿色像均与上十字线重合为止。这种调节方法称为**各半调节法**（见表 10-1）。

至此，望远镜光轴已与中心转轴垂直，下面各步的调节不能再动望远镜的仰角螺钉。

③ 调节载物台面垂直中心转轴。

重新放置双面镜使与原位置成 90° 并使镜面对准望远镜（见图 10-9），调节螺钉 a 使十字像与上十字线重合（不能调 b 和 c，也不能调望远镜仰角螺丝，小镜不需再转 180°）。

表 10-1　常见十字像的位置及调节方法

正、反两绿十字像位置	原　因	调 节 方 法
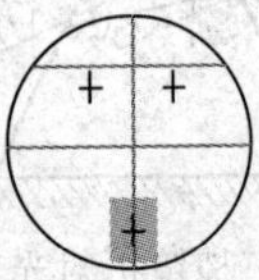 两绿十字像等高，同位于上+线的下方	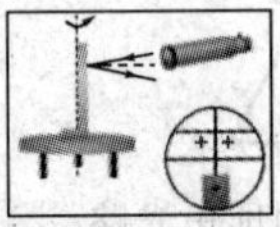 望远镜下俯（载物台已水平）	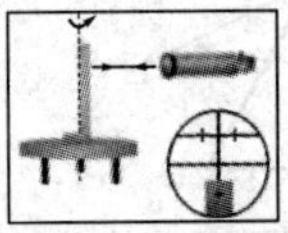 只需调低望远镜仰角螺钉，使两绿十字像（同向）上移至与上+线重合
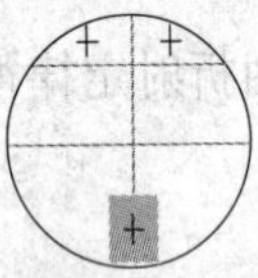 两绿十字像等高，同位于上+线的上方	 望远镜上仰（载物台已水平）	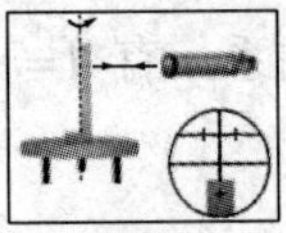 只需调高望远镜仰角螺钉，使两绿十字像（同向）下移至与上+线重合
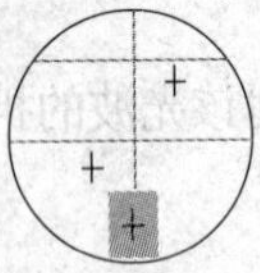 两绿十字像不等高，均位于上+线的下方		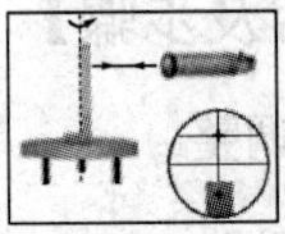 **各半调节法**(如下图)，将绿十字像调至上十字线，平面镜再转 180°，将绿十字像调至上+线 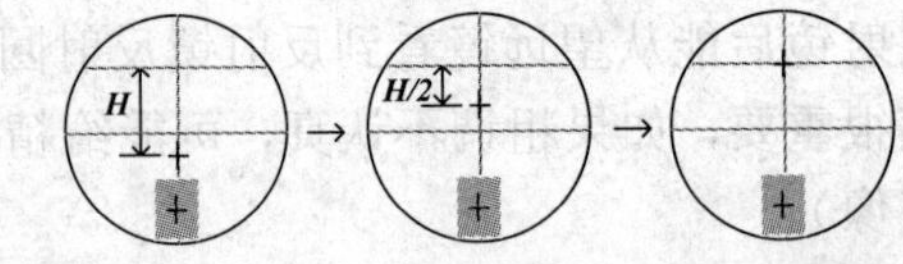
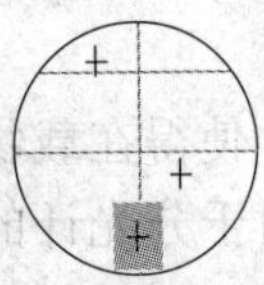 两绿十字像不等高，分位于上+线的上、下方	载物台和望远镜均不水平	+像离上+线垂直距离 *H*　→　调望远镜螺钉，使+像移至离上+线 *H*/2　→　调载物台靠近望远镜螺钉，使+像移至上+线
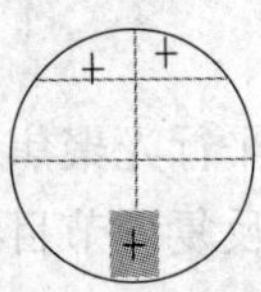 两绿十字像不等高，均位于上+线的上方		

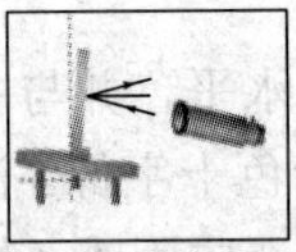

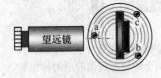

图 10-9　小镜转 90°放置

④ 平行光管出射平行光的调整。

使望远镜对准平行光管（如图 10-3 所示），拧松平行光管夹缝套筒紧固螺丝，前后拉动夹缝套筒，直到从望远镜看到狭缝亮线最清晰且与十字线无视差为止（这一步在调节完下步⑤后，再调节一次，最后锁紧紧固螺丝即可）。

⑤ 调整平行光管光轴与分光计中心转轴垂直。

转动平行光管狭缝套筒，使其狭缝亮线像水平，如果水平狭缝亮线与分划板上中心水平十字线不重合，调节平行光管仰角螺丝使之重合即可（如图 10-4 的左图所示）。然后把狭缝亮线转回竖直，用望远镜对准使狭缝亮线与黑十字竖直线重合（如图 10-4 的右图所示）。

至此，前面实验原理中提到的分光计调节的四个要求中前三个要求已达到，第四个要求要配合被测光学元件在载物台的放置来调整。

2. 调整三棱镜光学面平行于分光计中心转轴

测量三棱镜顶角或其出射光最小偏向角时，要调整使三棱镜光学面平行于分光计中心转轴，以使光路平面与读数平面平行并与中心转轴垂直。

（1）按图 10-10 放置三棱镜，让三棱镜的一个光学面垂直于平台下三个螺钉的两两连线之一，同时，另一个光学面也垂直于另一连线（为下面调整做准备）。

（2）转动游标盘带动载物台转动，让棱镜的顶角对准平行光管并向后平移三棱镜使其顶角尽量靠近载物台中心（如图 10-11 所示）。

（3）用自准直法调节使光学面垂直望远镜光轴。转动载物台使 AB 光学面对准望远镜，调 h 螺钉使反射绿色像与上十字线重合；转动载物台使 AC 光学面对准望远镜，调 a 螺钉使反射绿色像与上十字线重合。反复几次，直到 AB、AC 面反射绿色像均与上十字线重合（图 10-12），此时，AB、AC 面便平行于中心转轴（注意：不能动望远镜的仰角螺钉）。

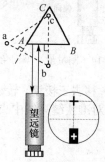

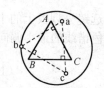 

图 10-10　三棱镜 ABC　　　图 10-11　平移后三棱镜　　　图 10-12　自准直调整三棱镜光学
　　　　的初始位置　　　　　　　　ABC 的位置　　　　　　　面平行仪器中心转轴

3. 测量三棱镜顶角

本实验采用反射法测定三棱镜顶角。

（1）转动游标盘带动载物台转动，让棱镜的顶角对准平行光管后锁紧载物台和游标盘（如图 10-13 所示）。（注意：游标盘上游标不要给支架挡住，三棱镜样品顶角 A 所对的面是磨砂面。）

（2）锁紧望远镜和刻度盘联动螺钉（以使望远镜能和刻度盘联动），缓慢转动望远镜，用望远镜寻找经过棱镜两反射面反射回来的狭缝像亮线，使用望远镜转动微调螺丝，使狭缝像亮

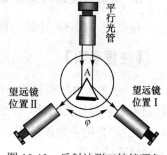

图 10-13　反射法测三棱镜顶角

线与分划板上中心竖线重合，列表记录望远镜所处位置分别为 I 和 II 时（如图 10-13 所示）的两刻度盘读数 φ_1、φ_1' 和 φ_2、φ_2'，分别计算分光计游标 1、游标 2 所测量望远镜的转角 $|\varphi_2 - \varphi_1|$、$|\varphi_2' - \varphi_1'|$，则望远镜从位置 I 到位置 II 所转过的角度

$$\varphi = \frac{(\varphi_2 - \varphi_1) + (\varphi_2' - \varphi_1')}{2}$$

（10-4）

重复测量三次，求平均值 $\overline{\varphi}$（要求写出计算式）。

注意：在游标读数过程中，由于望远镜可能位于任何方位，故应注意望远镜转动过程中是否过了刻度的零点。如果越过刻度零点，则必须按式（$360° - |\varphi_2 - \varphi_1|$）来计算望远镜的转角。

（3）根据式（10-1）计算三棱镜顶角 A（要求写出计算式）。

4．观察三棱镜的色散现象和测量最小偏向角

（1）转动载物台或如图 10-14 所示放置三棱镜（BC 面是不透光的磨砂面），使三棱镜 AC 面与平行光管光轴的夹角约为 30°（如图 10-14 所示）。

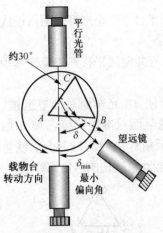

图 10-14　测量最小偏向角

（2）转动望远镜观察三棱镜的色散（分光）现象，记录各色谱线的分布和排序，分析原因。

（3）观察偏向角的变化，测量绿色光线的最小偏向角。

① 松开游标盘锁紧螺钉，缓慢转动游标盘带动载物台上三棱镜转动（即改变平行光的入射角），观察绿色谱线偏向角的变化，根据谱线移动方向判断出偏向角减小的方向。

② 使绿色谱线沿偏向角减小的方向移动，当游标盘转到某个位置绿色谱线将反方向移动，这一位置就是绿色谱线以最小偏向角出射的位置。锁紧游标盘的锁紧螺钉。

③ 转动望远镜，配合调节望远镜转动微调螺丝使望远镜分划板上的十字竖线精确对准绿色谱线的中央，列表记录此时的读数圆盘两游标的读数 θ_1、θ_1'。

④ 移去三棱镜。转动望远镜，配合调节望远镜转动微调螺丝使望远镜分划板上的十字竖线精确对准狭缝亮线中央，列表记录此时两角标的读数 θ_2、θ_2'。则绿色谱线的最小偏向角为

$$\delta_{\min} = \frac{1}{2}\left[|\theta_2 - \theta_1| + |\theta_2' - \theta_1'|\right] \tag{10-5}$$

重复测量三次，计算绿色谱线的最小偏向角平均值 $\overline{\delta_{\min}}$（要求写出计算式）。

5．计算三棱镜对汞灯绿光的折射率

根据式（10-3）计算三棱镜对汞灯绿光的折射率 n（要求写出计算式）。

【注意事项】

1．分光计为精密仪器，各活动部分均应小心操作。当轻轻推动可转动部件而无法转动时，切记不能强制使其转动，应分析原因后再进行调节。旋转各旋钮时动作应轻缓。

2．严禁用手触摸棱镜、平面镜和望远镜、平行光管上各透镜的光学表面，严防棱镜和平面镜磕碰或跌落。

3．汞灯（或钠灯）在使用时不要频繁启闭，否则会降低其寿命，甚至损坏。

4．转动望远镜时，要握住支臂转动望远镜，切忌握住目镜和目镜调节手轮转动望远镜。

【思考题】

1．测棱镜顶角还可以使用自准直法，当入射光的平行度较差时，用哪种方法测顶角误差较小？

2．是否对有任意顶角 A 的棱镜都可以用最小偏向角测量的方法来测量它的材料的折射率？

3．假设平面镜反射面已经和转轴平行，而望远镜光轴和仪器转轴成一定角度 β，则反射的小十字像和转动游标盘带动载物台上的平面镜转过 180° 后反射的小十字像的位置应是怎样的？此时应如何调节？试画出光路图。

4．假设望远镜光轴已垂直于仪器转轴，而平面镜反射面和仪器转轴成一角度 β，则反射的小十字像和

转动游标盘带动载物台上的平面镜转过 180° 后反射的小十字像的位置应是怎样的？此时应如何调节？试画出光路图。

【附录 10-A】分光计的结构及 JJY1′ 型分光计

分光计有各种型号，但结构基本相同，主要由四部分组成：平行光管、自准直望远镜、载物平台和读数装置（参见图 10-15）。JJY1′ 型分光计的下部是一个三脚底座，中心有一个竖轴，称为分光计的中心轴。

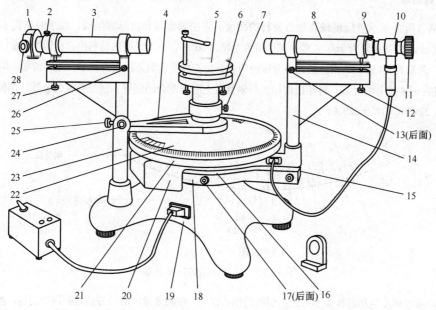

图 10-15 JJY1′ 型分光计结构图

1—狭缝装置；2—狭缝装置锁紧螺钉；3—平行光管；4—制动架（二）；5—载物台；6—载物台调平螺钉（3 个）；7—载物台锁紧螺钉；8—望远镜；9—望远镜锁紧螺钉；10—阿贝式自准直镜；11—目镜调焦手轮；12—望远镜光轴高低调节螺钉；13—望远镜光轴水平调节螺钉；14—支臂；15—望远镜微调螺钉；16—望远镜止动螺钉；17—转轴与刻度盘止动螺钉；18—制动架（一）；19—底座；20—转座；21—刻度盘；22—游标盘；23—立柱；24—游标盘微调螺钉；25—游标盘止动螺钉；26—平行光管光轴水平调节螺钉；27—平行光管光轴高低调节螺钉；28—狭缝宽度调节手轮

1. 平行光管

平行光管用来产生平行光，它的一端装有消色差物镜，另一端装有狭缝套筒。狭缝的宽度可通过手轮 28 进行调节，调节范围为 0.02～2 mm。松开螺钉 2，狭缝装置可沿平行光管光轴方向前后移动或转动，当被照明的狭缝位于物镜焦平面上时，通过镜筒出射的光成为平行光束。光轴的倾斜位置可通过 26、27 两个螺钉进行调节。

2. 望远镜

望远镜（阿贝自准直式）用于观察目标和确定光线行进方向，由支臂 14 支持。支臂与转座 20 固定连接套在刻度盘 21 上。松开螺钉 16，转盘与刻度盘皆可单独转动；旋紧这个螺钉，转座与刻度盘即可一起转动。螺钉 12 和 13 用于调节望远镜光轴的高低和水平方向；旋紧制动架 18 和底座上的止动螺钉 17 时，利用螺钉 15 能够微调望远镜方位。旋转目镜调焦手轮 11，可改变分划板和目镜间的距离；松开螺钉 9，沿望远镜光轴方向移动目镜筒可改变物镜和分划板之间的距离，使分划板能同时位于物镜和目镜的焦平面上。

3．载物平台

载物台用来放置待测物体，它套在转轴上，由两个平台组成。它与读数圆盘上的游标盘相连，并由止动螺钉 25 控制其与转轴的连接，松开 25，游标盘连同载物台可绕转轴旋转。当旋紧螺钉 16 和 25 时，借助微调螺钉 24 可对载物台的旋转角度进行微调。松开螺钉 7，载物台可单独绕转轴旋转或沿转轴升降。调平螺钉 6 共有三个，用来调节台面的倾斜度。此三螺钉的中心形成一个正三角形。

4．读数圆盘

读数圆盘用来指示望远镜或载物台旋转的角度。它由刻度盘和游标盘组成。盘平面垂直于转轴，并可绕转轴旋转。刻度盘分为 360°，最小刻度值为半度（30′），小于半度的值利用游标读数。游标盘上刻有 30 个分格，总长为 14.5°，故游标的最小分度值为 1′。角游标的读数方法按游标卡尺原理读取，即先读出游标盘的零线在刻度盘上的度数，再读出游标上与刻度盘上刚好重合的刻线，就是角度的分数。例如图 10-16 所示读数为 $229°30' + 18' = 229°48'$。

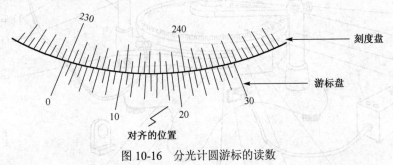

图 10-16　分光计圆游标的读数

为了消除因刻度盘和游标盘不共轴所引起的偏心误差，在刻度盘的对径方向设有两个游标，测量时分别读出两个游标的读数，取其平均值。

实验 11　迈克尔逊干涉仪测光波波长

迈克尔逊干涉仪是 1883 年美国物理学家迈克尔逊（A. A. Michelson，1852—1931）和莫雷制成的一种精密的分振幅双光束干涉仪，原理简明，构思巧妙，测量结果可以精确到与波长相比拟，应用很广。迈克尔逊及合作者曾用此仪器进行了三个著名的实验:光速的测量、标定米尺、推断光谱的精细结构，否定了"以太"的存在，为相对论的提出奠定了理论基础。迈克尔逊也因发明干涉仪及测量光速荣获 1907 年的诺贝尔物理学奖。目前，根据迈克尔逊干涉仪的基本原理研制的各种精密仪器已广泛地应用于生产、生活和科技领域。

【实验目的】

1．掌握迈克尔逊干涉仪的设计原理；
2．了解仪器的构造，掌握调节方法；
3．掌握利用等倾干涉条纹测量 He-Ne 激光波长的方法；
*4．测量钠光波长及相干长度。

【预备问题】

1．本实验中的干涉条纹有什么特点？如何测量 He-Ne 激光波长？

2. 怎样准确读出 M₁ 反射镜的位置？用迈克尔逊干涉仪观察等倾干涉现象的主要条件是什么？

3. 用钠灯做光源时，为什么会出现视见度为零的现象？

【实验仪器】

迈克尔逊干涉仪、He-Ne 激光器、钠光灯等。

【实验原理】

迈克尔逊干涉仪的结构如图 11-1 所示，主要由精密的机械传动系统和四片精细磨制的光学镜片组成，G_1 和 G_2 是两块几何形状、物理性能完全相同的平行平面玻璃。G_1 为分光板，使入射光束分为振幅（或光强）近似相等的透射光束和反射光束。G_2 为补偿板，起补偿光程的作用。M_1 和 M_2 是两块平面反射镜，M_2 固定在仪器上，称为固定反射镜，M_1 由精密丝杆控制，可沿导轨前后移动，称为可动反射镜。确定 M_1 的位置有三个读数装置：① 主尺，在导轨的左侧面，最小刻度为毫米；② 读数窗，可读到 0.01 mm；③ 带刻度盘的微调读数鼓轮，可读到 0.0001 mm，估读到 10^{-5} mm。M_1 和 M_2 镜架背面各有三个调节螺钉，分别用来调节 M_1、M_2 的方位。各螺钉的调节范围是有限度的，不能过紧或过松。同时也可通过调节水平拉簧螺钉、垂直拉簧螺钉使干涉图像做上下或左右移动。

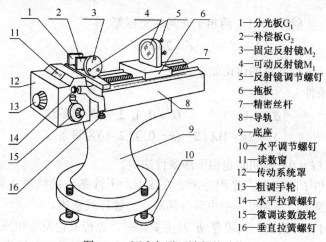

1—分光板G_1
2—补偿板G_2
3—固定反射镜M_2
4—可动反射镜M_1
5—反射镜调节螺钉
6—拖板
7—精密丝杆
8—导轨
9—底座
10—水平调节螺钉
11—读数窗
12—传动系统罩
13—粗调手轮
14—水平拉簧螺钉
15—微调读数鼓轮
16—垂直拉簧螺钉

图 11-1　迈克尔逊干涉仪的结构

迈克尔逊干涉仪的光路如图 11-2 所示，从光源 S 出射的一束光线射入分光板 G_1，G_1 将入射光束分为振幅近似相等的两束光，分别射向互相垂直的两全反射镜 M_1 和 M_2，经 M_1 和 M_2 反射后又汇于分光板 G_1。这两束光为相干光，所以可在 E 方向观察到干涉条纹。光线（1）前后共通过玻璃片 G_1 三次，光线（2）只通过一次，用补偿板 G_2，使光线（1）和（2）分别穿过等厚的玻璃片三次，从而避免光线所经光程不相等而引起较大的光程差。M_2' 是反射镜 M_2 被 G_1 反射后所成的虚像，从 E 处看两相干光束是从 M_1 和 M_2' 反射来的，因此在迈克尔逊干涉仪中产生的干涉与 M_1 和 M_2' 之间空气膜产生的干涉是一样的。

1. 等倾干涉条纹的形成

等倾干涉条纹形成的原理图如图 11-3 所示，设扩展光源中任意一束光以入射角 i 照射到上下表面平行的薄膜表面上，在下表面反射的光束和在上表面反射的光束为两束平行的相干光，它们在无限远处相遇产生干涉，利用眼睛观察，可以看到干涉图样。在图 11-3 中，两相干光间的光程差为

$$\delta = 2nh\cos i' = 2h\sqrt{n^2 - \sin^2 i} \tag{11-1}$$

当介质的折射率 n 一定，且薄膜厚度一定时，光程差只决定于入射角 i。随着入射角 i 改变，光程差也发生相应的变化。入射角相同的光线，在薄膜上、下表面反射后，用透镜会聚光束，在透镜焦平面上发生干涉，干涉花纹是一个以透镜光轴为圆心的明暗相间的同心圆环，即为等倾干涉。

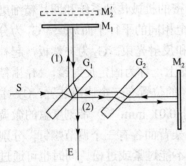

图 11-2　迈克尔逊干涉仪光路图

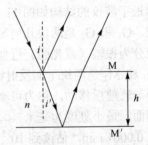

图 11-3　等倾干涉条纹形成原理图
n—气体薄膜的折射率，h—薄膜厚度，
λ—入射光波波长，i—入射角，i'—折射角

对于空气薄膜，折射率 $n = 1$，两相干光间的光程差

$$\delta = 2h\cos i' \tag{11-2}$$

对等倾干涉条纹进行简单的讨论如下。

（1）根据干涉条件

$$\begin{cases} \delta = k\lambda & (k = 0,\ 1,\ 2,\cdots) \text{为明条纹} \\ \delta = (2k+1)\lambda/2 & (k = 0,\ 1,\ 2,\cdots) \text{为暗条纹} \end{cases}$$

干涉圆环中心（$i = 0$）的明暗也由干涉条件决定。

（2）随着入射角 i 的增大，光程差 δ 随着减小，干涉条纹的级次 k 降低，故由中央到边缘，干涉条纹的级次由高到低，中央环纹稀疏，边缘环纹密集。

（3）从式（11-1）可看出，当膜厚 h 发生变化时，光程差也发生相应的变化，当膜厚 h 增大时，光程差 δ 增大，干涉圆环扩大，向低干涉级次方向移动。对于空气薄膜，中心处的光程差 $\delta = 2h$，故膜厚每增加 $\lambda/2$，中心就会"冒出"一级干涉条纹。反之，当膜厚每减小 $\lambda/2$，中心就会"缩入"一级干涉条纹，因此可以根据条纹的"冒出"或"缩入"的个数来计算膜厚的改变量，从而测出长度。

设视场中移过的干涉条纹（明纹或暗纹）数目为 ΔN，膜厚改变为 Δh，则由上面的分析可知

$$\Delta h = \Delta N \cdot \lambda/2 \tag{11-3}$$

2. 非单色光波长的计算

如果用两种波长相差不大的光做光源（如钠双线的波长分别为 589.0 nm 和 589.6 nm），而且两者光强近乎相等，这时，两种不同波长的光将各自产生干涉条纹。当光程差满足条件

$$\delta_1 = k_1 \lambda_1 = \left(k_1 + \frac{1}{2}\right)\lambda_2 \tag{11-4}$$

时，在一种光的明条纹处，另一种光产生暗条纹，这样在整个视场中将看不到干涉条纹（此时称为零视见度）。同样，当光程差为

$$\delta_2 = k_2 \lambda_1 = \left(k_2 + 1 + \frac{1}{2}\right)\lambda_2 \tag{11-5}$$

时，视见度也为零，连续两次视见度为零的光程差的改变量为

$$\delta_2 - \delta_1 = (k_2 - k_1)\lambda_1 = (k_2 - k_1 + 1)\lambda_2 \tag{11-6}$$

所以

$$\lambda_1 - \lambda_2 = \frac{\lambda_1 \lambda_2}{\delta_2 - \delta_1} = \frac{(\lambda_a)^2}{\delta_2 - \delta_1} \tag{11-7}$$

式中，λ_a 为两种光的平均波长，而 $\delta_2 - \delta_1$ 改变量，即 2 倍 M_1 镜移动的距离，可在干涉仪上直接读出。

【实验内容及步骤】

1. 调节干涉仪，观察等倾干涉圆环

（1）使激光束照射在分光板 G_1 中央，并使得激光束、分光板 G_1、固定反射镜 M_2 的中心在同一直线上。

（2）转动粗调手轮，使可动反射镜 M_1、固定反射镜 M_2 与分光板 G_1 的距离大致相等，即转动粗调手轮，使可动反射镜处于毫米刻度尺上约 32（或 50）mm 刻度线处（按仪器选取）。

（3）移开观察屏，透过分光板观察可动反射镜，可以看见分别由两个反射镜反射产生的两排光点，每排四个光点，中间两个较亮，旁边两个较暗。细心调节固定反射镜背面的三个螺丝，使两排光点相互接近，直到它们一一对应重合，这时可动反射镜与固定反射镜已调节到大致相互垂直，即当 $M_1 \perp M_2$，有 $M_1 // M_2'$。

（4）将观察屏装到干涉仪上，此时可观察到干涉条纹，如果条纹太粗或太细，转动粗调手轮约半周，即有改善。如果条纹呈现椭圆型，则必须非常耐心地调节垂直拉簧螺丝和水平拉簧螺丝，直到干涉条纹是同心圆。

经过以上几步调节，干涉仪基本调好。轻微调节粗调手轮，再调节微调鼓轮，使圆环大小适中，改变 h，观察圆环的"缩入"（或"冒出"）现象。

2. 测量 He-Ne 激光波长 λ

很缓慢地调节微调鼓轮，改变 h，眼睛盯牢中心圆环（根据自己的习惯选明纹或暗纹），列表记录已选择合适的测量初始位置，每"缩入"（或"冒出"）30 条时，即记下一次 h_i 值，共记下 150 条。测量操作过程中，要避免读数鼓轮的回程误差。

用逐差法求出变化量 $\Delta N = 90$ 个条纹时，M_1 镜的位置改变量的平均值

$$\overline{\Delta h} = \frac{1}{3}\sum_{i=0}^{2}(h_{i+3} - h_i) \tag{11-8}$$

用 $\bar{\lambda} = 2\overline{\Delta h} / \Delta N$ 求出 He-Ne 激光的波长 λ，并计算不确定度 $u(\lambda)$，报道测量结果。He-Ne 激光器最常用的是 632.8 nm 的红光谱，计算测量相对误差 E_λ。

*3．测量钠灯双黄线波长差$\Delta\lambda$

（1）摆放好钠光灯，打开电源，使钠光灯正常发光；

（2）耐心地调节 M_2 背面的三个螺丝，结合转动粗调手轮和微调鼓轮，使干涉条纹变粗、曲率变大，把条纹的圆心调至视场中央。

（3）用眼睛观察干涉条纹，当眼睛上下移动时，如果条纹"冒出"或"缩入"，则调节垂直拉簧螺丝；当眼睛左右移动时，如果条纹"冒出"或"缩入"，则调节水平拉簧螺丝，直到条纹的圆心只随眼睛移动而移动，而圆心处没有明暗变化为止。

（4）调粗调手轮和微调鼓轮，使视见度为零，记下 M_1 的位置读数，再连续调节 5 次视见度为零，记下各次的位置，用逐差法求出相邻两次视见度为零时 M_1 的位置变化量Δx_a，用公式

$$\Delta\lambda = \frac{3(\lambda_a)^2}{2\Delta x_a} \qquad (11\text{-}9)$$

可计算出钠灯双黄线波长差$\Delta\lambda$，其中 $\lambda_a = 589.3$ nm。

【注意事项】

1．勿用裸眼直接对准激光，以免损伤眼睛。

2．严禁手摸所有光学仪器表面，测量前一定要消除空程（及条纹出现吞吐后）再开始读数，测量时，微调螺旋只能向一个方向转动，中途不得反向转动，避免读数鼓轮的回程误差。

3．不要过分拧紧 M_1 镜和 M_2 镜后的螺丝。

4．为保护激光源，激光源连续点燃时间勿超过 3 小时。

【思考题】

1．迈克尔逊干涉仪中的 G_1 和 G_2 各起什么作用？用钠光或激光做光源时，没有补偿板 G_2 能否产生干涉条纹？用白光做光源能否产生干涉条纹？

2．在迈克尔逊干涉仪的一臂中，垂直插入折射率为 1.45 的透明薄膜，此时视场中观察到 15 个条纹移动，若所用照明光波长为 500 nm，求该薄膜的厚度。

【参考文献】

[1] 黄建群. 大学物理实验. 成都：四川大学出版社，2005.

[2] 张训生. 大学物理实验. 杭州：浙江大学出版社，2004.

实验 12　光的等厚干涉

牛顿环和劈尖是一种典型的分振幅、等厚干涉现象，在实际工作中常用于检查物体表面的光洁度和平整度及测量透镜的曲率半径和细丝直径等。同时，研究光的干涉现象也有助于加深对光的波动性的认识，为进一步学习近代光学实验技术打下基础。

【实验目的】

1. 从实验中加深理解等厚干涉原理及定域干涉的概念；
2. 掌握读数显微镜的调节与使用，学会用牛顿环测定透镜的曲率半径；
3. 观察劈尖等厚干涉现象，测量微小厚度。

【预备问题】

1. 什么是光的干涉现象？光的干涉条件是什么？什么是等厚干涉、定域干涉及半波损失？
2. 用读数显微镜测量出来的牛顿环直径是其真实大小吗？

【实验仪器】

读数显微镜，牛顿环和劈尖装置，钠光灯。

【实验原理】

牛顿环和劈尖装置如图 12-1 所示。

图 12-1　牛顿环和劈尖装置图

牛顿环装置是由曲率半径较大的平凸透镜（L）的凸面和一个平面玻璃（P）叠合并装在金属框架中构成，框架上有三个螺丝，用于调节平凸透镜和平面玻璃之间的接触点，以改变干涉环的位置和形状。调节三个螺丝时不能过紧，以免接触压力过大引起透镜弹性形变。

劈尖装置是两块平面玻璃片，将它们的一端互相叠合，另一端垫入一薄纸片或一细丝，则在两玻璃片间就形成一端薄、一端厚的空气薄层，这是一个劈尖形的空气膜，称为空气劈尖。空气膜的两个表面即两块玻璃片的内表面，两玻璃片叠合端的交线称为棱边，其夹角 θ 称劈尖楔角。

1. 牛顿环等厚干涉

由图 12-1 可知，牛顿环透镜 L 和平面玻璃 P 之间形成一很薄的空气层，空气层的厚度对于中心 O 是对称的。若以波长为 λ 的单色光从透镜上部向下垂直投射，如图 12-2 所示，则由空气层上下表面反射后的两束相干光①和②，将在空气层附近相干叠加，两束光之间的光程差 Δ 随空气层的厚度而变，而空气层厚度相同处反射后的两束光具有相同的光程差，其轨迹是一个圆环。所以干涉条纹是以接触点 O 为中心的一组明暗相间、间距不等的圆环，这种干涉现象最早被牛顿所发现，故称为牛顿环，如图 12-3 所示，它是一种等厚干涉现象。从反射方向观察，干涉圆环中心为暗斑；从透射方向观察，中心处为亮斑。

设离 O 点相距为 r 的空气层厚度为 d，则相干光束①和②的光程差为

$$\Delta = 2nd + \frac{\lambda}{2} = 2d + \frac{\lambda}{2} \tag{12-1}$$

式中，$n = 1$（空气的折射率近似为 1），$\lambda / 2$ 为附加光程差，是因为光在平面玻璃上反射时有半波损失。

从图 12-2 中的几何关系可知，$R^2 = (R - d)^2 + r^2$，式中 R 为透镜的曲率半径，因为 $R \gg d$，故 d^2 可略去，得

$$r^2 = 2Rd \quad 或 \quad d = \frac{r^2}{2R} \tag{12-2}$$

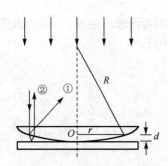

图 12-2　牛顿环干涉原理图

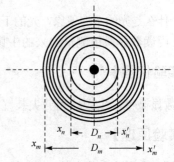

图 12-3　牛顿环示意图

将式（12-2）代入式（12-1）可得

$$\Delta = \frac{r^2}{R} + \frac{\lambda}{2} \tag{12-3}$$

根据光的干涉条件，干涉条纹为暗环、亮环的光程差满足的条件分别为

$$\Delta = (2K + 1) \cdot \frac{\lambda}{2} \quad (K = 0, 1, 2, \cdots) \quad 暗环 \tag{12-4}$$

$$\Delta = K\lambda \quad (K = 0, 1, 2, \cdots) \quad 亮环 \tag{12-5}$$

式中，K 为干涉环的级数。

将式（12-3）代入式（12-4）和式（12-5），则级数 K 为暗环和亮环的条件分别为

$$\left. \begin{array}{ll} r_k^2 = KR\lambda & 暗环 \\ r_k^2 = (2K - 1)R \cdot \dfrac{\lambda}{2} & 亮环 \end{array} \right\} \quad (K = 0, 1, 2, \cdots) \tag{12-6}$$

从式（12-6）可知，如果已知单色光的波长 λ，测出第 K 级暗环（或亮环）的半径 r_k，就可以算出透镜的曲率半径 R。反之，如果 R 已知，就可以算出入射光波长 λ。但实际上，透镜和平面玻璃接触处由于接触压力会产生弹性形变，而且接触处也可能存在尘埃，使干涉圆环中心不是一个暗点而是一个不太规则的圆斑，使干涉圆环的级次 K 难于准确确定。因此，在实际测量中没有测量暗环半径而采取测量彼此相隔一定环数的暗环直径。设中央暗斑含有 K 级，则第 $K+n$ 级和第 $K+m$ 级暗环直径分别为 D_{K+n} 和 D_{K+m}。由式（12-6）式可得

$$\Delta(D^2)_{m-n} = D_{K+m}^2 - D_{K+n}^2 = 4(m - n)R\lambda , \quad R = \frac{D_{K+m}^2 - D_{K+n}^2}{4(m - n)\lambda}$$

或写成

$$R = \frac{D_m^2 - D_n^2}{4(m - n)\lambda} \tag{12-7}$$

式中，m、n 表示干涉条纹的暗环序数。式（12-7）表明，使用逐差法算出的透镜的曲率半径 R 值只与任意两环的直径平方之差和相应的环数差有关，而与干涉级无关。

2. 劈尖等厚干涉

如图 12-4 所示，单色光正入射（θ 很小，近似垂直入射），由空气薄膜上、下表面反射的反射光①和反射光②的光程差为

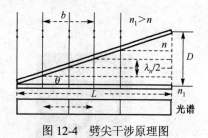

图 12-4　劈尖干涉原理图

$$\Delta = 2nd + \frac{\lambda}{2} \qquad (n < n_1) \qquad （12-8）$$

产生一簇与劈棱平行的间隔相等、明暗相间的直线条纹（棱边处 $d = 0$、$\Delta = \lambda/2$ 为暗条纹）：

$$\begin{cases} \Delta = k\lambda & (k = 1, 2, \cdots) \quad 明纹 \\ \Delta = (2k+1) \cdot \dfrac{\lambda}{2} & (k = 0, 1, \cdots) \quad 暗纹 \end{cases} \qquad （12-9）$$

同一厚度 d 对应同一级条纹——等厚条纹。相邻亮纹或暗纹对应的厚度差

$$d_{i+1} - d_i = \frac{\lambda}{2n}$$

劈尖楔角 θ 很小，有 $\theta \approx \dfrac{D}{L}$，$\theta \approx \dfrac{d}{b} \approx \dfrac{\lambda}{2nb}$。

相邻亮纹或暗纹间距：
$$b = \frac{\lambda}{2n\theta} \qquad （12-10）$$

薄膜厚度或细丝直径：
$$D = \frac{\lambda}{2nb} \cdot L \qquad （12-11）$$

等厚干涉条纹的级次与薄膜厚度成正比，增大厚度时，干涉条纹将移向交线方向；干涉条纹的间距与薄膜楔角 θ 有关，增大楔角，条纹间距减小。

【实验内容及步骤】

1. 实验装置的调整和观察牛顿环

（1）借助室内灯光，用眼睛直接观察牛顿环，调节牛顿环仪上的螺钉，使干涉呈圆形并位于透镜的中心，如图 12-5 所示。注意螺钉不能调得太紧（中心暗斑不要太大），以免损坏牛顿环仪。

（2）按图 12-6 布置好实验装置和入射光路，并使显微镜筒正对牛顿环装置的中心。

（3）旋转显微镜的 45° 反射镜角度，直到从目镜看到均匀明亮的光照，如图 12-7(a)、(b) 所示。

（4）读数显微镜先**目镜调焦**，缓慢调节目镜调焦旋钮 1，**使黑十字叉丝最清晰**如图 12-7(b) 所示；然后**物镜调焦**，缓慢调节物镜调焦手轮 5，注意防止显微镜压到牛顿环装置，即一边注视目镜内，一边缓慢往上调节读数显微镜找干涉条纹。同时轻微调节牛顿环装置的放置位置，使牛顿环中心暗斑大致位于目镜视场中央并呈圆环形，如图 12-3 所示。细心调整光路，同时调焦使干涉条纹最清晰且**无视差**（左右平移眼睛，明暗圆环与十字叉丝没有相对移动）；转动读数鼓轮，移动镜筒能左右看清 40 条干涉条纹以上。

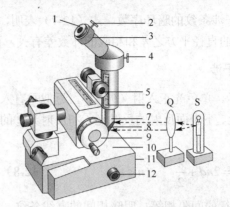

图 12-5　牛顿环的调整　　　　　　　　图 12-6　牛顿环仪及入射光路图

右侧标注：
1—目镜调焦
2—锁紧螺钉
3—目镜
4—锁紧螺钉
5—物镜调焦手轮
6—标尺
7—物镜组
8—45°半反镜
9—测微鼓轮
10—载物台
11—反光镜
12—反光镜旋钮

2. 测量牛顿环平凸透镜曲率半径

（1）测出以下暗环的直径：D_{30}、D_{29}、D_{28}、D_{27}、D_{26} 和 D_{15}、D_{14}、D_{13}、D_{12}、D_{11}，并列表记录测量数据。

（2）用逐差法计算透镜的曲率半径 R（钠光 $\lambda = 5.893 \times 10^{-4}$ mm）。

（3）用作图法处理数据。在 $D^2 - m(n)$ 图上准确描出 10 个测量点的最佳拟合直线，求出拟合直线的斜率 a，再计算透镜的曲率半径 $R = a/(4\lambda)$。

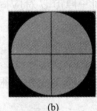

(a)　　　　　　　　(b)

图 12-7　反射镜的调整

3. 测量劈尖干涉暗条纹之间的距离及劈尖所夹纸片厚度（自拟测量方法和步骤）

4. 观察牛顿环和劈尖干涉条纹的疏密情况，并从理论上加以解释

【注意事项】

1. 干涉环两侧的序数不要数错。

2. 防止实验装置受震引起干涉环的变化。

3. 测量过程中，显微镜必须始终沿一个方向旋转，读数鼓轮中途不得返回转动，以免引起读数鼓轮精密螺杆的螺纹之间不严密契合所造成的回程误差。

4. 平凸透镜及平板玻璃的表面加工不均匀是本实验的重要误差来源，为此应测量大小不等的多个干涉环的直径去计算 R，可求得平均的效果。

【思考题】

1. 从牛顿环装置下方透射上来的光，能否形成干涉条纹？若能，它和反射光形成的干涉条纹有何不同？

2. 测量中，若叉丝中心未与牛顿环中心重合，测得的是弦而不是直径，对 R 的结果有无影响？为什么？

3. 如果待测透镜是平凹透镜，观察到的干涉条纹将是怎样的？

4. 为什么明暗相间的牛顿圆环纹不等间距？

5. 本实验的牛顿环纹与迈克尔逊环纹有什么区别？

6. 为什么只能在 θ 很小的劈尖上方才可以观察到清晰的干涉条纹？

第3章　综合与应用性实验

实验13　不同材料导热系数的测定

导热系数是表征物质热传导性质的物理量。材料结构的变化与所含杂质等因素都会对导热系数产生明显的影响，因此，材料的导热系数常常需要通过实验来具体测定。测量导热系数的方法比较多，但可以归并为两类基本方法：一类是稳态法，另一类为动态法。本实验采用稳态法进行测量。

【实验目的】

1. 掌握测定导热系数的基本原理和实验方法；
2. 用稳态法测出导体的导热系数，并与理论值进行比较。

【预备问题】

1. 热量的传递方式有哪些？导热系数的物理意义是什么？
2. 实验中采用什么方法来测量不良导体的导热系数？
3. 测量导热系数的方法是建立在什么定律基础上的？何谓温度梯度？热传导的快慢与什么因素有关？

【实验仪器】

TC-3型导热系数测定仪，热电偶，杜瓦瓶，游标卡尺，电子天平。

【实验原理】

TC-3型导热系数测定仪如图13-1所示，该仪器采用低于36 V的隔离电压作为加热电源，整个加热圆筒可上下升降和左右转动，发热盘和散热盘的侧面各有一小孔，为放置热电偶之用。散热盘P（以下简称P盘）放在可以调节的三个螺旋头上，可使待测样品盘的上下两个表面与发热盘和散热盘紧密接触。P盘下方有一个轴流式风扇，用来快速散热。两个热电偶的冷端分别插在放有冰水的杜瓦瓶中的两根玻璃管中。热端分别插入发热盘和散热盘的侧面小孔内。冷、热端插入时，涂少量的硅脂，热电偶的两个接线端分别插在仪器面板上的相应插座内。利用面板上的开关可方便地直接测出两个温差电动势，温差电动势采用量程为20 mV的数字式电压表测量，再根据附录13-A的铜—康铜热电偶分度表转换成对应的温度值。

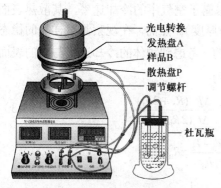

图13-1　TC-3型固体导热系数测定仪示意图

光电转换
发热盘A
样品B
散热盘P
调节螺杆
杜瓦瓶

仪器设置了数字计时装置，计时范围 166 min，分辨率 1 s，供实验计时用。仪器还设置了 PID 自动温度控制装置，控制精度±1℃，分辨率 0.1℃，供实验加热温度控制用。

1882 年著名物理学家傅里叶提出了热传导定律：若在垂直于热传导方向 h 上作一截面ΔS，以 $\left(\dfrac{\mathrm{d}T}{\mathrm{d}h}\right)_{h_0}$ 表示 h_0 处的温度梯度，那么在时间Δt 内通过截面积ΔS 所传递的热量ΔQ 为

$$\frac{\Delta Q}{\Delta t} = -\lambda \left(\frac{\mathrm{d}T}{\mathrm{d}h}\right)_{h_0} \Delta S \tag{13-1}$$

式中，$\Delta Q / \Delta t$ 是传热速率（也称热流量），负号代表热量传递方向是从高温传至低温，与温度梯度的方向相反；比例系数 λ 称为导热系数（也称为热导率），物理含义是：每单位时间内，在每单位长度上温度降低 1 K时，每单位面积上通过的热量，单位是 W/(m·K)。

本实验仪器如图 13-1 所示，在支架上先放上 P 盘，在其上方放上待测样品 B（圆盘形的不良导体），再把带发热器的发热盘 A（以下简称 A 盘）放在 B 上，发热器通电后，热量从 A 盘传到 B 盘，再传到 P 盘，由于 A、P 盘都是良导体，其温度即可以代表 B 盘上、下表面的温度 T_1、T_2，而 T_1、T_2 分别由插入 A、P 盘边缘小孔的热电偶 E 来测量。热电偶的冷端则浸在杜瓦瓶中的冰水混合物中，通过"传感器切换"开关 G，切换 A、P 盘中的热电偶与数字电压表的连接回路。由式（13-1）可以知道，单位时间内通过待测样品 B 任一圆截面的热流量为

$$\frac{\Delta Q}{\Delta t} = \lambda \cdot \frac{(T_1 - T_2)}{h_B} \cdot \pi R_B^2 \tag{13-2}$$

式中，R_B 为样品的半径，h_B 为样品的厚度，当热传导达到稳定状态时，T_1 和 T_2 的值不变，于是通过 B 盘上表面的热流量与由 P 盘向周围环境散热的速率相等，因此，可通过 P 盘在稳定温度 T_2 时的散热速率来求出热流量$\Delta Q / \Delta t$。

实验中，在读得稳定时的 T_1 和 T_2 后，即可将 B 盘移去，而使 A 盘的底面与 P 盘直接接触。当 P 盘的温度上升到高于稳定时的 T_2 值若干摄氏度后，再将 A 盘移开，让 P 盘自然冷却。观察其温度 T 随时间 t 变化情况，然后由此求出 P 盘在 T_2 的冷却速率 $\dfrac{\Delta T}{\Delta t}\Big|_{T=T_2}$，而 $mC \cdot \dfrac{\Delta T}{\Delta t}\Big|_{T=T_2} = \dfrac{\Delta Q}{\Delta t}$（$m$ 为 P 盘的质量，C 为铜材的比热容），就是 P 盘在温度为 T_2 时的散热速率。

但要注意，这样求出的 $\Delta T / \Delta t$ 是铜盘的全部表面暴露于空气中的冷却速率，其散热表面积为 $2\pi R^2 + 2\pi R_P h_P$（其中 R_P 与 h_P 分别为铜盘的半径与厚度）。然而，在观察测试样品的稳态传热时，P 盘的上表面（面积为 πR_P^2）是被样品覆盖着的。考虑到物体的冷却速率与它的表面积成正比，则稳态时铜盘散热速率的表达式应做如下修正

$$\frac{\Delta Q}{\Delta t} = mC \cdot \frac{\Delta T}{\Delta t} \cdot \frac{(\pi R_P^2 + 2\pi R_P h_P)}{(2\pi R_P^2 + 2\pi R_P h_P)} = mC \cdot \frac{\Delta T}{\Delta t} \cdot \frac{(R_P + 2h_P)}{(2R_P + 2h_P)} \tag{13-3}$$

将式（13-3）代入稳态时铜盘散热速率为 $\dfrac{\Delta Q}{\Delta t} = \lambda \cdot \dfrac{T_1 - T_2}{h_B}\pi R_B^2$，得

$$\lambda = mC \cdot \frac{\Delta T}{\Delta t} \cdot \frac{(R_P + 2h_P)h_B}{(2R_P + 2h_P)(T_1 - T_2)} \cdot \frac{1}{\pi R_B^2} \tag{13-4}$$

【实验内容及步骤】

1．测量导热系数前对散热盘 P 和待测样品 B 的直径、厚度进行测量

（1）用游标卡尺测量待测样品 B 的不同位置的直径和厚度，列表记录各测 5 次的数据。

（2）用游标卡尺测量散热盘 P 的不同位置的直径和厚度，列表记录各测 5 次的数据，按平均值计算 P 盘的质量。也可直接用天平称出 P 盘的质量。

2．不良导体导热系数的测量

（1）实验时，先将待测样品 B 盘（例如硅橡胶圆片）放在 P 盘上面，然后将 A 盘放在 B 盘上方，并用固定螺母固定在机架上，再调节三个螺旋头，使样品盘的上下两个表面与发热盘（A 盘）和散热盘（P 盘）紧密接触。

（2）在杜瓦瓶中放入冰水混合物，将热电偶的冷端（黑色）插入杜瓦瓶中。将热电偶的热端（红色）分别插入 A 盘和 P 盘侧面的小孔中，并分别将其插入 A 盘和 P 盘的热电偶接线连接到仪器面板的传感器 I、II 上。分别用专用导线将仪器机箱后部分与加热组件圆铝板上的插座间加以连接。

（3）接通电源，在"温度控制"仪表上设置加温的上限温度。将加热选择开关由"断"打向"1～3"任意一挡，此时指示灯亮，当打向"3"挡时，加温速度最快。如 PID 设置的上限温度为 85℃时。当传感器 I 的温度读数 U_{T1} 为 3.5 mV 时，可将开关打向"2"或"1"挡，降低加热电压。

（4）大约加热 40 分钟后，传感器 I、II 的读数不再上升时，说明已达到稳态，每隔 2 分钟列表记录 U_{T1} 和 U_{T2} 的值。

（5）在实验中，如果需要掌握用直流电位差计和热电偶来测量温度的内容，可将"传感器切换"开关转至"外接"，在"外接"两接线柱上接上 UJ36a 型直流电位差计的"未知"端，即可测量散热铜盘上热电偶在温度变化时所产生的电势差。

（6）测量散热盘在稳态值 T_2 附近的散热速率（$\Delta Q / \Delta t$）。移开 A 盘，取下橡胶盘，并使 A 盘的底面与 P 盘直接接触，当 P 盘的温度上升到高于稳定态的 U_{T2} 值若干度（0.2 mV 左右）后，再将 A 盘移开，让 P 盘自然冷却，每隔 30 秒（或自定）列表记录此时的 U_{T2} 值。根据测量值计算出散热速率 $\Delta Q / \Delta t$。

3．金属导热系数的测量

（1）将圆柱体金属铝棒（厂家提供）置于 A 盘与 P 盘之间。

（2）当发热盘与散热盘达到稳定的温度分布后，T_1、T_2 值为金属样品上下两个面的温度，此时 P 盘的温度为 T_3 值。因此测量 P 盘的冷却速率为

$$\frac{\Delta Q}{\Delta t}\bigg|_{T_1=T_3} \tag{13-5}$$

由此得到导热系数为

$$\lambda = mC \cdot \frac{\Delta Q}{\Delta t}\bigg|_{T_1=T_3} \cdot \frac{h}{(T_1-T_2)} \cdot \frac{1}{\pi R^2} \tag{13-6}$$

测 T_3 值时可在 T_1、T_2 达到稳定时，将插在发热圆盘与散热圆盘中的热电偶取出，分别插入金属圆柱体上的上下两孔中进行测量。

4．测量空气的导热系数

当测量空气的导热系数时，通过调节三个螺旋头，使发热盘与散热盘的距离为 h，并用塞尺进行测量（即塞尺的厚度，一般为几毫米），此距离即为待测空气层的厚度。注意，由于存在空气对流，所以此距离不宜过大。

【注意事项】

1．放置热电偶的发热盘和散热盘侧面的小孔应与杜瓦瓶同侧，避免热电偶线相互交叉接错。

2．实验中，抽出被测样品时，应先旋松加热圆筒侧面的固定螺钉。样品取出后，小心将加热圆筒降下，使发热盘与散热盘接触，注意防止高温烫伤，带上实验隔热厚手套。

【思考题】

1．黄铜 P 盘的散热速率与哪些因素有关？

2．为什么实验过程要尽量保持周围环境温度恒定不变？

3．实验中如果求得的导热系数偏小，可能的原因有哪些？

【附录 13-A】

铜—康铜热电偶分度表数据参考如表 13-1 所示。

表 13-1　铜—康铜热电偶分度表

温度（℃）	热电势（mV）									
	0	1	2	3	4	5	6	7	8	9
0	0.000	0.038	0.076	0.114	0.152	0.190	0.228	0.266	0.304	0.342
10	0.380	0.419	0.458	0.497	0.536	0.575	0.614	0.654	0.693	0.732
20	0.772	0.811	0.850	0.889	0.929	0.969	1.008	1.048	1.088	1.128
30	1.169	1.209	1.249	1.289	1.330	1.371	1.411	1.451	1.492	1.532
40	1.573	1.614	1.655	1.696	1.737	1.778	1.819	1.860	1.901	1.942
50	1.983	2.025	2.066	2.108	2.149	2.191	2.232	2.274	2.315	2.356
60	2.398	2.440	2.482	2.524	2.565	2.607	2.649	2.691	2.733	2.775
70	2.816	2.858	2.900	2.941	2.983	3.025	3.066	3.108	3.150	3.191
80	3.233	3.275	3.316	3.358	3.400	3.442	3.484	3.526	3.568	3.610
90	3.652	3.694	3.736	3.778	3.820	3.862	3.904	3.946	3.988	4.030
100	4.072	4.115	4.157	4.199	4.242	4.285	4.328	4.371	4.413	4.456
110	4.499	4.543	4.587	4.631	4.674	4.707	4.751	4.795	4.839	4.883

铜的比热 $C = 0.09197 \text{ cal} \cdot \text{g}^{-1} \cdot \text{℃}^{-1}$，密度 $\rho = 8.9 \text{ g/cm}^3$。

导热系数单位换算：$1\text{cal} / (\text{cm} \cdot \text{s} \cdot \text{℃}) = 418.68 \text{ W/(m} \cdot \text{K)}$。$1 \text{ kcal/(kg} \cdot \text{k)} = 4186.8 \text{ J/(kg} \cdot \text{k)}$。

实验 14　温度传感与测量

温度是一个重要的物理量，温度的测量与控制在生活、生产和科学实验中具有广泛的应用，如空调的恒温、陶瓷窑炉的温度控制、高温超导的实现等。本实验介绍几种常用温度传感器的性能测试与测温电路。

【实验目的】

1. 掌握测温元件的温度特性及其测量方法；
2. 了解各测温元件的工作原理；
3. 学会对温度测量电路的设计与调节。

【预备问题】

1. 常用的测温元件有哪些，各有何特点及应用？
2. 实验所用温度传感器中，哪些温度传感器是正温度系数？哪些温度传感器是负温度系数？
3. 测温电路有什么作用？与常见的电压源非平衡测温电路相比，恒流源非平衡测温电路有何优点？

【实验仪器】

温度传感实验仪，温度控制加热炉，Pt100，AD590 集成温度传感器，硅三极管 9014（PN 结），数字直流电压表（或数字万用表），Zx21 型电阻箱。

【实验原理】

1. 温度传感元件的测温原理

温度传感器种类较多，本实验主要使用四种常用的测温元件：铜电阻 Cu50、铂电阻 Pt100、晶体管 PN 结测温元件和 AD590 集成温度传感器。它们的测温原理分别如下。

（1）铜电阻 Cu50

铜电阻是热电阻式传感器，温度线性好，但在高温下容易氧化，是工业上常用的低温测温元件。其测温原理是基于金属导体的电阻随温度变化的特性，其电阻与温度的关系在 $-50\sim150\text{℃}$ 范围内基本是线性的，即

$$R_t = R_0(1+\alpha t) \tag{14-1}$$

式中，R_t、R_0 是铜电阻在 $t\text{℃}$、0℃ 时的阻值；α 是正温度系数，$\alpha = 4.28\times10^{-3}\text{℃}^{-1}$。本实验用的 Cu50 在 0℃ 时的阻值 $R_0 = 50\,\Omega$。

（2）铂电阻 Pt100

铂电阻是热电阻式传感器，温度线性好、精度高、稳定性好、测温范围大，是工业上常用的测温元件。其测温原理是基于金属导体的电阻随温度变化的特性，其电阻与温度的关系在 $0\sim150\text{℃}$ 范围内基本是线性的，即

$$R_t = R_0(1+\alpha t) \tag{14-2}$$

式中，R_t、R_0 是铂电阻在 $t\text{℃}$、0℃ 时的阻值；α 是正温度系数，$\alpha = 3.908\times10^{-3}\text{℃}^{-1}$。本实验用的 Pt100 在 0℃ 时的阻值 $R_0 = 100\,\Omega$。

（3）AD590 集成温度传感器

AD590 是一种输出电流与温度成正比的集成温度传感器，线性好，测温准确。AD590 相当于一个恒流源，在 $5\sim30\text{ V}$ 的直流工作电源下，输出电流 I_{AD590} 与被测温度 T（热力学温度）的关系为

$$I_{AD590} = K_0 T \qquad (14\text{-}3)$$

式中，K_0 为测温灵敏度常数，$K_0 = 1\ \mu A/℃$。

（4）PN 结测温元件

晶体管 PN 结的端电压随温度的升高而降低（负温度系数），可做温度传感器，具有线性好、体积小、反应快、低廉等优点，在许多仪表中用来做温度补偿。

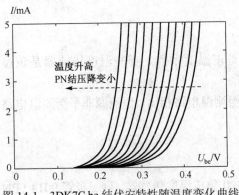

图 14-1　3DK7C be 结伏安特性随温度变化曲线

流过晶体管 PN 结的电流与其两端间的电压 U 满足以下指数关系

$$I = I_0(e^{\frac{qu}{kT}} - 1) \qquad (14\text{-}4)$$

式中，q 为电子电荷，k 为玻尔兹曼常数，T 是结温（热力学温度值）。晶体管 PN 结伏安特性随温度变化曲线如图 14-1 所示。

硅三极管（如 9014）的基极与射极之间的电压 U_{be} 与温度 t 的关系在-50～150℃范围内基本为线性，如果集电极电流 $I_C = 50\ \mu A$，则温度系数 $\alpha = -2.3\ mV/℃$。

2. 测温电路的设计与调节

测温电路的作用是将随温度变化的物理量（如电阻）转化为电压变量。为了提高测温灵敏度，用放大器将电压信号放大。如果要做成温度计，还要对温度刻度定标。

（1）Pt100、Cu50 和 PN 结测温电路

如图 14-2 所示，电阻测温电路由含 R_t 热敏元件的 I_S 恒流源非平衡电桥输入电路及差分运放电路组成。

$R_3 = R_4$，若 $R_4 \gg R_1$、W_0、R_t，忽略 R_3、R_4 分流作用，则 $V_b = I_S R_t$，与热敏电阻 R_t 成正比；$V_a = \dfrac{W_0}{R_1 + W_0} V_{CC}$ 为差分比较常数；差分放大器输出电压为

$$V_o = \frac{W_{100}}{R_4}(V_b - V_a) = \frac{W_{100}}{R_4}(I_S R_t - V_a) \qquad (14\text{-}5)$$

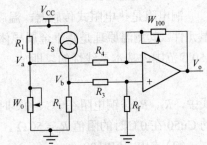

图 14-2　恒流源桥式测温电路

由式（14-5）可知，输出电压 V_o 与热敏电阻 R_t 呈线性关系，而 Pt100、Cu50 和 PN 结的 R_t 与温度 t 又成线性关系，因此电压 V_o 随温度 t 线性变化。

如果将热敏电阻 R_t 放到冰水混合的水中（0℃），调节电阻 W_0 改变 V_a，使输出电压 $V_o = 0$，然后将 R_t 放到 100℃的水中，调节电阻 W_{100}，使输出电压 $V_o = 100\ mV$，这就完成了对温度计的定标，**温度系数为 1 mV/℃**。只要知道输出电压 V_o，就直接知道温度，如 $V_o = 50\ mV$，则 $t = 50℃$。

（2）AD590 测温电路

AD590 是一种线性测温元件，它的测温电路可直接用运算放大器组成，如图 14-3 所示。

稳压管 DW 产生稳定电压 V_Z，则电位器 W_0 流过恒定电流 I_1，$I_1 = V_Z/W_0$。由式（14-3）和图 14-3 电流关系可得

$$I_0 = I_{AD590} - I_1 = K_0 T - I_1 = K_0(273.2 + t) - I_1$$

因此，运放输出电压 V_0 为

$$V_0 = I_0 R_2 = (273.2 K_0 - I_1) R_2 + K_0 R_2 t \qquad (14\text{-}6)$$

式中，t 为摄氏温度。

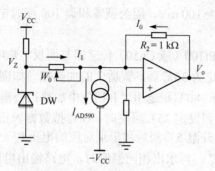

图 14-3　AD590 测温电路

由式（14-6）可知，若把 AD590 放到 $t = 0°C$ 的冰水中，调节 W_0 改变 I_1 使 $V_0 = 0$，即调零，则当 AD590 为 $t°C$ 时，运放输出电压

$$V_0 = I_0 R_2 = K_0 R_2 t = k_0' t$$

将 AD590 放到 $t = 100°C$ 的开水中时，因 $R_2 = 1\ k\Omega$，$V_0 = K_0 R_2 t = 10^{-3}\ mA·°C^{-1} \times 10^3\ \Omega \times 100°C = 100\ mV$，这样只要校准 $0°C$ 就完成了温度定标，温度系数 k_0' 为 $1\ mV/°C$。只要知道输出电压 V_0，就直接知道了温度，如 $V_0 = 50\ mV$，则 $t = 50°C$。

3. 温度传感实验仪

如图 14-4 所示，温度传感实验仪面板分三个部分：最左边是热电阻温度传感器（如 Pt100、Cu50）测温部分，中间是 AD590 测温部分，右边是 PN 结伏安特性测试部分。面板上有测试孔和调节电位器。

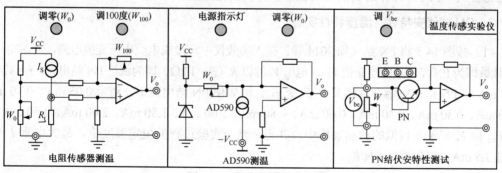

图 14-4　温度传感实验仪

【实验内容及步骤】

1. Pt100（或 Cu50）温度特性与测温实验

（1）温度校准与定标。本来温度定标要在 $0°C$ 和 $100°C$ 的水中进行，但 $0°C$ 和 $100°C$ 的水不易制备和保存，为了简便，用电阻箱模拟传感器 $0°C$ 和 $100°C$ 的阻值来定标。根据式（14-1）[或式（14-2）]，从理论上计算 Pt100（或 Cu50）在 $0°C$ 和 $100°C$ 的电阻值 R_0 和 R_{100}。电阻箱

与测量面板"热电阻 R_t 传感器输入端"相连，数字电压表与"测温输出端 V_o"相连。将电阻箱调到 R_0 阻值，调节"调零"电位器 W_0，使输出电压 $V_o = 0$；然后将电阻箱调到 R_{100} 阻值，调节"调 100℃电位器 W_{100}"，使输出电压 $V_o = 100$ mV。再将电阻箱调回到 R_0 阻值，查看是否 $V_o = 0$，若不是，再调节 W_0，使 $V_o = 0$；再将电阻箱调回到 R_{100} 阻值，查看是否 $V_o = 100$ mV，若不是，再调节 W_{100}，使 $V_o = 100$ mV。因为调零和调 100 度时电路会相互牵连，一般需要反复调节几次，才能准确。

（2）测量。将加热炉中 Pt100（或 Cu50）传感器与面板"热电阻 R_t 传感器输入端"相连。开启电源，将加热炉温度设定为 35℃后，置适合的加热挡（如需加热约小于 50℃则选用"Ⅰ挡"慢加热挡；需加热约 50～80℃则选用"Ⅱ挡"中加热挡；需加热约大于 80℃则选用"Ⅲ挡"快加热挡），当加热炉达到设定 35℃温度时，在自拟数据表格中记录测温电路输出的电压 V_o'；升温测量：炉温设定每升温 5℃测量和记录对应的电压 V_o'。降温测量：炉温设定每降温 5℃测量和记录对应的电压 V_o''。再求出相同温度时，电路输出电压的平均值 V_o。

（3）在坐标纸上画出 Pt100（或 Cu50）的 V_o - t 曲线和 R_t - t 曲线，求出斜率；从 R_t - t 曲线上找出 $t = 50$℃的 R_t，求出与理论公式（14-1）[或式（14-2）]计算的 R_t 的相对误差，分析误差原因。

2．AD590 温度特性与测温实验

（1）温度定标。用电阻箱电阻 R_X 代替 AD590 校正零点（$t = 0$℃）。电阻箱与实验仪面板"AD590 输入端"相连，数字电压表与"测温输出端 V_o"相连。先用电压表测出 AD590 的"$-V_{CC}$"电源对"地"的电压，$R_X = V_{CC}(V)/273.2(\mu A)$，然后将电阻箱调到 R_X 阻值，调节"AD590 调零"电位器 W_0，使输出电压 $V_o = 0$。

（2）测量。AD590 传感器与实验仪面板"AD590 输入端"相连。开启加热炉电源，将温度设定为 35℃，再置加热挡，当达到设定温度（加热灯熄灭）时，读出电压表电压值，然后将加热炉温度设定为其他温度，测出相应的电压，数据记于自拟的数据表中。

（3）在坐标纸上画出 AD590 的 I_0 - t 曲线，求出斜率；从曲线上找出 $t = 50$℃的 I_0，求出与理论公式（14-3）计算的 I_0 的相对误差，分析误差原因。

3．PN 结伏安特性、温度特性实验

（1）按图 14-5 将 PN 结（如 9014 管）接入实验仪中，接成电流电压变换电路。此时电压表 V_{be} 读数即为 PN 结两端的电压值 V_{be}，电压 V_o 除以 R（$R = 1$ kΩ）即为流过 PN 结电流，$I = V_o/R = V_o$（mA）。PN 结在室温下，调节 W 改变 V_{be}，例如使 PN 结电流 I 分别为 0.05 mA、0.10 mA、0.20 mA、0.30 mA、0.40 mA、0.60 mA、0.80 mA、1.00 mA、1.50 mA、2.00 mA、2.50 mA 等，将 V_{be} 和 V_o 记录于自拟的数据表格中，并记录整个实验过程的恒定温度值。最大电流 I 不要超过 3.5 mA，以免烧坏 PN 结。

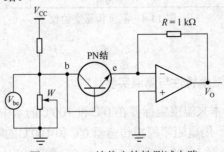

图 14-5　PN 结伏安特性测试电路

（2）将 PN 结温度恒定为 65℃，重复上述步骤实验（选做）。

（3）在坐标纸上画出 PN 结的 I-V_{be} 曲线（标明测量温度），并讨论分析。

【思考题】

1. 根据式（14-2），从理论上计算 Pt100 在 0℃和 100℃的电阻值 R_0 和 R_{100}。

2. 在调节温度传感器的零点和 100℃时，为什么要先调节零点，后调 100℃？

【参考文献】

[1] 是度芳，贺渝龙. 基础物理实验. 武汉：湖北科学技术出版社，2003.

[2] 陈国杰，黄义清，谢嘉宁等. 线性非平衡电桥设计及应用. 实验室研究与探索，2006, 25(5).

实验 15　霍尔效应与应用

1879 年，霍尔（1855—1938）在研究载流导体在磁场中受力的性质时发现了霍耳效应，它是一种磁电效应。随着半导体物理学的迅猛发展，利用霍尔效应可以制成各种霍尔器件，广泛地应用于电量测量和非电量（位移、速度等）测量、工业自动化技术、检测技术及信息处理等方面。应用霍尔效应测量霍尔系数和电导率已经成为研究半导体材料的主要方法之一。近年来，霍尔效应得到了重要发展，冯·克利青在极强磁场下和极低温度下观察到了量子霍尔效应，它的应用大大提高了有关基本常数测量的准确性。在工业生产自动检测和控制的今天，作为敏感元件之一的霍尔器件会有更广阔的应用前景。

【实验目的】

1. 了解霍尔效应的产生机理，学会判断霍尔元件的类型；

2. 掌握用 "B、I_S 换向测量法" 消除副效应的测量方法；

3. 测量霍尔元件的灵敏度 K_H、霍尔系数 R_H 及其材料的电导率 σ；

4. 用霍尔效应测绘霍尔元件的 U_H-I_S 图，从而测量未知磁场；

5. 用霍尔效应测绘 U_H-B 图和电磁铁的 B-I_M 图，从而测量励磁系数；

6. 测量电磁铁气隙磁场沿水平方向的分布。

【预备问题】

1. 什么是霍尔效应？

2. 测量霍尔电压时伴随产生四种副效应，本实验用什么方法消除副效应的影响？

3. 如何应用霍尔效应测量磁场？霍尔效应实验仪测量磁场应注意什么？

【实验仪器】

TH-H 型霍尔效应实验仪和测试仪。

【实验原理】

1. 霍尔效应

如图 15-1 所示，将一块厚度为 d、通有电流 I_S 的半导体薄片置于磁场 B 之中，磁场 B（沿

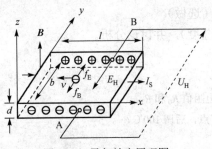

图 15-1　霍尔效应原理图

z 轴）垂直于电流 I_S（沿 x 轴）的方向，定向运动的载流子受到洛仑兹力的作用而发生偏移，在半导体中垂直于 B 和 I_S 的方向上出现一个横向电位差 U_H，这个现象称为霍尔效应，U_H 称为霍尔电压，且有

$$U_H = R_H \cdot \frac{I_S B}{d} = K_H I_S B \qquad (15\text{-}1)$$

式中，R_H 是霍尔系数、K_H 为霍尔元件的灵敏度。

产生霍尔电压的机理可以用洛仑兹力来解释：图 15-1 中，磁感应强度 B 的方向沿 z 方向，薄片通入工作电流 I_S 的方向沿 x 方向，无论霍尔元件的多数载流子是正电荷还是负电荷，洛仑兹力 $f_B = q(v \times B)$ 的方向均沿逆 y 方向，定向运动的载流子受到洛仑兹力的作用而发生偏移，在霍尔电极 A、B 两侧开始聚积异号电荷而产生霍尔电压 U_H，并形成相应的霍尔电场 E_H。电场的指向取决于霍尔片材料的导电类型。

N 型半导体的多数载流子为电子，P 型半导体的多数载流子为空穴（带正电荷）。对 N 型材料，霍尔电场逆 y 方向，P 型材料则霍尔电场沿 y 方向，有

$$I_S(x) > 0、B(z) > 0 \qquad \begin{array}{ll} E_H(y) < 0 \text{、} U_{H\,AB} < 0 & （\text{N型}） \\ E_H(y) > 0 \text{、} U_{H\,AB} > 0 & （\text{P型}） \end{array}$$

由于霍尔电场 E_H 的出现，定向运动的载流子除了受洛仑兹力作用外，还受到另一个方向相反的横向霍尔电场的作用力 f_E，而 $f_E = qE_H = qU_H/b$，此力阻止电荷继续积累。

当 $f_E = f_B$ 时，则 $qU_H/b = qvB$，载流子积累达到动态平衡，AB 间的霍尔电压为

$$U_H = vbB \qquad (15\text{-}2)$$

假设霍尔片的长度为 l、宽度为 b、厚度为 d，因为输入霍尔片的工作电流 I_S 与载流子电荷 q、载流子浓度 n、平均迁移速度 v 及霍尔片的截面积 bd 之间的关系为 $I_S = nqvbd$，将 $v = I_S/(nqbd)$ 代入式（15-2），则

$$U_H = \frac{I_S B}{nqd} = R_H \cdot \frac{I_S B}{d} = K_H I_S B \qquad (15\text{-}3)$$

式中，$R_H = \dfrac{1}{nq}$ 称为霍尔系数，$K_H = \dfrac{1}{nqd} = \dfrac{R_H}{d}$ 称为霍尔元件的灵敏度。

若工作电流 I_S、霍尔元件灵敏度 K_H 已知，测出霍尔电压 U_H，则磁场 B 的大小为

$$B = \frac{U_H}{K_H I_S} \qquad (15\text{-}4)$$

这是霍尔效应测磁场的原理。

若已知载流子类型（N 型半导体多数载流子为电子，P 型半导体多数载流子为空穴），则由 U_H 的正负可测出磁场方向；反之，若已知磁场方向，则可判断载流子类型。

由于霍尔元件的灵敏度 K_H 与载流子浓度 n 成反比，而金属的载流子浓度远大于半导体的载流子浓度，n 越大，灵敏度越低，霍尔效应不明显，所以霍尔元件不用金属导体制成。目前常用的霍尔元件材料有 N 型锗（Ge）、硅（Si）、锑化铟（InSb）、砷化铟（InAs）等半导体材料。

由 R_H 可求载流子浓度 n，对于 $R_H = 1/(nq) = K_H d$ 式子是假定所有载流子都具有相同的漂

移速度得到的。严格来说，考虑载流子的漂移速率服从统计分布规律，需引入 $3\pi/8$ 的修正因子。因影响不大，本实验中忽略此因素。

材料的厚度与霍尔电压成反比，元件越薄，灵敏度越大，霍尔效应越明显，因此薄膜霍尔元件的输出电压比片状高得多。若薄膜霍尔元件厚度约为 $1\ \mu m$，其灵敏度更高。

2. 霍尔元件的副效应及其消除方法

测量霍尔电压时伴随产生四个副效应，会影响到测量的精确度。

（1）不等位效应：由于制造工艺技术的限制，霍尔元件的 A、B 电位极不可能恰好接在同一等位面上，因此，当电流 I_S 流过霍尔元件时，即使不加磁场，两电极间也会产生一电位差，称小等位电位差 U_0。U_0 的正负只与工作电流 I_S 的方向有关，而与磁场 B 的方向无关。严格地说，U_0 的大小在磁场不同时也略有不同。

（2）埃廷豪森效应（Etinghausen effect）：由于霍尔片内部的载流子速度服从统计分布，有快有慢，它们在磁场中受的洛仑兹力不同，则轨道偏转也不相同。动能大的载流子趋向霍尔片的一侧，而动能小的载流子趋向另一侧，随着载流子的动能转化为热能，使两侧的温升不同，形成一个横向温度梯度，引起温差电压 U_E。U_E 的正负与 I_S、B 的方向有关。

（3）能斯特效应（Nernst effect）：由于两个电流电极与霍尔片的接触电阻不等，当有电流通过时，在两电流电极上有温度差存在，出现热扩散电流，在磁场的作用下，建立一个横向电场 E_N，因而产生附加电压 U_N。U_N 的正负仅取决于磁场 B 的方向。

（4）里纪-勒杜克效应（Righi-Leduc effect）：由于热扩散电流的载流子的迁移率不同，类似于埃廷豪森效应中载流子速度不同一样，也将形成一个横向的温度梯度而产生相应的温度电压 U_{RL}，U_{RL} 的正、负只与 B 的方向有关，而与工作电流 I_S 的方向无关。

上述这些附加电压与工作电流 I_S 和磁感应强度 B 的方向有关，测量时改变 I_S 和 B 的方向基本上可以消除这些附加误差的影响。具体方法如下：

当 $(+B, +I_S)$ 时测量，$U_1 = U_H + U_0 + U_E + U_N + U_{RL}$　　　　　　　　　（15-5）

当 $(+B, -I_S)$ 时测量，$U_2 = -U_H - U_0 - U_E + U_N + U_{RL}$　　　　　　　　（15-6）

当 $(-B, -I_S)$ 时测量，$U_3 = U_H - U_0 + U_E - U_N - U_{RL}$　　　　　　　　（15-7）

当 $(-B, +I_S)$ 时测量，$U_4 = -U_H + U_0 - U_E - U_N - U_{RL}$　　　　　　　（15-8）

做 $U_1 - U_2 + U_3 - U_4$ 运算，并取平均值，有 $U_H + U_E = (U_1 - U_2 + U_3 - U_4)/4$。

这样采用"B、I_S 换向对称测量法"处理后，除埃廷豪森效应外，其他几个主要的附加电压全部被消除。一般 $U_E \ll U_H$，故可以将 U_E 忽略不计，于是

$$U_H = \frac{1}{4}(U_1 - U_2 + U_3 - U_4)\tag{15-9}$$

由于霍尔效应的建立所需时间很短（约 $10^{-12} \sim 10^{-14}$ s），因此霍尔元件均可使用直流电或交流电为工作电源。只是使用交流电时，所得的霍尔电压也是交变的，此时，式（15-1）中的 I_S 和 U_H 应理解为有效值。由于温度差的建立需要较长时间（约几秒钟），采用交流电，可以减小测量误差。

3. TH-H 型霍尔效应实验仪和测试仪

TH-H 型霍尔效应实验仪和测试仪如图 15-2 所示，实验仪包括电磁铁、励磁线圈、霍尔样品、样品架（具有 X、Y 二维调节功能及读数装置）、"I_M 输入"换向开关、"I_S 输入"换向

开关、"U_H、$U_σ$ 输出"测量转换开关、霍尔样品为 N 型半导体硅单晶切薄片。"U_H、$U_σ$ 输出"测量转换开关向上合上时用于输出霍尔电压 U_H，向下合上时用于输出霍尔材料电导率 σ 的测量电压 $U_σ$；"I_M 输入"、"I_S 输入"换向开关都向上合上时，I_M（即 $\boldsymbol{B}$）和 I_S 都为正方向，向下合上时各为负方向。

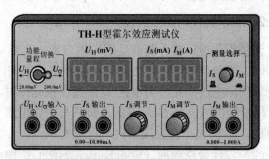

图 15-2　TH–H 型霍尔效应实验仪和测试仪图

测试仪含有励磁电源 E_M 和霍尔片工作电源 E_S 两组独立恒流源，其输出端分别为 "I_M 输出"端和 "I_S 输出"端，电流 "I_M 调节"旋钮和 "I_S 调节"旋钮，三位半数字直流毫伏表和电流表（精度均为 0.5%），"功能（量程）切换"开关（置 "U_H"毫伏表为 20 mV 量程；置 "$U_σ$"毫伏表为 200 mV 量程、内阻为 100 MΩ），电流 "测量选择"按键（置 "▭" 时电流表只显示 I_M（单位为 A），"I_M 调节"范围为 0～1.000 A；置 "▢" 时电流表显示 I_S（单位为 mA），"I_S 调节"范围为 0～10.00 mA）。

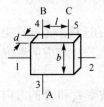

图 15-3　霍尔元件

实验前将开关打开，"I_M 调节"、"I_S 调节"旋钮逆时针旋到底，使开关合上时 I_M、I_S 为最小值，以保护霍尔元件和测试仪。

霍尔元件（如图 15-3 所示）有五端引线，霍尔元件厚度 $d = 0.50$ mm，宽度 $b = 4.0$ mm，B、C 电极的间距 $l = 3.0$ mm。

【实验内容及步骤】

按图 15-4 正确连接电路。将测试仪 "I_M 输出"端与实验仪 "I_M 输入"换向开关 K_1 相连接；将测试仪的 "I_S 输出"端与实验仪 "I_S 输入"换向开关 K_2 相连接；毫伏表 "U_H、$U_σ$ 输入"端与 "U_H、$U_σ$ 输出"测量转换开关 K_3 相连接。调节二维样品架，观察样品架上的霍尔元件的引线结构，检查引线是否与 K_2、K_3 开关接线端牢固连接。

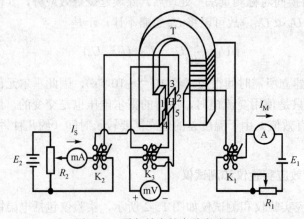

图 15-4　霍尔效应的实验电路图

1. 测量霍尔灵敏度 K_H、霍尔系数 R_H 和电导率 σ

调节二维样品架，将霍尔片移到电磁铁气隙的中心位置(磁场均匀区)，记录样品架的水平和竖直十分游标尺的读数 x、y；记录 T 线圈上的励磁系数 p。单位 1 kGS/A=0.1T/A。

调节励磁电流 I_M 为 0.600 A，调节工作电流 I_S 为 6.00 mA。"测量转换"开关向上合上，测量霍尔电压 U_H。

采用"B、I_S 换向测量法"多次测量，消除副效应的影响。将开关 K_1、K_2 依次换向，在 $(+B, +I_S)$、$(+B, -I_S)$、$(-B, -I_S)$、$(-B, +I_S)$ 四种测量条件下，测量和列表记录相应的霍尔电压 U_1、U_2、U_3、U_4。用 $U_H = \frac{1}{4}|U_1 - U_2 + U_3 - U_4|$ 式子求出霍尔电压 U_H。

用特斯拉计测出磁感应强度 B（或计算 $B = pI_M$）；计算霍尔灵敏度 K_H 和霍尔系数 R_H。

开关 K_1 打开，使磁场为零；开关 K_2 向上合上，调节 $I_S = 2.00$ mA；中间的开关 K_3 向下合上，测出 U_σ（如图 15-3 所示 BC 端电压）；计算霍尔材料的电导率 $\sigma\left(\sigma = \frac{1}{\rho} = \frac{I_S l}{U_\sigma bd}\right)$。

2. 测绘霍尔元件的 U_H-I_S 曲线

霍尔片与内容 1 位置相同。取励磁电流 $I_M = 0.600$ A 不变；改变霍尔工作电流 I_S 由小到大，取 1.00～6.00 mA 共 6 个整数点，测量和列表记录相应的霍尔电压 U_H。

取励磁电流 $I_M = 0.300$ A 不变；改变霍尔工作电流 I_S 由小到大，取 1.00～6.00 mA 共 6 个整数点，测量和列表记录相应的霍尔电压 U_H。

以 I_S 为横坐标、U_H 为纵坐标，分别绘制出 I_M 为 0.600 A、0.300 A 时霍尔元件 U_H-I_S 图，验证 I_H 与 U_H 的线性关系。列式求出两条直线的斜率 a_1、a_2；由直线斜率 a 与磁场的关系 $a = K_H B$，作图法求磁感应强度 B_1、B_2（若无标明 K_H 参数，取内容 1 测量结果）。

3. 测绘霍尔元件的 U_H−B 曲线和测绘电磁铁的 B−I_M 曲线

霍尔片与内容 1 位置相同。取霍尔工作电流 $I_S = 6.00$ mA 不变；改变励磁电流 I_M 由小到大，取 0.100～0.800 A 共 8 个整数点，测量和列表记录相应的霍尔电压 U_H。根据测出的 U_H 和霍尔效应的式（15-4），计算出对应的磁感应强度 B，并填入数据表格中。

绘制霍尔元件工作电流为 6.00 mA 时的 U_H-B 图，验证 U_H 与 B 的线性关系。

绘制电磁铁的 B-I_M 图，列式计算直线斜率 p'，与电磁铁线圈上的励磁系数 p 进行比较，求相对误差 E_p。

*4. 测量电磁铁气隙磁场沿水平方向的分布

保持 $I_M = 0.800$ A、$I_S = 8.00$ mA。① 将霍尔片置于 y 方向气隙的中心处，依次改变 x（从左到右，或从右到左，磁场均匀区每隔 5 mm 取一个点，两边缘取点要密一些），测出相应的 U_H，求 B 值。② 将霍尔片置于电磁铁 y 方向最低处，测量 x 方向对应的 U_H，求 B 值。③ 将以上两组数据，在同一坐标轴上绘出磁场沿水平方向分布的 B-x 曲线。

【注意事项】

1. 霍尔元件质脆，引线细，调节二维样品架观察霍尔元件时要小心谨慎。
2. 实验仪与测试仪之间 I_M、I_S、U_H 的连接绝对不能接错，否则会烧毁霍尔元件。

3．霍尔元件的工作电流 I_S 绝对不能超过额定电流 10 mA，否则会烧毁霍尔元件。

4．调节 I_M（或 I_S）时，应相应合上"I_M 输入"（或"I_S 输入"）开关，设置"测量选择"按键为"▉"（或"◣"）电流表显示"I_M"（或"I_S"）方式，否则会测量错误。

5．在测量 I_M、I_S 不同方向的四组 U_1、U_2、U_3、U_4 时，要想好应扳动哪个开关再操作，否则会测量错误。

6．电表若只显示最左侧的数码管"1"，则被测量量超出电表量程，应更换大量程。

7．电磁铁通电时间不应过长，以防电磁铁线圈过热影响测量结果。

【思考题】

1．如图 15-5 所示，霍尔元件通入工作电流 I_S，磁场的方向垂直指出纸面，A、B 两边累积正、负电荷，$U_{AB} > 0$，根据_____的载流子受到_____的作用，可判断该霍尔元件是_____型半导体。

2．如图 15-6 所示，若霍尔片的多数载流子为空穴，工作电流 I_S 方向从左向右，霍尔电压 $U_{AB} > 0$，判断磁场的方向为_____（选项提示：指出纸面或指入纸内）。

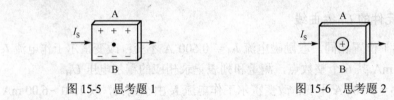

图 15-5　思考题 1　　　　　　　　　图 15-6　思考题 2

3．试分析：为何不宜用金属制作霍尔元件？

4．如何观察不等位效应？如何消除它对测量带来的影响？

5．若磁场的法线不是恰好与霍尔元件的法线一致，对测量结果会有何影响？如何判断磁场 $\vec{B}$ 的方向与霍尔片的法线方向一致？

6．能否用霍尔元件测量交变磁场？若可以，将直流励磁电源换成低压交流电源，为了测量电磁铁缝隙间的交流磁场，实验装置和线路应做那些改进？试说明之。

【参考文献】

[1] 丁慎训，张连芳．物理实验教程．北京：清华大学出版社，2002．

实验 16　用霍尔传感器测杨氏模量

随着科学技术的发展，微位移的测量方法和技术越来越先进，霍尔位置传感器测量杨氏模量实验仪是在弯曲法测量固体材料杨氏模量基础上，加装霍尔位置传感器而成的。通过霍尔位置传感器的输出电压与位移量线性关系的定标和微小位移量的测量，有利于联系科研和生产实际，使学生了解和掌握微小位移的非电量电测新方法。

【实验目的】

1．进一步学习基本长度和微小位移量测量的方法和手段，用逐差法进行数据处理；

2．学会用梁弯曲法测定金属的杨氏模量，以及对霍尔位置传感器定标；

3．熟悉霍尔位置传感器的特性，掌握微小位移的非电量电测新方法。

【预备问题】

1. 实验中有什么方法可以间接测出微小的长度变化？
2. 什么是杨氏模量？如何用弯曲法测金属的杨氏模量？
3. 什么现象称为霍尔效应？写出霍尔电压测量微小长度变化量的表达式。
4. 霍尔位置传感器定标的目的是什么？

【实验仪器】

霍尔位置传感器测杨氏模量实验仪和测试仪（实物图如图 16-1 所示）、游标卡尺、螺旋测微计、直尺。

图 16-1　霍尔位置传感器法杨氏模量实验仪和测试仪

霍尔位置传感器法杨氏模量实验仪的结构如图 16-2 所示，在实验平台上装有读数显微镜、金属杠杆和 95 A 型集成霍尔位置传感器（详见本实验附录 16-A）、磁铁、铜刀架、待测金属（横梁）等。主要指标：（1）读数显微镜：型号：JC-10 型；放大倍数：20；分度值：0.01 mm；测量范围：0～6 mm。（2）砝码：10.0 g（薄片 10 个）、20.0 g（厚片 2 个）共 12 个；（3）三位半数字电压表：0～200 mV。（4）实验仪和测试仪的放大倍数：3～5 倍。

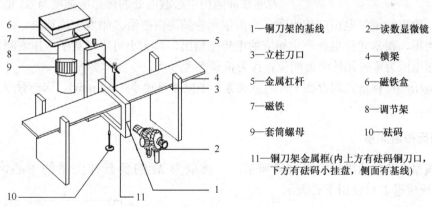

1—铜刀架的基线　　2—读数显微镜
3—立柱刀口　　　　4—横梁
5—金属杠杆　　　　6—磁铁盒
7—磁铁　　　　　　8—调节架
9—套筒螺母　　　　10—砝码
11—铜刀架金属框(内上方有砝码铜刀口，下方有砝码小挂盘，侧面有基线)

图 16-2　霍尔位置传感器法杨氏模量实验仪的结构图

【实验原理】

1. 霍尔位置传感器

霍尔位置传感器是利用了霍尔效应，将一个微小位移量转换成了一个电学量，从而可以通过间接测量得到微小长度变化量。

霍尔位置传感器是一块通过电流 I 的半导体薄块，在与电流垂直方向上加上磁场 B 时，运动的电子产生偏移，在薄块的两个侧面就产生一个电势差，这种现象称为霍尔效应，此电势差称为霍尔电压 U_H。实验证明：当电流 I 恒定时，霍尔电压 U_H 与磁感应强度 B 成正比，有

$$U_H = K_H I B \tag{16-1}$$

式中，K_H 为元件的霍尔灵敏度。

保持霍尔元件的电流 I 不变，而使其在一个均匀梯度的磁场中移动时，则输出的霍尔电压变化量为

$$\Delta U_H = K_H I \cdot \frac{\mathrm{d}B}{\mathrm{d}Z} \Delta Z \tag{16-2}$$

式中，ΔZ 为位移量。

若 $\dfrac{\mathrm{d}B}{\mathrm{d}Z}$ 为常数，则 ΔU_H 与 ΔZ 成正比，有

$$\Delta Z = \frac{\Delta U_H}{K} \tag{16-3}$$

式中，K 是霍尔位置传感器的输出灵敏度。

为实现均匀梯度的磁场，把两块永久磁铁（磁铁截面积及表面磁感应强度相同）相同极性（N、N）相对放置（如图 16-3 所示），两磁铁之间留等间距间隙，霍尔元件平行于磁铁放在间隙的中轴上。间隙大小要根据测量范围和测量灵敏度要求而定，间隙越小，磁场梯度就越大，灵敏度就越高。磁铁截面要远大于霍尔元件，以便尽可能的减小边缘效应影响，提高测量精确度。

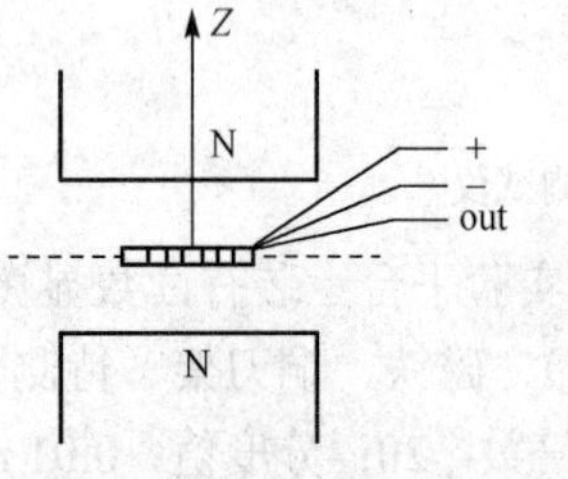

图 16-3　霍尔元件平行于磁铁放在其间隙的中轴上

若磁铁间隙内中心截面处的磁感应强度为零，霍尔元件处于该处时，输出的霍尔电压应该为零。当霍尔元件偏离中心沿 Z 轴发生位移时，由于磁感应强度不再为零，霍尔元件也就产生相应的电势差输出，其大小可以用数字电压表测量。由此可以将霍尔电压为零时元件所处的位置作为位移参考零点。

霍尔电压与位移量之间存在一一对应关系，当位移量较小（< 2 mm），这一对应具有良好的线性关系。

2．杨氏模量测量

杨氏模量实验仪的横梁如图 16-4 所示，一质量为 M 的负载挂在梁的中心，梁发生弯曲，杨氏模量 E 可以用下式表示

$$E = \frac{d^3 Mg}{4a^3 b \Delta Z} \tag{16-4}$$

式中，d 为两刀口之间的距离，M 为所加砝码的质量，a 为梁的厚度，b 为梁的宽度，ΔZ 为梁中心由于外力作用而下降的距离，g 为重力加速度［推导式（16-4）请查阅相关的参考文献］。

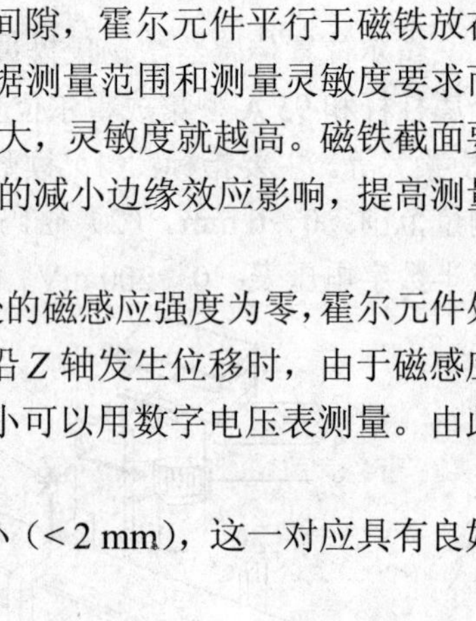

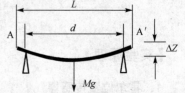

图 16-4　横梁受力弯曲图

【实验内容及步骤】

1. 仪器调整

（1）将待测黄铜横梁穿在铜刀架金属框的铜刀口内，安放在两立柱刀口的正中央位置。装上金属杠杆，将有传感器一端插入两相同磁铁（N、N 极）间隙，该杠杆中间的刀口放在刀座上，另一端的圆柱型拖尖应放在铜刀架上小圆洞内。将金属杠杆上的三眼插座插在杠杆立柱的三眼插针上，用仪器电缆一端连接测试仪，另一端插在立柱另外三眼插针上。

（2）检查和调节霍尔位置传感器探测元件平行于磁铁；锁紧磁铁盒方向的固定螺丝，若传感器不在磁铁中间，旋动调节架上的套筒螺母使磁铁盒上下微小位移，使霍尔位置传感器探测元件处于磁铁中间的位置。接通电源，调节调节架上的套筒螺母或测试仪上调零电位器使在初始负载的条件下测试仪指示值处于零值。大约预热 10 分钟左右，指示值即可稳定。

（3）调节读数显微镜目镜，直到眼睛观察镜内的十字黑线和毫米刻度数字清晰，然后调节读数显微镜前后距离，使能清晰看到铜刀架的基线，并与十字线及分划板刻度线无视差，锁紧物镜的小螺丝；再转动读数鼓轮使读数显微镜内十字线水平刻线与铜刀架的基线吻合。

2. 测量黄铜样品的杨氏模量，霍尔位置传感器的定标

（1）检查霍尔位置传感器探测元件是否平行于磁铁、是否处于磁铁中间的位置；旋转读数显微镜支架的锁紧螺丝固定读数显微镜。调节磁铁盒下的套筒螺母使磁铁盒上下移动，当毫伏表数值为零时，停止调节，固定套筒螺母；调节测试仪的调零电位器使毫伏表读数为零。

（2）调节读数显微镜读数鼓轮，使铜刀架的基线与读数显微镜内十字线水平刻线吻合，记下初始读数值 Z。

（3）逐次增加砝码 M_i（例如，砝码质量为 10.00 g, 20.00 g, …, 80.00 g），从读数显微镜读出相应的横梁弯曲产生的位移 Z_i(mm)，以及霍尔传感器输出的电压读数值 U_i(mV)，列表记录测量数据(Z_i, U_i)，观察 $U - Z$ 之间是否呈现很好的线性关系。

（4）用直尺测量横梁两刀口间的长度 d，用游标卡尺测横梁宽度 b，用千分尺在横梁不同的六个位置测量其厚度 a。列表记录数据。

（5）用逐差法计算出样品在砝码 M 作用下产生的位移量 ΔZ。按照式（16-4）计算出黄铜样品的杨氏模量，并把测量值与公认标准值（黄铜材料 $E_0 = 10.55 \times 10^{10}$ N/m² ）进行比较，求相对误差。

（6）根据测量数据(Z_i, U_i)，用最小二乘法直线拟合或者用作图法，求出霍尔位置传感器的灵敏度 $K = \dfrac{\Delta U}{\Delta Z}$。

3. 用霍尔位置传感器测量可锻铸铁的杨氏模量

测量不同质量的砝码（如，砝码质量为 10.00 g, 20.00 g, …, 80.00 g）所对应的电压表读数，列表记录测量数据。用公式 $\Delta Z_{铁} = \dfrac{\Delta U}{K}$ 和 $E = \dfrac{d^3 Mg}{4a^3 b \Delta Z}$ 求出可锻铸铁的杨氏模量，再与锻铸铁材料的公认标准值 $E_0 = 18.15 \times 10^{10}$ N/m² 进行比较，求相对误差。

【注意事项】

1. 测量黄铜样品时，因黄铜比钢软，旋紧千分尺时，用力适度，不宜过猛。

2. 用读数显微镜测量铜刀架的基线位置时，注意要区别是待测金属横梁的粗边沿，还是基线的标志线，铜刀架不能晃动。

3. 加减砝码的动作要轻，不能碰动铜刀架，以减小铜刀架的晃动，使电压值尽快稳定。

【思考题】

1. 如果有一几何尺寸与待测横梁完全相同，但用另一种材料做成的金属横梁，且已知其杨氏模量的精确值，你能否借助此横梁的杨氏模量，测出待测横梁的杨氏模量，方法如何？

2. 本实验对霍尔位置传感器定标时，要求首先要将毫伏表读数调为零，请问读数显微镜的初始读数是否也一定要调为零呢？为什么？

3. 霍尔位置传感器法测量杨氏模量和光杠杆法测量杨氏模量有何异同？比较两种方法的优缺点。

4. 对材料不同、几何尺寸相同的两金属横梁进行测量，它们的杨氏模量相同吗？如果不同，在实验测量中能否看出它们有什么不同？

【附录 16-A】95A 型集成霍尔传感器

集成化（IC）高灵敏度 95A 型集成霍尔传感器的结构如图 16-5 所示，由霍尔元件、放大器和薄膜电阻剩余电压补偿器组成。该传感器测量时输出信号大；不必考虑剩余电压的影响；在标准状态下（磁感应强度为零时，调节电源电压 +5～−5 V，使输出电压为 2.500 V），传感器的输出电压 U 与磁感应强度 B 的关系如图 16-6 所示。该关系可表示为

$$B = (U - 2.500)/K = U'_H/K \tag{16-5}$$

95A 型集成霍尔传感器内含放大器，测试仪设置了运算调零电路，以消除集成霍尔传感器的零磁场输出电压 U_0（2.5V）。

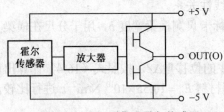

图 16-5　95A 型集成霍尔传感器

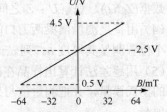

图 16-6　95A 霍尔传感器输出灵敏度

【参考文献】

[1] 霍尔位置传感器法杨氏模量测定仪说明书. 上海复旦天欣科教仪器有限公司.

实验 17　音频信号光纤传输技术

　　光纤传输技术是指以光作为信息载体的传输技术。其基本原理为：首先通过信号发送器将电信号转换成光信号，接着光信号被光纤传送到光信号接收器，最后转换还原成原信号。本实验通过测量两转换器的特性和调试仪器各功能区的功能，从而达到了解光纤传输技术的目的。

【实验目的】

1. 了解音频信号光纤传输系统的结构；
2. 熟悉半导体电光/光电器件的基本性能及主要特性的测试方法；
3. 训练音频信号光纤传输系统的调试技能。

【预备问题】

1. 半导体发光二极管 LED 如何将电信号转换成光信号？
2. 光电二极管 SPD 如何将光信号转换成电信号？

【实验仪器】

YOF-B 型音频信号光纤传输技术实验仪，200 μW 光功率计，CFG253 函数信号发生器，SS-7802A 双踪示波器，数字万用表。

【实验原理】

1. 系统的组成

图 17-1 所示为音频信号光纤传输系统的结构原理图，它主要由三部分组成：（1）光信号发送器，包括 LED（半导体发光二极管，其介绍见本实验附录 17-A）及其调制、驱动电路等；（2）传输光纤；（3）光信号接收器，包括 SPD（硅光电二极管）、I/V 转换电路和功放电路等。

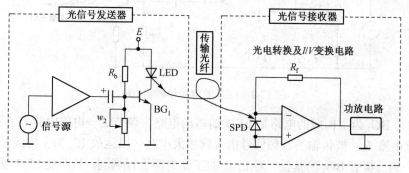

图 17-1 音频信号光纤传输系统结构原理图

光信号发送器中的光源 LED 的发光中心波长选择在 0.85 μm、1.3 μm 或 1.5 μm 附近，因为传输光纤在这些波长区呈现低损耗。光电检测器件的峰值响应波长也应与此对应。本实验采用发光中心波长为 0.85 μm 的 GaAs 半导体发光二极管作为光源，峰值响应波长为 0.8～0.9 μm 的硅光电二极管（SPD）作为光电检测元件。

为了避免或减少谐波失真，要求整个传输系统的频带宽度要能覆盖被传信号的频谱范围；对于语音信号，其频谱在 300～3400 Hz 范围内。由于光纤对光信号具有很宽的频带，故在音频范围内，整个系统的频带宽度主要决定于发送端调制放大电路和接收端功放电路的幅频特性。

2. LED 电光特性

光纤通信系统中使用的 LED 是带尾纤输出的，出纤光功率与 LED 驱动电流的关系称为 LED 的电光特性。为了避免和减少非线性失真，使用时应先给 LED 一个适当的偏置电流 I（电光特性曲线线性部分中点对应的电流值），而调制信号的峰—峰值应位于电光特性的直线范围内。对于非线性失真要求不高的情况下，也可把偏置电流选为 LED 最大允许工作电流的一半，这样可使 LED 获得无截止畸变幅度最大的调制，这有利于信号的远距离传输。图 17-2 为不同偏置电流下 LED 信号调制输出特性。

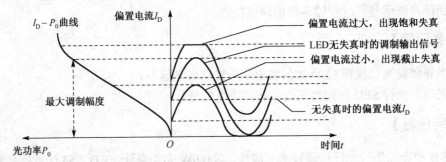

图 17-2　不同偏置电流下 LED 信号调制输出特性

3. LED 的驱动及调制电路

音频信号光纤传输系统发送端 LED 的驱动和调制电路如图 17-3 所示。

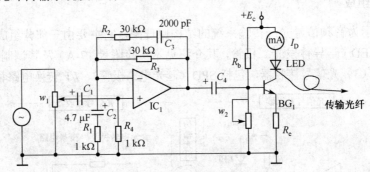

图 17-3　LED 的驱动和调制电路

以三极管 BG_1 为主构成的电路是 LED 的驱动电路，调节这一电路中的电位器 w_2 可改变 LED 的偏置电流 I_D。被传输的音频信号由音频放大电路（以运放 IC_1 为主构成）放大后经电容器 C_4 耦合到三极管 BG_1 的基极，对 LED 的工作电流进行调制，从而使 LED 发送出光强随音频信号变化的光信号，并经光纤把这一信号传至接收端。

根据运放电路理论，图 17-3 中音频放大电路 IC_1 的闭环增益为

$$G(j\omega) = 1 + Z_2 / Z_1 \tag{17-1}$$

其中 Z_2、Z_1 分别为 IC_1 放大器反馈阻抗和反相输入端的接地阻抗。只要 C_3 选得足够小，C_2 选得足够大，则在要求带宽的中频范围内，C_3 的阻抗很大，它所在支路可视为开路，而 C_2 的阻抗很小，它可视为短路。在此情况下，放大电路的闭环增益 $G(j\omega) = 1 + R_3/R_1$。C_3 的大小决定了高频端的截止频率 f_2，而 C_2 的值决定着低频端的截止频率 f_1。故该电路中的 R_1、R_2、R_3、C_2 和 C_3 是决定音频放大电路增益和带宽的几个重要参数。

4. 光信号接收器

光信号接收器由 SPD、I/V 光电转换电路和音频功放电路构成，如图 17-4 所示。SPD 是峰值响应波长与发送端 LED 光源发光中心波长很接近的硅光电二极管，它的峰值波长响应度

为 0.25～0.5 μA/μW。SPD 的任务是把传输光纤出射端输出的光信号的光功率转变为与之成正比的微弱的光电流 I_0。I/V 转换电路是指以运放 IC_2 为主构成的电路，I_0 经过 I/V 电路转换后就成为电压 V_0 输出，V_0 与 I_0 之间成正比关系，关系式为

$$V_0 = R_f I_0 \qquad (17\text{-}2)$$

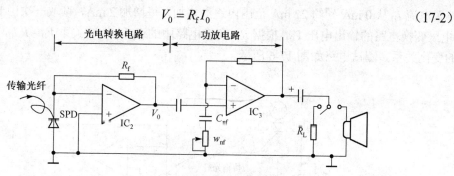

图 17-4 光信号接收器的电路原理图

音频功放电路是指以 IC_3（LA4102）为主构成的电路，该电路的电阻元件（包括反馈电阻在内）均集成在芯片内部，只要调节外接的电位器 w_{nf}，可改变功放电路的电压增益，功放电路中电容 C_{nf} 的大小决定着该电路的下限截止频率。

【实验内容及步骤】

1. LED 的电光转换特性的测定

根据测试电路（如图 17-5 所示）原理，测定 LED 的电光特性，在坐标纸上作 $P_0\text{-}I_D$ 曲线，确定其线性较好的部分，将线性区分成 4 等分来决定 5 个工作点，其中 I_3 为中点。

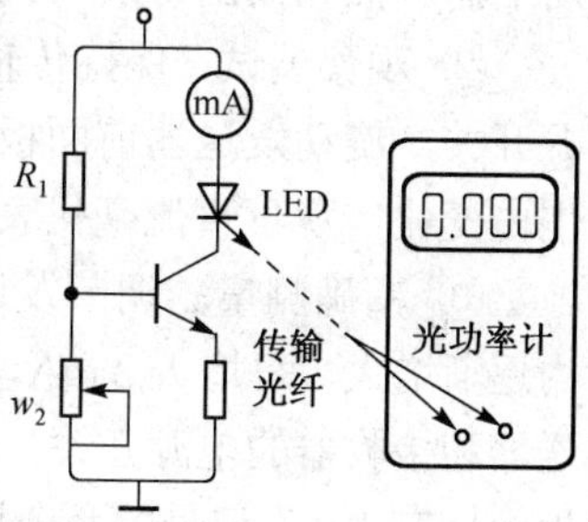

具体步骤如下：

① **连接仪器**。不要打开电源，首先把两端带电流插头的电缆线的一头插入光纤盘上的电流插孔，另一头插入发送器前面板的"LED"插孔，然后把带有光电探头（实验时该光电插口已经插入了光纤绕线盘上光信号输出端的同轴插孔上）的电缆的两个红、黑色的香蕉插头插入光功率指示器的对应颜色的插孔内。

② **观察调试**。旋动发送器前面板右边的"w_2 调节"旋钮，使 LED 的偏置电流在"2～22 mA"范围内变化，观察光功率指示器的读数变化。然后，在保持 LED 偏置电流不变的情况下，将插入同轴插孔中的光电探头沿"同轴插孔"的轴线方向适当旋动，直到光功率指示器的读数尽可能大，在以后的整个实验过程中注意保持传输光纤输出端面与光电探头的这一最佳耦合状态不变。

图 17-5 LED 传感器光纤组件电光特性的测定

③ **精确测量**。旋动"w_2 调节"旋钮，使发送器前面板上的毫安表的示值（即 LED 的驱动电流）在 0～22 mA 范围内逐渐增加，从 0 mA 开始，每隔 2 mA 读取一次光功率指示值 P_0，直到 I_D 不能增加为止。根据以上测量数据，以 P_0 为纵坐标，I_D 为横坐标，绘制 $P_0\text{-}I_D$ 图线，该图线就是传输光纤输出端与光电二极管之间，在以上耦合状态下 LED 的电光特性曲线。

2. 硅光电二极管光电特性及响应度的测定

由于硅光电二极管 SPD 的工作任务是将光信号转换为电信号，因此其光电特性的测定就

是 SPD 产生的光电流 I_0 与传送到 SPD 端的光功率 P_0 之间的关系的测定，I_0-P_0 曲线即为其光电特性曲线。为了得到 I_0 与 P_0 的关系，可以借助实验内容 1 得到的 I_D 与 P_0 的对应关系。

SPD 的光电流 I_0 可以利用 R_f 间接测出。方法是调节 LED 驱动电路中的 w_2，使 LED 的偏置电流 I_D 从 0 mA 到约 22 mA 范围内逐渐增加，每增加 2 mA，读取一次由 IC_2 组成的电流-电压变换电路的输出电压 V_0，根据 I/V 变换电路中的 R_f 和 V_0 的关系 $V_0=R_f I_0$，可求得 I_0 随 I_D 的变化关系。测试电路如图 17-6 所示。

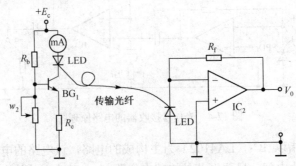

图 17-6　硅光电二极管光电特性的测定

在坐标纸上作零偏压（$V=0$）下的 I_0-P_0 曲线，并在 I_0-P_0 曲线上选取两点来计算光电二极管的响应度 R。

具体步骤如下：

① **连接仪器**。完成了 LED 特性测量后，不要急着打开接收器的电源开关，首先把电缆线的红、黑两个插头（与红色香蕉插头对应的引脚为负极，黑色为正极）从光功率指示器的两个输入插孔拔出，改接到接收器前面板左侧标有 "SPD" 记号的相应颜色的插孔内。

② **观察调试**。保持传输光纤输出端面与光电探头的这一最佳耦合状态，打开接收器的电源开关，旋动发送器前面板右边的 "w_2 调节" 旋钮，使 LED 的偏置电流在 "0～22 mA" 范围内变化，观察直流毫伏表的变化情况。

③ **精确测量**。调节发送器上的 "w_2 调节" 旋钮，使 LED 的偏置电流从 0～22 mA 范围内逐渐增大，每增大 2 mA，读取一次接收端 I-V 变换电路的输出电压 V。测量完毕后，断开发送器和接收器的电源开关，利用数字万用表的电阻挡测量光信号接收器反馈电阻 R_f 的阻值（面板上标有 "R_f" 记号的两个插孔就是该电阻的接入端）。通过欧姆定律 $V_0=R_f I_0$，可以求出 SPD（硅光电二极管）光电转换产生的电流 I_0 的大小。同时，由于 LED 和 SPD 测量时所定的测量点的偏置电流相同，也就是 LED 电光转换特性测量中的光功率计的功率示数对应于 SPD 接收到的光功率 P_0。因此可以根据 LED—光纤组件的电光特性曲线和计算出来的 I_0 值描绘出 SPD 的光电特性曲线，利用线性拟合实验数据处理的方法，即可求出被测硅光电二极管的响应度 R 为

$$R=\frac{\Delta I_0}{\Delta P_0} \quad (\mu A/\mu W) \tag{17-3}$$

式中，ΔP_0 表示两个测量点对应的入照光功率的差值，ΔI_0 是对应的光电流的差值。

3. LED 偏置电流与输出波形无失真时最大调制幅度关系的测定

在图 17-3 中，用音频信号发生器产生 1 kHz 的正弦波作为 "LED 调制电路" 的输入，接入发送器前面板的 "调制输入" 耳机插孔。把双踪示波器的一条输入通道信号线跨接在 R_e 两

端，然后在 LED 偏置电流为 3 mA, 6 mA, 9 mA, 12 mA, 15 mA, 18 mA,…和 0 mA 的各种情况下，调节音频信号发生器的衰减旋钮（或发送器的旋钮 w_1）来调节正弦信号幅度，直到 $I\text{-}V$ 变换电路输出端的直流毫伏表的读数有明显变化为止，用示波器观测 R_e 上波形临界出现截止或饱和失真时电压的峰峰值 U_e。分析 R_e 中的电流 I_e 与偏置电流 I_D 的关系，根据 $P_0\text{-}I_D$ 曲线和图 17-2 确定出纤光功率 P_0 的最大变化范围（即调制幅度）。

4．最小光信号的检测

① **仪器连接**。将收音机或随身听的语音信号接入发送器的"调制输入"插孔，实验仪配置的小音箱接入接收器前面板上的"音箱"插孔内，仪器的连接保持前项实验时所用的连接。

② **观察调试**。检查 LED 尾纤与接收器光电检测元件的最佳耦合状态，发送端 LED 的偏置电流设置为 5 mA，然后从零开始逐渐加大收音机的输出幅度，直至直流毫伏表指示有变化为止，考查收音机的音响效果是否能清晰辨别出所接受的音频信号。

③ **精确测量**。继续减小 LED 的偏置电流重复以上实验，直至不能清晰分辨出接收信号为止，记下这一状态之前对应的 LED 的偏置电流最小值 I_{Dmin}，并由 LED 电光特性曲线确定出 $0\sim2I_{Dmin}$ 对应的光功率变化量 ΔP_{min}，即为实验系统接收器允许的最小光信号的幅值。

5．语音信号的传输

① **仪器连接**。在前实验内容的基础上，用收音机或随身听代替信号发生器，把本实验仪配置的小音箱接入接收器前面板上的"音箱"插孔内，与此同时用连线把接收器面板上的负载电阻和扬声器之间的电路接通，即可进行语音传输实验。

② **观察调试**。开启随身听，在保持偏置电流不大于 15 mA 的情况下，根据实验情况适当调节发送器一侧的输入信号幅度、LED 的偏置电流或接收器前面板的"w_2 调节"旋钮。观察其产生的效果，并用示波器观察输入和输出波形的变化。

③ **精确测量**。记录几个不同旋钮状态在调试中产生的作用，达到总体上清晰掌握光纤传输的原理的目的。

【注意事项】

1．硅光电二极管光电特性及响应度的测定时应先进行 LED 尾纤与 SPD 光敏面最佳耦合状态的调节。

2．不同型号的音频信号光纤传输技术实验仪的 LED 最大偏置电流不同，因而设置 LED 偏置电流时，务必先了解该型号仪器的最大偏置电流是多少，避免过大的偏置电流烧毁 LED。

【思考题】

1．LED 确定后，为了实现光信号的远距离传输，应该如何设定它的偏置电流和调制幅度？

2．当调制信号幅度较小时，指示 LED 偏置电流的毫安表读数与调制信号幅度无关，当调制信号幅度增加到某一程度后，毫安表读数将随调制信号的幅度增加，为什么？

【参考文献】

[1] 刘增基等. 光纤通信. 西安：西安电子科技大学出版社，2001.

[2] Gerd Keiser. 李玉权等译. 光纤通信（第三版）. 北京：电子工业出版社. 2002.

【附录 17-A】半导体发光二极管介绍

光纤传输系统中常用的半导体发光二极管（LED）是如图 17-7 所示的 N-p-P 三层结构的半导体器件，中间层通常由直接带隙的 GaAs（砷化镓）P 型半导体材料组成，称为有源层，其带隙宽度较窄，两侧分别由 GaAlAs 的 N 型和 P 型半导体材料组成，与有源层相比，它们都具有较宽的带隙。具有不同带隙宽度的两种半导体单晶之间的结构称为异质结。在图 17-7 中，有源层与左侧的 N 层之间形成的是 p-N 异质结，而与右侧 P 层之间形成的是 p-P 异质结，故这种结构又称为 N-p-P 双异质结，简称 DH 结构。

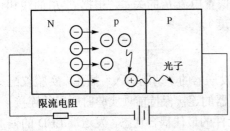

图 17-7　LED 的结构及工作原理

当给这种结构加上正向偏压时，就能使 N 层向有源层注入导电电子，这些导电电子一旦进入有源层后，因受到右边 p-P 异质结的阻挡作用不能再进入右侧的 P 层，它们只能被限制在有源层内与空穴复合。导电电子在有源层与空穴复合的过程中，其中有不少电子要释放出能量满足以下关系的光子：

$$h\nu = E_1 - E_2 = E_g \tag{17-4}$$

式中，h 是普朗克常量，ν 是光波的频率，E_1 是有源层内导电电子的能量，E_2 是导电电子与空穴复合后处于价键束缚状态的能量。两者的差值 E_g 与 DH 结构中各层材料及其组份的选取等多种因素有关，制作 LED 时，只要这些材料的选取和组份的控制适当，就可使得 LED 的发光中心波长与传输光纤的低损耗波长一致。

半导体发光二极管与其他光源比较，其优点在于只需调制它的驱动电流就可以简单地实现光信号的调制。进行光信号调制时，首先根据 LED 的电光特性曲线选择一个适当的偏置电流（一般选其电光特性曲线中线性度较好的线段中点对应的驱动电流），然后把正弦信号经电流插头引至发送器前面板的"信号输入"插孔，并用示波器观察发送器前面板右侧标明的晶体三极管发射极电阻 R_e 两端的电压波形。由于 $V_0 = R_e I_D$，所以 V_0 的波形反映了 LED 驱动电流 I_D（在 LED 电光特性的线性范围内即代表了传输光纤中传输的光功率）随时间的变化波形。若观察到的这一波形具有严重的截止削波失真，则适当减小调制信号幅度、或旋动发送器前面板上控制输入信号幅度的"输入衰减"旋钮，可使光信号的波形为一正弦波。

如果 LED 的电光特性曲线在驱动电流从零至其允许的最大电流范围内线性度较好，则大幅度调制引起的光信号非线性失真很小，此时调制幅度主要受截止削波失真的限制。在此情况下，为了获得最大幅度的光信号（因为在接收器灵敏度一定时，光信号幅度越大，光信号传输的距离就越远），LED 偏置电流可以选为其最大允许驱动电流的一半。本实验仪器采用的 LED 允许的最大工作电流为 100 mA，故在进行光信号的调制实验时，偏置电流最大不得超过 50 mA，这说明了为什么要控制偏置电流不能超过 50 mA。

在不同的偏置电流情况下调节调制信号的幅度，用示波器可以观测到无截止削波失真的光信号最大幅度随 LED 偏置电流变化的情况。

调制幅度小于 LED 的偏置电流时，无截止削波失真发生，故流过 LED 的平均电流应等于原来设定的偏置电流，此时发送器前面板上的毫安表指针保持不变；当调制幅度过大时，出现截止削波失真，LED 平均电流大于原来设定的偏置电流，在此情况下，毫安表指示要随调制幅度增加而增加。因此，根据以上分析，不需用示波器而仅仅根据发送器前面板上毫安表的指针有无摆动也可以判断在信号传输过程中调制信号幅度是否过大。在传输语音信号时，由于信号幅度是随机变化的，如果其调制幅度过强，则毫安表指针会在原来设定的偏置电流的附近左、右摆动，此时应适当减小调制信号的幅度。

实验 18　磁化曲线和磁滞回线测量

铁磁材料（铁、钴、镍、钢及铁氧化物）在航天、通信、仪表等领域应用广泛，如变压器铁芯、计算机磁盘，因此测量铁磁材料的特性在理论和实际应用中都具有重要意义。

铁磁材料分为硬磁和软磁两大类。**硬磁材料**的剩磁和矫顽力大（$10^2 \sim 2 \times 10^4$ A/m），可做永久磁铁。**软磁材料**的剩磁和矫顽力小（10^2 A/m 以下），容易磁化和去磁，广泛用于电机和仪表制造业。高磁导率和磁滞是铁磁材料的两大特性，磁化曲线和磁滞回线是变压器等设备设计的重要依据。

磁滞回线测量可分静态法和动态法。**静态法**用直流电流来磁化材料，得到的 B-H 曲线称为**静态磁滞回线**。**动态法**用交流电流来磁化材料，得到的 B-H 曲线称为**动态磁滞回线**。静态磁滞回线只与磁化场的大小有关，磁样品只有磁滞损耗；而动态磁滞回线不仅与磁化场的大小有关，还与磁化场的频率有关，磁样品不仅有磁滞损耗，还有涡流损耗。因此，同一磁材料在相同大小的磁化场下，动态磁滞回线的面积比静态磁滞回线大，说明损耗大。

本实验采用动态法测量硬磁样品的磁滞回线和磁化曲线，测量曲线可连续或逐点显示在 LCD（液晶）屏上，直观、简便，物理过程清晰。

【实验目的】

1. 了解磁滞回线和磁化曲线概念，加深对磁材料矫顽力、剩磁等参数的理解；
2. 掌握磁材料磁化曲线和磁滞回线的测量方法，确定 B_S、B_r 和 H_C 等参数；
3. 探讨励磁电流频率对动态磁滞回线的影响。

【预备问题】

1. 为什么测磁化曲线先要退磁？
2. 为什么测量磁化曲线要进行磁锻炼？
3. 为什么动态磁滞回线的面积比静态磁滞回线大？损耗大？

【实验仪器】

FC10-II 型智能磁滞回线实验仪。

【实验原理】

1. 铁磁材料的磁化规律

（1）初始磁化曲线

在磁场强度为 H 的磁场中放入铁磁物质，则铁磁物质被磁化，其磁感应强度 B 与 H 的关系为：$B = \mu H$，μ 为磁导率。对于铁磁物质，μ 不是常数，而是 H 的函数。如图 18-1 所示，当铁磁材料从 $H = 0$ 开始磁化时，B 随 H 逐步增大，当 H 增加到 H_S 时，B 趋于饱和值 B_S，H_S 称为饱和场强度。从未磁化到饱和磁化的这段磁化曲线 OS，称为**初始磁化曲线**。

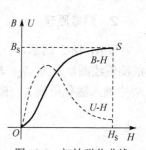

图 18-1　初始磁化曲线

（2）磁滞回线

如图 18-2 所示，当磁材料达到饱和磁化 B_S 后，如果将 H 减小，B 也减小，但沿与 OS 不同的路径 ab 返回。当 $H = 0$ 时，$B = B_r$，到达 b 点，B_r 称为剩磁。欲使 $B = 0$，必须加反向磁场，当 $H = -H_C$ 时，$B = 0$（完全退磁），到达 c 点，bc 段曲线称为退磁曲线，H_C 称为矫顽力。如果反向磁场继续增大，磁性材料将反向磁化。当 $H = -H_S$ 时，磁化达到反向饱和，$B = -B_S$，到达 d 点。此后若减小反向磁场使 $H = 0$，则 $B = -B_r$，到达 e 点；当 $H = H_C$ 时，$B = 0$，到达 f 点；再次当 $H = H_S$ 时，$B = B_S$，回到正向饱和状态 a 点。经历这样一个循环后形成的闭合曲线 $abcdefa$ 称为**磁滞回线**。

H_S、B_S、B_r、H_C 是磁滞回线的特征参数。剩磁 B_r 反映介质记忆能力的大小，矫顽力 H_C 反映铁磁材料是硬磁还是软磁。磁性材料的磁化特性不仅与材料自身的性质有关，还与材料形状、磁化场频率及波形有关。

由于磁材料磁化过程的不可逆性及具有剩磁的特点，在实验过程中磁化电流只允许单调地增加或减少，不能时增时减。当从初始状态 O（$H = 0$，$B = 0$）开始周期性地改变 H 的大小和方向时，可以得到面积由大到小的磁滞回线簇，如图 18-3 所示。图 18-3 的原点 O 和各磁滞回线的顶点 a_1，a_2，a_3，…，a 所连成的曲线，就是初始磁化曲线。

在测定初始磁化曲线时，首先必须将磁材料充分退磁，以保证每次都是从磁中性状态（$H = 0$，$B = 0$）开始。**退磁方法为**：先用大磁化电流让铁磁材料饱和磁化，然后缓慢减小交变电流，利用逐渐衰减的交变电流对磁材料反复磁化，最后将电流调为零，重复 2～3 次即可完全退磁。退磁回线是一串面积逐渐缩小而最终趋于原点 O 的环状曲线，如图 18-4 所示。

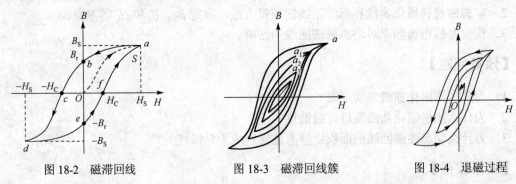

图 18-2　磁滞回线　　　　　　图 18-3　磁滞回线簇　　　　　图 18-4　退磁过程

为了得到稳定闭合的磁滞回线，磁材料的每个磁化状态都要反复磁化，这种反复磁化的过程称为**磁锻炼**。由于动态法测量磁化曲线采用交变电流，每个状态都经过充分的磁锻炼，所以可随时测得稳定闭合的磁滞回线。

2. 测量原理

如图 18-5 所示，待测样品为磁环，磁环的励磁线圈匝数为 N_1，测量磁环磁感应强度 B 的测量线圈匝数为 N_2。R_1 为励磁电流的取样电阻，R_2 为积分电阻，C 为积分电容。在线圈 N_1 中通入磁化电流 I_1，根据安培环路定律，磁环中产生的磁场 H 为

$$H = \frac{N_1 I_1}{L} \tag{18-1}$$

式中，L 为磁环样品的平均磁路长度。取样电阻 R_1 的输出电压为

$$U_H = I_1 R_1 \tag{18-2}$$

由式（18-1）和式（18-2）得

$$H = \frac{N_1}{LR_1}U_H \qquad (18\text{-}3)$$

在式（18-3）中，N_1、L、R_1 为已知常数，只要测出 U_H，就得到磁场强度 H。

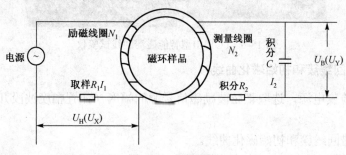

图 18-5　测量原理

设磁场 H 在磁环样品中产生的磁感应强度为 B，由电磁感应原理可知，有效横截面积为 S_2 的测量线圈的磁通量 $\Phi = BN_2S_2$，测量线圈产生的感生电势为

$$E_2 = -\frac{\mathrm{d}\Phi}{\mathrm{d}t} = -N_2S_2\frac{\mathrm{d}B}{\mathrm{d}t} \qquad (18\text{-}4)$$

为了测量 B，用 R_2C 电路对感生电势 E_2 进行积分，选择 R_2 和 C 的数值使 $R_2 \gg 1/\omega C$，ω 为励磁电流的角频率，则 $E_2 \approx I_2R_2$，积分电容 C 的输出电压 U_B 为

$$U_B = U_C = \frac{Q}{C} = \frac{1}{C}\int I_2\mathrm{d}t = \frac{1}{CR_2}\int E_2\mathrm{d}t = \frac{N_2S}{CR_2}\int \mathrm{d}B = \frac{N_2S}{CR_2}B \qquad (18\text{-}5)$$

由式（18-5）得

$$B = \frac{CR_2}{SN_2}U_B \qquad (18\text{-}6)$$

式（18-6）中，N_2、C、S、R_2 为已知常数，只要测出 U_B，就得到磁场感应强度 B。

【实验内容及步骤】

图 18-6 是 FC10-II 型智能磁滞回线实验仪，包括样品测试箱（有红色和蓝色两个磁环样品）和 LCD 智能测试仪两个部分，LCD 显示屏可代替示波器直接显示测量曲线和剩磁、矫顽力等数据，实验数据及输入参数可保存和随时调用。其详细使用方法见附录 18-A。

1. 选择测试箱的磁样品（红色或蓝色磁环）

红色磁环为软磁材料，蓝色磁环为硬磁材料，它们的几何参数相同：截面 $S = 124\ \text{mm}^2$，平均磁路长度 $L = 130\ \text{mm}$，$N_1 = N_2 = 100$ 匝。

按图 18-6 连线，将测试箱信号源的输出端连到磁样品的励磁线圈输入端，将磁样品测量线圈的输出端连到 RC 积分电路的输入端，将测试箱 U_H 和 U_B 的输出端分别接到 LCD 智能测试仪的 $U_H(X)$ 和 $U_B(Y)$ 的输入端，并将它们的接地端相连。

2. 选取测试箱元件参数

取样电阻 $R_1 = 5.5\ \Omega$，积分电阻 $R_2 = 30\ \text{k}\Omega$，积分电容 $C = 3.0\ \mu\text{F}$，保证 $R_2 \gg 1/\omega C$。注意：R_2 不能小于 $10\ \text{k}\Omega$，C 不能小于 $1\ \mu\text{F}$，否则磁滞回线会畸变。

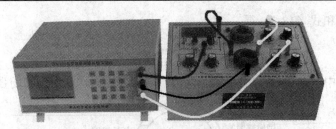

图 18-6　FC10-II 型智能磁滞回线试验仪

3．观察磁滞回线簇和初始磁化曲线

（1）接通实验仪电源，选取正弦波励磁信号源的幅度（如置幅度波段开关"I挡"）和频率（如 50 Hz）。

（2）观测磁滞回线簇和初始磁化曲线。

① 打开电源，LCD 显示初始界面，屏幕右下角显示"F S"字符，表示目前可以响应"S/预置"键和"F/采样间隔"键，其他按键目前暂不能响应。**说明**：按键上的"数字"或"字母"代表该键编号，按键上的"汉字或+1/−1"代表该键的功能。

② 按"S/预置"键：通过"0/+1"、"1/−1"、"2/左移"、"3/右移"键来设置"取样电阻 R_1、积分电阻 R_2、积分电容 C"参数，以便测试仪微电脑可以根据实验数据计算 B 或 H 值，描绘磁滞回线或磁化曲线。磁样品的"L、横截面积 S、励磁线圈匝数 N_1、测量线圈匝数 N_2"已经预置好，不要修改。参数设置好后，按"D/确定"键，保存设置参数。此时 LCD 上显示 B-H 直角坐标轴。

③ 按"5/回线簇"键：自动测量并显示一条与励磁正弦信号幅度相对应的磁滞回线。依次将励磁正弦信号的幅度波段开关调至II挡、III挡……则自动测量并显示面积逐次增大的其他磁滞回线，得到磁滞回线簇（共测 6 条磁滞回线），将原点 O 与各磁滞回线的顶点 a_1, a_2, a_3,…，a 相连，得到初始磁化曲线。观察这些磁滞回线的形状特征，与原理图 18-3 的磁滞回线簇比较。

4．逐点测量初始磁化曲线

（1）将励磁正弦信号的频率调为 50 Hz，电流幅度波段开关调至最大挡，再缓慢逐挡减小电流挡，直至 0 挡位，完成磁环退磁。

（2）按"复位"→"S/预置"→"D/确定"键，准备开始测量。

（3）按"4/起始磁化曲线"键：测量并显示与励磁正弦信号幅度相对应的起始磁化曲线的一个点及其 B、H 值，将 B、H 值列表记录于自拟的数据表 1；然后将励磁正弦信号的幅度波段开关调至I挡，按"4/起始磁化曲线"键，同样显示和记录磁化曲线的第 2 个点的 B、H 值；依此方法逐步增大励磁正弦信号幅度直到磁化曲线饱和，从而得到起始磁化曲线。画出 LCD 屏上的初始磁化曲线，以便数据处理时参考。

注意：如果漏记了前面某个测量点的 B、H 值，可以按"7/逐点查询"键来查询。每按一次该键，从磁滞回线右上角开始按选择的步长和逆时针方向，LCD 屏上用"加亮"方式显示该点，并显示该点的 B、H 值。

（4）将励磁正弦信号的频率调为 70 Hz，重复上述退磁和测量操作，再测一条初始磁化曲线，与 50 Hz 初始磁化曲线进行比较。

（5）根据逐点测量的初始磁化曲线数据表，在同一坐标纸上画出 50 Hz 与 70 Hz 励磁信号的初始磁化曲线，并讨论两条初始磁化曲线的异同与原因。

5. 逐点测量磁滞回线

（1）将频率调为 50 Hz，幅度波段开关调至**饱和磁化幅度**（如IX挡）。

（2）按"复位"→"S/预置"→"D/确定"键，或者按"5/回线簇"键，准备开始测量。

（3）按"6/逐点测量"键：LCD 屏显示磁滞回线右上角的一点和 B、H 值，将 B、H 值记录到自拟的数据表 2 中。再按一次"6/逐点测量"键，按默认的步长、逆时针方向测量并显示磁滞回线第二个点及其 B、H 值，同样记录 B、H 值。不断按"6/逐点测量"键，直到得到一条完整的磁滞回线，将所有点的 B、H 值记录到自拟的数据表 2 中。画出 LCD 屏上的磁滞回线，读出 H_S、B_S、B_r、H_C 值，以便数据处理时参考。

注意：① 逐点测量磁滞回线不能将"幅度波段"开关调至 0 挡，否则不能正常测量。② 如果 LCD 显示的磁滞回线顶部出现编织状小环，则可减小励磁信号幅度消除。③ 如果 LCD 显示的磁滞回线大小不合适，可以通过"8/B 缩小"键、"9/B 放大"键、"A/H 放大"键、"A/H 缩小"键在"B 坐标方向"或"H 坐标方向"放大或缩小磁滞回线。④ 如果漏记了前面某个测量点的 B、H 值，可以按"7/逐点查询"键来查询。每按一次该键，从磁滞回线右上角开始按选择的步长和逆时针方向，LCD 屏上用"加亮"方式显示该点，并显示该点的 B 和 H 值。

（4）将频率调为 70 Hz，重复（2）（3）测 70 Hz 磁滞回线，与 50 Hz 磁滞回线进行比较。

（5）根据逐点测量的磁滞回线数据表，在与初始磁化线同一坐标纸上画出 50 Hz 与 70 Hz 励磁信号的磁滞回线，并从曲线上确定饱和磁感应强度 B_S、剩余磁感应强度 B_r 和矫顽力 H_C。讨论两条初始磁滞回线的异同与原因。

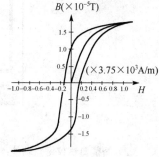

图 18-7　实验测量曲线

【思考题】

1. 在测量磁滞回线下降段曲线时，励磁电流先从 0.55 A 变到了 0.25 A。如果想补测 0.40 A 这一点，能否将电流直接从 0.25 A 调回 0.40 A，然后再从 0.40 A 调到 0.10 A 继续测量，为什么？

2. 用电流步进法测图 18-7 所示的磁滞回线时，若在励磁电流为正向饱和电流 I_S 时突然断开测试仪电源，此时铁磁材料的剩磁为多少？

【附录 18-A】FC10-Ⅱ型智能磁滞回线实验仪的使用方法

FC10-Ⅱ型智能磁滞回线实验仪包括样品测试箱和 LCD 智能测试仪两个部分。

样品测试箱面板如图 18-8 所示，由五个组成部分。① 励磁信号源：正弦波，频率 20～200 Hz 连续可调，4 位数码管显示，幅度可用波段开关分 10 挡可调。② 采样电阻 R_1：二盘电阻箱：$(0～10) \times (1 + 0.1)$ Ω，步长 0.1 Ω。③ 积分电阻 R_2：二盘电阻箱：$(0～10) \times (10 + 1)$ kΩ，步长 1 kΩ。④ 积分电容 C：二盘电容箱：$(0～10) \times (1 + 0.1)$ μF，步长 0.1 μF。⑤ 红色磁环为软磁材料，蓝色磁环为硬磁材料，磁环截面积 $S = 124$ mm^2，平均磁路长度 $L = 130$ mm，$N_1 = N_2 = 100$ 匝。

LCD 智能测试仪，面板如图 18-9 所示。

（1）智能测试仪功能：微电脑控制，240×128 点阵 LCD 显示，触式键盘开关；自动连续和逐点步进测量磁环样品的用初始磁化曲线和动态磁滞回线，测量步长可设置；由示波器和点阵 LCD 显示曲线和剩磁、矫顽力等参数；实验数据及输入参数可保存和随时调用；通过改变励磁信号的幅度，自动测量并在 LCD 显示磁滞回线簇（1～10 条磁滞回线）；LCD 显示的曲线可通过按键放大或缩小；在测量过程中，能自动调节坐标的显示范围，以确保任何测量点均显示在 LCD 内；可通过按键移动光标逐点查询磁滞回线的 B 或 H 值，并在磁滞回线上用"加亮"方式显示该点。

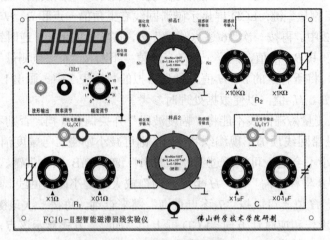

图 18-8　样品测试箱面板

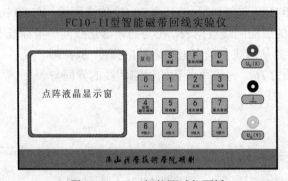

图 18-9　LCD 智能测试仪面板

（2）智能测试仪键盘功能：键面标注"0～9"数字/"中文"或"A～X"字母/"中文"，其中"0～9"数字或"A～X"字母是该键的代码，而"中文"表示该键的功能。

"复位"键：LCD 显示"欢迎使用智能磁滞回线实验仪，佛山科学技术学院研制"，LCD 右下方显示可以响应的按键代码，如"S D"，表示当前可响应"S/预置"、"D/确定"键，其他键当前暂不响应。

"S/预置"键：通过"0/+1"、"1/–1"、"2/左移"、"3/右移"键来设置磁样品"磁路长度、横截面积、励磁线圈匝数、测量线圈匝数"和"取样电阻 R_1、积分电阻 R_2、积分电容 C"等参数，以便微电脑可以根据实验数据计算 B 或 H 的值，描绘磁滞回线或磁化曲线。参数设置后，按"D/确定"键存储设置参数。

"D/确定"键：确认"预置参数"，或结束当前操作。

"0/+1"键：在设置参数时，按该键使屏幕闪烁的数字值为"+1"。

"1/–1"键：在设置参数时，按该键使屏幕闪烁的数字值为"–1"。

"2/左移"键：在设置参数时光标左移 1 位。

"3/右移"键：在设置参数时光标右移 1 位。

"4/起始磁化曲线"键：第 1 次按该键，屏幕显示 B-H 坐标，测量并在 LCD 显示与励磁信号幅度相对应的起始磁化曲线的一个点和 B、H 坐标值。然后从小到大改变励磁信号幅度，再按该键，测量并显示磁化曲线的第 2 个点和 B、H 坐标值，依次类推，直到磁化曲线饱和，从而逐点测出起始磁化曲线。

"5/回线簇"键：第一次按该键，屏幕显示 *B-H* 坐标，自动测量并在 LCD 显示与励磁信号幅度相对应的磁化曲线。然后改变励磁信号幅度，自动测量并显示另一条磁滞回线，与前面的磁滞回线一起形成磁滞回线簇（1~10 条磁滞回线）。

"6/逐点测量"键：第一次按该键，屏幕显示 *B-H* 坐标，测量并在 LCD 显示磁滞回线右上角第一点及 *B*、*H* 坐标值。每按一次键，按选择的步长和逆时针方向测量并显示磁滞回线下一个点及 *B*、*H* 坐标。

"7/逐点查询"键：每按一次键，从磁滞回线右上角开始按选择的步长和逆时针方向，在 LCD 上用"加亮"方式显示该点和该点的 *B*、*H* 值。

"8/B 缩小"键：每按一次键，LCD 显示的磁滞回线在 *B* 坐标方向缩小一定量。

"9/B 放大"键：每按一次键，LCD 显示的磁滞回线在 *B* 坐标方向放大一定量。

"A/H 放大"键：每按一次键，LCD 显示的磁滞回线在 *H* 坐标方向放大一定量。

"X/H 缩小"键：每按一次键，LCD 显示的磁滞回线在 *H* 坐标方向缩小一定量。

"F/采样间隔"键：选择绘制磁滞回线的采样间隔（1~9），改变测量步长。

实验 19　大功率白光 LED 特性测量

一般将功率大于 0.5 W 的 LED 称为大功率 LED。大功率白光 LED 诞生于 20 世纪 90 年代末，具有发光效率高、启动快、显色性好、寿命长、节能、环保等优点，将取代白炽灯、荧光灯等传统光源而成为 21 世纪的绿色光源，目前广泛用于白光照明和液晶显示背光源等领域。测量和掌握 LED 的光电特性及温度对光电特性的影响，是正确使用大功率白光 LED 的基础。

【实验目的】

1．了解大功率白光 LED 的工作原理与光电特性；
2．掌握大功率白光 LED 发光强度、发光效率、光强分布等参数的测量方法；
3．研究大功率白光 LED 在恒压驱动与恒流驱动下的温度特性。

【预备问题】

1．多少瓦的 LED 称为大功率 LED？为什么大功率白光 LED 称为"绿色光源"？
2．什么是发光强度？远场光强的测量距离是多少？
3．人眼对相同功率不同波长的光所感受的光通量和光强是否相同？

【实验仪器】

FL10-I 型 LED 特性测量实验仪。

【实验原理】

1．白光 LED 的发光原理

有三种方式获得白光 LED，目前比较成熟且已商业化的白光 LED 利用 InGaN 蓝光 LED（460 nm）照射 YAG 荧光粉产生 555 nm 黄光，再用透镜将黄光与蓝光混合，得到白光，如图 19-1 所示。

2．大功率白光 LED 特性测量原理

测量原理如图 19-2 所示。

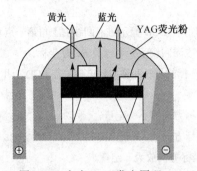

图 19-1　白光 LED 发光原理

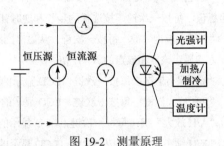

图 19-2　测量原理

（1）伏安特性曲线

白光 LED 的伏安特性曲线如图 19-3 所示，类似于 PN 结和红光 LED 的伏安特性曲线。由于发光晶片材料不同，不同 LED 的导通电压 U_t、反向击穿电压 U_C 等参数不同。红光 LED 的导通电压 1.3 V 左右，白光 LED 的导通电压 3 V 左右。

白光 LED 是电流型控制器件，电流越大，发光强度越大，LED 越亮。如图 19-3 的 AB 工作区，LED 电压的极小变化会引起电流的较大变化，从而使发光强度变化很大。因此，为了亮度稳定，照明用的 LED 要用恒流源驱动。

（2）光通量（Luminous flux）

光源在单位时间内发射并被人眼感知的能量总和，称为**光通量**，用 Φ 表示，单位为 lm（流明）。光通量与光源的辐射功率相关，同类灯的功率越高，光通量越大。光通量是一个人为量，人眼对 1 W 功率不同波长的光所感受的光通量不同。对于人眼最敏感的 555 nm 的黄绿光，其 1 W 光功率转换成光通量（即视觉感受）为 683 lm。人眼的视觉曲线如图 19-4 所示。光通量常用积分球测量，本实验不测量光通量。

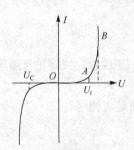

图 19-3　白光 LED 伏安特性曲线

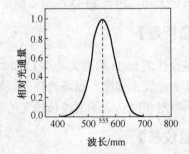

图 19-4　人眼的视觉曲线

（3）发光强度（Intensity）

光源在给定方向单位立体角所发射的光通量，称为**发光强度**，用 I_Φ 表示，即

$$I_\Phi = \frac{\mathrm{d}\Phi}{\mathrm{d}\Omega} \tag{19-1}$$

I_Φ 的单位为 cd（坎德拉），1 cd = 1 lm/sr。发光强度是描述光功率与光汇聚能力的物理量。管芯完全一样的两个 LED，会聚能力好的 LED 发光强度大，看起来更亮。

在大功率白光 LED 照明中，光强分布曲线表示 LED 在空间各方向的分布状态，是衡量灯具性能的重要指标，因此测量光强比测光通量更有实际意义。LED 的发射角较小，方向性较强，一般呈橄榄状，如图 19-5 所示。

LED 的光强用光强计测量。按照国际 CIE 规定，光强测量分远场（探测器距 LED 发光中心 316 mm）和近场两种条件（探测器距 LED 发光中心 100 mm）。由光强的定义可知，在电流和温度相同时，理论上 LED 的远场光强与近场光强是相等的。

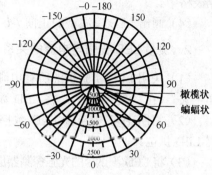

图 19-5　LED 光强分布曲线

（4）发光效率（Luminaire efficiency）

LED 光通量与消耗的电功率之比，称为发光效率，简称为光效，用 η 表示。由于光强与光通量成正比，故发光效率可表示为

$$\eta = \frac{I_\Phi}{P} = \frac{I_\Phi}{IU} \tag{19-2}$$

式中，U 和 I 分别是 LED 的电压和电流，P 为 LED 消耗的电功率。光效是衡量光源节能的重要指标，光效越高，表明光源将电能转化为光能的能力越强，节能性越好。

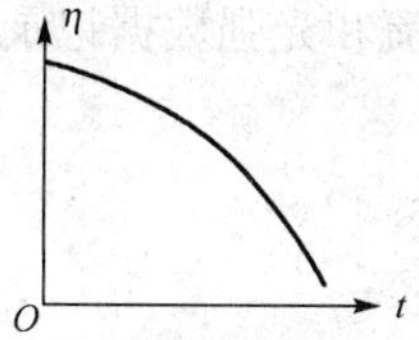

（5）温度特性

由于 LED 发光晶片的折射率远高于空气，LED 发射的光 80% 在发光晶片内部产生全反射或内反射变成热量，致使 LED 结温上升。大功率 LED 结温的上升，使 LED 光谱红移、寿命缩短、发光效率降低，如图 19-6 所示，所以大功率 LED 必须要能很好地散热。

图 19-6　光效随温度变化

【实验内容及步骤】

本实验采用 1 W 暖白 LED。FL10-I 型 LED 特性测量实验仪如图 19-7 所示，包括 LED 数控电源、特性测试仪和测试台三部分，其主要部件及按键见本实验附录 19-A。

LED 数控电源包括独立的 0～5 V 恒压电源和 0～350 mA 恒流电源，输出的恒压或恒流可通过"慢速上调"、"快速上调"（10 倍速）或"慢速下调"、"快速下调"键步进设定。

LED 特性测试仪用来测量 LED 电压、电流和光强，以及对 LED 进行恒温控制和通过 pt100 测量 LED 基板温度（间接反映 LED 结温）。光强测量范围：0～400 cd，分四挡，自动量程转换；恒温控制器设定范围：0～80℃。

LED 测试台包括 LED 固定架、LED 方位转盘（0～±90°）、光强探测器及安装在 LED 基片后部的 LED 加温/降温装置。当测量高于室温的 LED 光电参数时，用半导体对 LED 进行加热；当测量低于室温的 LED 光电参数时，用半导体制冷和风扇辅助降温，以节省测量时间。

1. 测 LED 伏安特性曲线（选做）

（1）关闭 LED 实验仪的所有电源，将 LED 特性测试仪的"加热/制冷温度控制"旋钮调至"关"（在室温下测量），将 LED 数控电源的恒压电源的输出电压调至零。

（2）从 LED 数控电源的恒压输出端为 LED 输出工作电压，按图 19-7 接好 LED 特性测试仪与 LED 数控电源、LED 测试台之间的连线（电源正负极不要接反）。

（3）打开 LED 实验仪电源，调节恒压源的"慢速上调"等按键，从零开始改变电源的输出电压，直到 3.5 V（不要超过 3.5 V，否则会烧毁 LED）。用 LED 特性测试仪的电压表和电流表测量 LED 电压和电流，同时观察 LED 的发光亮度，将电压和电流数据记录到自拟的数据表格中。

（4）画出 LED 室温下的正向 I-U 特性曲线，求出 LED 的导通电压 U_t。

2．测量 LED 光强与电流的关系

（1）关闭 LED 实验仪的所有电源，将 LED 特性测试仪的"加热/制冷温度控制"旋钮调至"关"（在室温下测量），将 LED 数控电源的恒流电源的输出电流调至零。

（2）将图 19-7 中连接 LED 数控电源的恒压输出端的两根线改接到恒流输出端，用恒流对 LED 供电。

（3）将 LED 测试台的光强探测器放置在远场位置（316 mm），LED 方位转盘固定于 0°（LED 法线），合上盖板以屏蔽外界光影响；将 LED 特性测试仪的"光强测量"键至"远场"（默认）。

（4）打开 LED 实验仪电源，调节恒流源的"快速上调"等按键，从零开始增大输出电流至 250 mA，同时从 LED 测试台的观察窗查看 LED 的亮度，用 LED 特性测试仪测量 LED 的电流与光强。由于大功率 LED 工作时发热严重，LED 的温度变化引起光强变化，因此每改变一次 LED 电流值，要等光强读数基本稳定后才记录。然后，按一定步长（如 10 mA）改变 LED 电流，直到 320 mA（不要超过 350 mA，否则会烧毁 LED），将电流和光强数据记录到自拟的数据表格中。

（5）画出 LED 室温下的 I_ϕ-I 曲线，分析发光强度随电流的变化关系。

3．测量 LED 光强角分布

（1）保持实验内容 2 的接线不变。

（2）LED 设定为恒流恒温工作。将 LED 电源输出恒流调为 300 mA，将 LED 特性测试仪的 LED 温度设定为高于环境温度的某个恒温（如 38℃），将"加热/制冷温度控制"旋钮调至"加热"。

（3）将 LED 方位转盘调为 -40°，合上盖板，同时从 LED 测试台的观察窗查看 LED 的亮度。当 LED 测量温度达到设定且稳定时，记下 LED 特性测试仪的温度和光强。然后，按一定步长（如 10°）改变 LED 的方位角，直到 40°，将光强与 LED 方位角数据记录到自拟的数据表格中。

（4）画出 LED 室温下的 I_ϕ-θ 曲线，分析 LED 的光强分布特点。

4．测量恒流下 LED 发光效率与温度的关系

（1）保持实验内容 2 的接线不变。

（2）LED 设定为恒流工作。将 LED 电源输出恒流调为 300 mA，将 LED 方位转盘调为 0°，合上盖板，同时观察 LED 是否正常发光。

（3）将 LED 温度设定为 10℃，将"加热/制冷温度控制"旋钮调至"制冷"。当 LED 测量温度达到设定温度且稳定时，记下 LED 特性测试仪的温度、电压和光强。

（4）按一定步长（如 10℃）改变 LED 的设定温度，直到 70°，当设定温度高于环境温度时，将"加热/制冷温度控制"旋钮调至"加热"。当 LED 测量温度达到设定温度且稳定时，测量每个温度对应的光强、电压，将数据记录到自拟的数据表格中。

（5）画出 LED 的 η-t 曲线，分析恒流下 LED 光效随温度的变化关系。

5. 测量恒压下 LED 发光效率与温度的关系（选做）

将实验内容 4 中 LED 的工作电源改为 3V 恒压供电，按照实验内容 4 中的测量方法测出 LED 在 10℃～70℃的 η-t 曲线，并与恒流 LED 的 η-t 曲线比较，分析原因。

【思考题】

1. 1 W 白光 LED 的电压为 3 V 时，其室温工作电流约为多少？
2. 照明用 LED 为什么要用恒流电源驱动？
3. 什么是发光效率？温度升高时，发光效率是变大还是变小？
4. 在恒流驱动下，温度升高时，LED 消耗的电功率是增大还是减小？请以实验数据举例说明。

【附录 19-A】FL10-I 型 LED 特性测量实验仪的主要部件及按键

FL10-I 型 LED 特性测量实验仪的主要部件及按键示意图如图 19-7 所示。

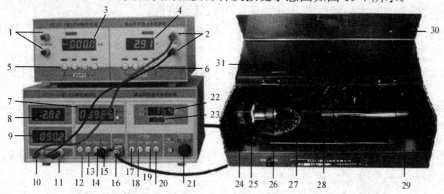

图 19-7 FL10-I 型 LED 特性测量实验仪的主要部件及按键

1—11～350 mA 恒流源输出端
2—0～5 V 直流稳压电源输出端
3—恒流源输出电流表
4—恒压电源输出电压表
5—恒流输出快速上调键（10 倍速）、慢速上调键、
　慢速下调键和快速下调键（10 倍速）
6—恒压输出快速上调键（10 倍速）、慢速上调键、
　慢速下调键和快速下调键（10 倍速）
7—光强显示，量程自动变换：399.99 mcd、3999.9 mcd、
　39999 mcd、399.99 cd
8—LED 端电压显示
9—LED 电流显示
10—LED 工作电源正极输入端
11—LED 工作电源负极输入端
12—LED 光强远场/近场切换键
13—全黑条件下光强测定仪校零按钮
14—近场光强测量按钮

15—远场光强测量按钮
16—强探头信号输入插座
17—LED 温度设置按钮
18—LED 温度设置位选按钮
19—LED 温度设置下调按钮
20—LED 温度设置上调按钮
21—LED 温度加热/制冷选择开关
22—LED 温控设置显示表
23—LED 测量温度显示
24—微型风扇
25—加热/制冷半导体元件
26—大功率白光 LED
27—LED 转动角度刻度盘
28—光强探头近场位置（100 mm）
29—光强探头远场位置（316 mm）
30—LED 测试台箱盖
31—LED 发光监视窗

实验 20　太阳能电池特性的测量

太阳能是一种新能源，对太阳能的充分利用可以解决人类日趋增长的能源需求问题。目前，太阳能的利用主要集中在热能和发电两方面。利用太阳能发电目前有两种方法，一是利

用热能产生蒸汽驱动发电机发电，二是太阳能电池。太阳能的利用和太阳能电池的特性研究是 21 世纪的热门课题。

太阳能电池也称光伏电池，是将太阳辐射能直接转换为电能的器件。由这种器件与相配套的装置组成的太阳能电池发电系统具有不消耗常规能源、无转动部件、寿命长、维护简单、使用方便、功率大小可任意组合、无噪声、无污染等优点。世界上第一块实验用半导体太阳能电池是美国贝尔实验室于 1954 年研制的。经过 50 多年的努力，太阳能电池的研究、开发与产业化已取得巨大进步。目前太阳能电池的应用领域除人造卫星和宇宙飞船外，已应用于许多民用领域，如太阳能汽车、太阳能游艇、太阳能收音机、太阳能计算机、太阳能乡村电站等。太阳能是一种清洁的"绿色"能源，因此世界各国十分重视对太阳能电池的研究和利用。

【实验目的】

1．探讨太阳能电池的基本特性；

2．研究无光照时太阳能电池在外加偏压时的伏安特性；

3．测量太阳能电池有光照时的输出特性，并求出它的短路电流、开路电压、最大输出功率及填充因子；

4．测量太阳能电池的短路电流、开路电压与相对光强的关系，求出它们的近似函数关系。

【预备问题】

1．如何对光具座的同轴等高调节？

2．太阳能电池在使用时正负极能否短路？普通电池在使用时正负极能否短路？

3．太阳能电池的基本工作原理是什么？

4．填充因子的物理意义是什么？如何通过实验方法测量填充因子？

【实验仪器】

太阳能电池特性实验仪（包括光具座、滑块、光源、太阳能电池、遮光板、光功率计、直流稳压电源、遮光罩、单刀双掷开关等）、万用表、电阻箱。

【实验原理】

1．太阳能电池的结构

以晶体硅太阳能电池为例，它以 P 型硅半导体材料作为基质材料，通过在表面的 N 型杂质扩散而形成 PN 结，N 型半导体为受光面，为了减少光的反射损失，一般在整个表面覆盖一层减反射膜，在 N 型层上制作金属栅线作为正面接触电极，在整个背面也制作金属膜作为背面欧姆接触电极，这样就形成了晶体硅太阳能电池，如图 20-1 所示。

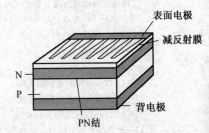

图 20-1　太阳能电池结构图

2．太阳能电池的基本工作原理

太阳能电池的发电过程可概括成如下四点：（1）收集太阳光和其他光使之照射到太阳能电池表面上。（2）太阳能电池吸收具有一定能量的光子，激发出光生载流子——电子-空穴对。（3）这些电性符号相反的光生载流子在太阳能电池 PN 结内建电场的作用下，电子-空穴对被分离，电子集中在一边，空穴集中在另一边，在 PN 结两边产生异性电荷的积累，从而产生光生电动势。（4）在太阳能电池 PN 结的两侧引出电极，并接上负载，则在外电路中有光生电流通过，从而获得功率输出，这样太阳能电池就把光能直接转换成了电能。

　　下面以单晶硅太阳能电池为例进行具体阐述。照到太阳能电池上的光线，一部分被太阳能电池上表面反射掉，另一部分被太阳能电池吸收，还有少量透过太阳能电池。在被太阳能电池吸收的光子中，只要入射光子的能量大于半导体禁带宽度的光子，在 P 区、N 区和结区光子被吸收会产生光生电子-空穴对，也称光生载流子。那些在结附近 N 区中产生的少数载流子由于存在浓度梯度而要扩散。只要少数载流子离 PN 结的距离小于它的扩散长度，总有一定概率扩散到结界面处。在 P 区与 N 区交界面的两侧即结区存在一空间电荷区，也称为耗尽区。在耗尽区中，正负电荷间形成一电场，电场方向由 N 区指向 P 区，这个电场称为内建电场。这些扩散到结界面处的少数载流子（空穴）在内建电场的作用下被拉向 N 区。同样，如果在结附近 P 区中产生的少数载流子（电子）扩散到结界面处，也会被内建电场迅速拉向 N 区。结区内产生的电子-空穴对在内建电场的作用下分别移向 N 区和 P 区。如果外电路处于开路状态，那么这些光生电子和空穴积累在 PN 结附近，形成与内建电场方向相反的光生电场。这个电场除了一部分抵消内建电场以外，还使 P 区获得附加正电荷，N 区获得附加负电荷，这样在 PN 结上产生一个光生电动势，这一现象称为光伏效应。

　　如果太阳能电池开路，即负载电阻 $R_L = \infty$，则被 PN 结分开的全部过剩载流子就会积累在 PN 结附近，于是产生了最大光生电动势。如果太阳能电池短路，即 $R_L = 0$，则所有可到达 PN 结的过剩载流子都可以穿过结，并产生最大可能的电流。如果把太阳能电池接上负载 R_L，则被 PN 结分开的过剩载流子中就有一部分把能量消耗于降低 PN 结势垒，而剩余部分的光生载流子则用来产生光生电流，这就是太阳能电池的基本工作原理。

3. 太阳能电池的等效电路

（1）理想的太阳能电池等效电路

　　理想的太阳能电池等效电路如图 20-2 所示。当连接负载的太阳能电池受到光照射时，太阳能电池可视为产生光生电流 I_{ph} 的恒流源，与之并联一个处于正偏置下的二极管。

　　无光照时太阳能电池的特性可视为一个二极管，二极管的端电压 U 与通过电流 I_d 的关系式为

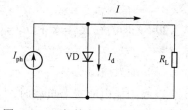

图 20-2　理想的太阳能电池等效电路

$$I_d = I_o(e^{\beta U} - 1) \tag{20-1}$$

式（20-1）中，I_o 是反向饱和电流，$\beta = \dfrac{q}{AkT}$（q 为电子电量，A 为二极管曲线因子，T 为热力学温度）。

　　因此，流过负载两端的工作电流为

$$I = I_{ph} - I_d = I_{ph} - I_o(e^{\beta U} - 1) \tag{20-2}$$

太阳能电池正常运行时，I_{ph} 比 I_o 高几个数量级，因此式（20-2）中的 1 可以忽略。

　　（2）实际的太阳能电池等效电路

　　在实际的太阳能电池中，太阳能电池本身还有电阻，一类是由于导体材料的体电阻、金

属电极与半导体材料的接触电阻、扩散层横向电阻以及金属电极本身的电阻四个部分产生的串联电阻 R_s，R_s 通常小于 $1\ \Omega$；另一类是由于电池表面污染、半导体晶体缺陷引起的边缘漏电或耗尽区内的复合电流等原因产生的旁路电阻 R_{sh}，一般为几千欧姆。所以实际的太阳能电池等效电路由一理想电流源、一个理想二极管、一个并联电阻 R_{sh} 与一个串联电阻 R_s 所组成，如图 20-3 所示。

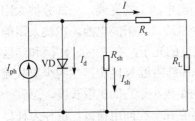

图 20-3　实际的太阳能电池等效电路

此外，实际的太阳能电池等效电路还应该包含由于 PN 结形成的结电容和其他分布电容，但考虑到太阳能电池是直流设备，通常没有交流分量，这些电容的影响也可以忽略不计。

图 20-3 中，由基尔霍夫定律得

$$IR_s + U - (I_{ph} - I_d - I)R_{sh} = 0 \tag{20-3}$$

式中，I 为太阳能电池的输出电流，U 为输出电压。由式（20-1）可得

$$I\left(1 + \frac{R_s}{R_{sh}}\right) = I_{ph} - \frac{U}{R_{sh}} - I_d \tag{20-4}$$

假定 $R_{sh} = \infty$ 和 $R_s = 0$，太阳能电池可简化为图 20-2 所示电路。

4．太阳能电池的基本技术参数

（1）短路电流 I_{SC}

在短路时，由式（20-2）可知，$U = 0$，$I_{ph} = I_{SC}$。短路电流 I_{SC} 即为太阳能电池在端电压为零时的输出电流，它与太阳能电池的面积大小有关，面积越大短路电流 I_{SC} 越大。

（2）开路电压 U_{OC}

在开路时，由式（20-2）可知，$I = 0$，$I_{SC} - I_0(e^{\beta U_{oc}} - 1) = 0$，所以，开路电压

$$U_{OC} = \frac{1}{\beta}\ln\left[\frac{I_{SC}}{I_0} + 1\right] \tag{20-5}$$

式（20-5）即为在 $R_{sh} = \infty$ 和 $R_S = 0$ 的情况下，太阳能电池的开路电压 U_{OC} 和短路电流 I_{SC} 的关系式。

（3）最大输出功率 P_m

当太阳能电池接上负载时，负载可以从零到无穷大。当负载使太阳能电池的功率输出为最大时，它对应的最大输出功率

$$P_m = I_m U_m \tag{20-6}$$

式中，I_m 和 U_m 分别为最大工作电流和最大工作电压。

（4）填充因子 FF

填充因子是表征太阳能电池性能优劣的一个重要参数，定义为太阳能电池的最大输出功率与开路电压和短路电流的乘积之比，即

$$FF = \frac{P_m}{I_{SC}U_{OC}} \tag{20-7}$$

填充因子 FF 取决于入射光强、材料的禁带宽度、理想系数、串联电阻和并联电阻等。填充因子 FF 的值越大，意味着该太阳能电池的最大输出功率越接近于所能达到的极限输出功率，说明太阳能电池对光的利用率越高。

【实验内容及步骤】

1. 在没有光源（全黑）的条件下，测量太阳能电池施加正向偏压时的伏安特性

测量电路如图 20-4 所示，改变电阻箱 R 的阻值，用万用表测出各种阻值下太阳能电池两端的电压 U_1 和电阻箱两端的电压 U_2，自行设计表格记录数据，计算出电流 I 并记录于表格中。

（1）画出太阳能电池正向偏压时的伏安特性（I-U）曲线图。

（2）画出太阳能电池正向偏压时的伏安特性半对数（$\ln I$-U）曲线图，用作图法或最小二乘法求出 β 和 I_0 的值。

2. 不加偏压，在使用遮光罩条件下，保持白光源到太阳能电池的距离 20 cm，测量太阳能电池的一些特性

（1）连接测量电路，如图 20-5 所示。

（2）测量太阳能电池在不同负载电阻下输出电流 I 对输出电压 U 的变化关系，画出 I-U 曲线图。

（3）根据 I-U 曲线图，在 I-U 图纸上画图，用外推法求**短路电流 I_{SC}** 和**开路电压 U_{OC}**。

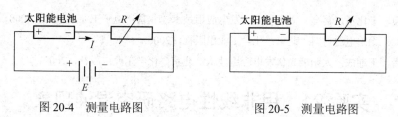

图 20-4　测量电路图　　　　　图 20-5　测量电路图

（提示：根据一组观测值，计算观测范围以外同一对象近似值的方法称为外推法。）

（4）求出太阳能电池在不同负载电阻下的功率 P，画出太阳能电池输出功率 P 与负载电阻 R_L 的关系（P-R_L）曲线图，求出太阳能电池的最大输出功率 P_m 及最大输出功率时的负载电阻。

（5）计算填充因子 FF。

3. 测量太阳能电池的光照特性

在暗箱中（用遮光罩挡光），取离白炽灯光源 20 cm 水平距离光强作为标准光照强度，用光功率计测量该处的光照强度 J_0。

（1）改变太阳能电池到光源的距离 x（$x > 20$ cm），用光功率计测量 x 处的光照强度 J，求光强 J 与位置 x 的关系。

（2）太阳能电池接收到相对光强 J/J_0 的不同值时，测量相应的短路电流 I_{SC} 和开路电压 U_{OC} 的值（短路电流 I_{SC} 可以直接用万用表的直流电流挡量出，开路电压 U_{OC} 则直接用万用表的直流电压挡量出）。

（3）画出短路电流 I_{SC} 和与相对光强 J/J_0 之间的关系曲线，用作图法或最小二乘法求 I_{SC} 与相对光强 J/J_0 之间的近似关系函数。

（4）画出开路电压 U_{OC} 和与相对光强 J/J_0 之间的关系曲线，用作图法或最小二乘法求 U_{OC} 与相对光强 J/J_0 之间的近似关系函数。

（提示：作出开路电压与相对光强关系的半对数（U_{OC}-$\ln|J/J_0|$）曲线，再用作图法或最小二乘法求解关系函数。）

【注意事项】

1. 连接电路时，保持太阳能电池无光照条件。
2. 避免太阳光照射太阳能电池。
3. 连接电路时，保持电源开关断开。
4. 辐射光源的温度较高，应避免与灯罩接触，以免烫伤。

【思考题】

1. 温度的变化对太阳能电池带来什么影响？
2. 设计电路，利用两节干电池、一个电压表、一个电阻箱来测量太阳能电池在全黑的条件下的伏安特性曲线。
3. 两个太阳能电池串联，测量它们的伏安特性曲线和填充因子。
4. 两个太阳能电池并联，测量它们的伏安特性曲线和填充因子。

【参考文献】

[1] 杨金焕，于化丛，葛亮. 太阳能光伏发电应用技术. 北京：电子工业出版社，2008.
[2] 杨德仁. 太阳电池材料. 北京：化学工业出版社，2006.
[3] 王长贵，王期成. 太阳能光伏发电应用技术. 北京：化学工业出版社，2009.

实验 21　用非线性电路研究混沌现象

自然界中的许多现象都可以在一定程度上近似为线性。传统的物理学和自然科学就是为各种现象建立线性模型，并取得了巨大的成功。但随着人类对自然界中各种复杂现象的深入研究，越来越多的非线性现象开始进入人类的视野。1963 年美国气象学家 Lorenz 在分析天气预报模型时，首先发现空气动力学中的混沌现象，该现象只能用非线性动力学来解释。于是，1975 年混沌作为一个新的科学名词首先出现在科学文献中。从此，非线性动力学迅速发展，并成为有丰富内容的研究领域。该学科涉及非常广泛的科学范围，从电子学到物理学，从气象学到生态学，从数学到经济学等。混沌通常相应于不规则或非周期性，这是由非线性系统产生的。

混沌的研究表明，一个完全确定的系统，即使非常简单，由于自身的非线性作用，同样具有内在的随机性。绝大多数非线性动力学系统，既有周期运动，又有混沌运动，而混沌既不是具有周期性和对称性的有序，又不是绝对的无序，而是可用奇怪吸引子来描述的复杂的有序，混沌是非周期的有序性。混沌运动的主要特征包括两个方面：其一是初值敏感性，其二是长期行为的不可预见性。

本实验将引导学生自己建立一个非线性电路来具体研究混沌现象。该电路包括有源非线性负阻，LC 振荡器和移相器三部分。采用物理实验方法研究 LC 振荡器产生的正弦波与经过 RC 移相器移相的正弦波合成的相图（李萨如图），观测振动周期发生的分岔及混沌现象，测量非线性单元电路的电流-电压特性，从而对非线性电路及混沌现象有一深刻了解。

【实验目的】

1. 研究非线性 LC 振荡电路的特性和产生混沌的条件；

2．了解混沌现象的基本性质和混沌产生的方法；

3．测量有源非线性电阻的 *I-U* 特性。

【预备问题】

1．什么是混沌现象，其主要特性有哪些？产生混沌现象的根本原因是什么？

2．举一些日常生活中、经济学、生物学等领域中的混沌现象。

3．有则著名寓言：一个大将出征前给战马钉掌时少钉了一个钉子，结果"钉子缺，蹄铁卸；蹄铁卸，战马蹶；战马蹶，骑士绝；骑士绝，战事折；战事折，国家灭。"这个"一钉亡国"的寓言揭示了混沌运动的什么特征？

4．什么是倍周期分岔？如何判断产生了混沌现象？

【实验仪器】

非线性混沌实验仪，双踪示波器，数字万用表（或直流电流表）1 只。

【实验原理】

1．非线性电路方程

如图 21-1 所示，电感 L 与电容 C_2 组成一个消耗可以忽略的振荡回路；可变电阻 $W_1 + W_2$ 和电容 C_1 串联将 LC_2 振荡产生的正弦信号移相输出；R 是一个有源非线性电阻，由于加在电阻 R 上的电压增加时，电流减少，因此它也被称为非线性负阻元件，R 的伏安特性曲线见图 21-2。非线性负阻元件的作用是使振动周期产生分岔和混沌等非线性现象。

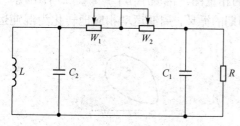
图 21-1　RLC 非线性电路

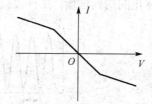
图 21-2　负阻元件 *I-V* 曲线示意图

由电路节点电流关系和电压关系，得到电路的状态方程为

$$C_1 \frac{dU_{C1}}{dt} = G(U_{C2} - U_{C1}) - gU_{C1} \tag{21-1}$$

$$C_2 \frac{dU_{C2}}{dt} = G(U_{C1} - U_{C2}) + i_L \tag{21-2}$$

$$U_L = U_{C2}，\text{即} L \frac{di_L}{dt} = -U_{C2} \tag{21-3}$$

由于电路包含非线性电阻 R，所以式（21-1）、式（21-2）和式（21-3）是非线性方程组。式中，G 是电阻 $W_1 + W_2$ 的电导，$G = 1/(W_1 + W_2)$，g 是非线性电阻 R 的电导，$g = 1/R$，U_{C2}、U_{C1} 是电容 C_2、C_1 的电压。

2．有源非线性负阻元件 R 的实现

实现有源非线性负阻元件 R 的方法较多，本实验采用一种较简单的电路，用两个运算

放大器（TL082 双运放）和 6 个电阻来实现，如图 21-3 所示，其伏安特性曲线如图 21-4 所示。

3. 混沌现象的产生与判断

大家知道，运动系统的状态是由位置和速度确定的，因此以位置 x 为横坐标、速度 v 为纵坐标得到平面相图，利用相平面内的相轨迹曲线可以直观地了解系统的运动特性。广义地讲，相图就是某物理量的微分与该物理量的关系图，如速度与位置的 v-x 相图，$\dfrac{\mathrm{d}i_L}{\mathrm{d}t}$-$i_L$ 相图如图 21-5 所示。

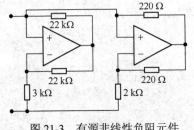

图 21-3　有源非线性负阻元件

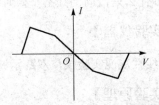

图 21-4　有源负阻元件 I-V 曲线示意图

（1）产生混沌现象的途径

① **途径之一是倍周期分岔**。非线性 RLC 电路在 $W_1 + W_2$ 较大时电压或电流的稳态振动周期为 T（1 倍周期，周期 T 主要取决于 LC_2 参数），当 $W_1 + W_2$ 调小至某值时，电压或电流的稳态振动周期变为 $2T$（2 倍周期），这种运动性质的突然改变称为**倍周期分岔**。再调小 $W_1 + W_2$，出现 4 倍周期、8 倍周期。图 21-5 是对应的相量图。再调小 $W_1 + W_2$，最后出现一系列永无休止的周期倍增，在有限范围内出现无穷周期的循环，周期运动相应地转化为**混沌运动**。

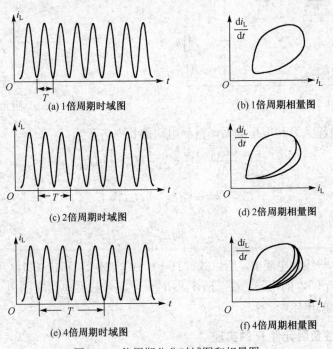

图 21-5　倍周期分岔时域图和相量图

② **途径之二是阵发混沌**。如图 21-6 所示，阵发混沌是指系统较长时间的规则运动和较短时间的无规则运动的随机交替变化现象。若振动系统在特定参数下呈现阵发性，随着参数的变化阵发性中无规则运动突发得越来越频繁，系统便由周期振动转化为混沌振动。

图 21-6　阵发混沌

（2）混沌现象的判断——奇怪吸引子存在

奇怪吸引子：在相空间中，混沌轨迹好像被某部分吸引着，从这部分附近出发的任何点都逐渐趋近它，有复杂和明确的边界。这个边界保证了运动整体的稳定性，在边界的内部具有无限嵌套的自相似结构，对初始条件十分敏感。

奇怪吸引子有单吸引子（单旋涡）和双吸引子（双旋涡），如图 21-7 所示。

调节 $W_1 + W_2$ 阻值时，吸引子的形状和尺寸发生激烈的变化，说明非线性 RLC 电路对初始值十分敏感。

4．有源非线性电阻 I-U 特性曲线测量

图 21-3 所示的非线性电阻是有源的，接上工作电源就有电流输出，故其 I-U 特性曲线可用图 21-8 所示电路来测量。其中，R 为待测有源非线性电阻，W 为电阻箱。改变 W，则改变 R 对外的输出电流。电压表和电流表用数字万用表电压挡和电流挡代替，注意电流方向。

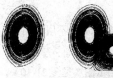

(a) 单吸引子　(b) 双吸引子

图 21-7　奇怪吸引子

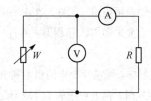

图 21-8　测有源电阻 I-U 特性的电路

5．仪器简介

NCE-1 型非线性混沌实验仪电路如图 21-9 所示。参数如下：$L = 16$ mH，$C_2 = 100$ nF，$C_1 = 10$ nF，$W_1 = 2$ kΩ，$W_2 = 100$ Ω。

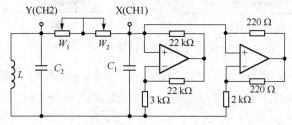

图 21-9　RLC 非线性电路混沌实验仪电路

【实验内容及步骤】

1．将电源九芯插头与实验仪右上角的九芯插座接好，开启实验仪右上角的钮子开关，对应的 ±15 V 电源指示灯亮，表明电源接通。

2．实验仪中上部钮子开关为 0～19.999 V 直流数字电压表的电源开关。开启钮子开关，数字电压表显示屏亮，用于测有源非线性电阻 I-U 特性曲线。

3．观察相量图时，实验仪面板上的 CH2 输出端（U_L）接示波器 Y 输入，CH1 输出端

（U_{C1}）接示波器 X 输入。先将 W_1（粗调）和 W_2（细调）调到最大（顺时针调到底），按示波器 X-Y 键，出现相量图，按 CH1 键关闭 CH1 通道，使相量图更清晰；然后缓慢调小 W_1，直到出现 1 倍周期相量图（见图 21-5）；此时按示波器 A 键，观察 1 倍周期相量图对应的实验仪面板上 CH1（U_{C1}）的波形，测出周期，记录波形和相量图。再按示波器 X-Y 键，出现相量图；缓慢调小 W_2，就可以观察 2 倍周期、3 倍周期、4 倍周期、单吸引子和双吸引子等相量图，按示波器 A 键，就可以观察对应的实验仪面板上 CH1（U_{C1}）的波形，依次测出周期，记录波形和相量图。

4. 采用数字可调电感取代固定电感进行实验，将 W_1（粗调）和 W_2（细调）调到中间值左右后保持固定不变，调节数字电感的大小，观察 5 倍周期相量图，按示波器 A 键，就可以观察对应的实验仪面板上 CH1（U_{C1}）的波形，测出周期，记录波形和相量图。

【注意事项】

1. 地线与电源接地点接触必须良好。
2. 仪器应预热 3 分钟后才开始测量数据。关掉电源后才拆线。

【思考题】

1. 非线性负阻电路（元件）在本实验中的作用是什么？

2. 为什么要采用 RC 移相器，并且用相图来观测倍周期分岔等现象？如果不用移相器，可用哪些仪器或方法？

3. 在实验中，随着可变电阻由大到小调节，将先后出现下面两个相量图（见图 21-10），哪个是 4 倍周期相量图？两者对应的 U_{C1} 波形图如何？1 倍、2 倍、3 倍、4 倍相量图出现的先后次序是怎样的？

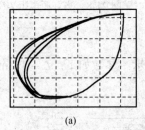 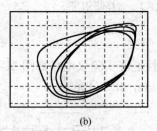

(a)　　　　　　　　　　　(b)

图 21-10　相量图

4. 请用 MATLAB 等软件编写程序，研究方程 $x_{n+1} = \lambda x_n(1-x_n)$ 在 λ 取不同值时的倍周期分岔现象。

5. 改变电容 C_2 的电容量，相图是否会有所变化，请设计实验仔细进行观察、测量，验证自己的想法。

【参考文献】

[1] James Gleick，*CHAOS, Making a New Science*. 上海翻译出版公司，1998. 17-32.

[2] P. R. Hobson and A. N. Lansbury, *A simple electronic circuit to demonstrate bifurcation and chaos*. Physics Education, 1997.

[3] 郝柏林. 分岔、混沌、气管、奇怪吸引子、湍流及其他——关于确定论系统中的内在随机性. 物理学进展，Vol. 3, No. 3, 1983.

[4] 王柯，天真，陆申龙. 非线性电路混沌实验装置的研究. 实验室研究与探索，第 18 卷第四期，1999.8: 43-45.

实验 22　光调制法测量光速

光速是物理学中最重要的基本常数之一，也是各种频率的电磁波在真空中的传播速度，许多物理概念和物理量都与它有密切的联系，光速值的精确测量将关系到许多物理量值精确度的提高，所以长期以来对光速的测量一直是物理学家十分重视的课题。许多光速测量方法构思巧妙，其高超的实验设计一直在启迪着后人的物理学研究。光的偏转和调制，则为光速测量开辟了新的前景，并已成为当代光通信和光计算机技术的研究课题。

【实验目的】

1. 了解和掌握光调制的基本原理和差频技术；
2. 学习相位法测量光的传播速度；
3. 用数字示波器测量光在空气中的速度。

【预备问题】

1. 如何用数字示波器测量两信号的时间差？
2. 能否对光的频率进行直接测量，从而测量波长为 0.65 μm 的光速？为什么？
3. 如何准确判断相位差？

【实验仪器】

光速测量仪，数字示波器。

【实验原理】

1. 光波的传播速度

按照物理学定义，任何波的波长 λ 是一个周期内波传播的距离。波的频率 f 是 1 s 内发生了多少次周期振动，用波长乘以频率得到 1 s 内波传播的距离，即波速为

$$c = \lambda f \tag{22-1}$$

利用这种方法，很容易测得声波的传播速度。但直接用来测量光波的传播速度还存在很多技术上的困难，主要是光的频率高达 10^{14} Hz，目前的光电接收器无法响应频率如此高的光强变化，迄今仅能响应频率在 10^8 Hz 左右的光强变化并产生相应的光电流频率。

2. 利用调制光波测量光的速度

如果直接测量河中水流的速度有困难，则可以采用如下方法：周期性地向河中投放小木块，投入频率为 f，再设法测量出相邻两个小木块间的距离 λ，则依据式（22-1）即可算出水流的速度。

周期性地向河中投放小木块，目的是在水流上做一个特殊标记。也可以在光波上做一些特殊标记，称为"调制"。本实验用频率为 10^8 Hz 的主控振荡对光源进行直接调制，调制波如图 22-1 所示，使 10^{14} Hz 的光波的光强以 10^8 Hz 的频率变化，由于调制波的频率比光波的频率低很多（以适应光电接收器的接收响应频率范围），这样就可以用光电接收器

件来接收了。与木块的移动速度就是水流流动的速度一样，**调制波的传播速度就是光波传播的速度。**

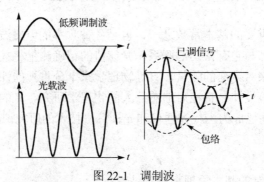

图 22-1　调制波

3．差频相位法测量光的速度

采用频率为 f 的低频正弦调制波，调制波长为 0.65 μm 的光载波，调制波的强度在传播过程中其位相是以 2π 为周期变化的，表达式为

$$I = I_0 + \Delta I_0 \cdot \cos\left(2\pi f\left(t - \frac{x}{c}\right)\right) \tag{22-2}$$

如光接收器和发射器的距离为 Δs，则光的传播延时为 $\Delta t = \dfrac{\Delta s}{c}$，其中 c 为光速。在 Δs 的距离上产生的**相位差**为 $\Delta\varphi = 2\pi \cdot f \cdot \Delta t = 2\pi \cdot \dfrac{\Delta t}{T}$。

被光电检测器接收后变为电信号，该电信号被滤除直流后可表示为

$$U = a \cdot \cos(2\pi ft - \Delta\varphi) \tag{22-3}$$

可得光速为

$$c = \frac{\Delta s}{\Delta t} = 2\pi f\frac{\Delta s}{\Delta\varphi} \tag{22-4}$$

如果光的调制频率非常高，在短的传播距离 Δs 内也会产生大的相位差 $\Delta\varphi$。如果光的调制频率 $f = 100.000$ MHz，当 $\Delta s = 3$ m 时，就会使光信号的相位移动达到一个周期 $\Delta\varphi = 2\pi$。然而高频信号的测量和显示是非常不方便的，普通的教学示波器不能用于高频信号的相位差测量。

设在接收端还有一个高频信号 $f' = 99.550$ MHz 作为参考信号，表示为

$$U' = a' \cdot \cos(2\pi \cdot f' \cdot t) \tag{22-5}$$

将 U 和 U' 相乘得到

$$\begin{aligned}
U \cdot U' &= \left[a\cos(2\pi ft - \Delta\varphi)\right] \cdot \left[a'\cos(2\pi f' t)\right] \\
&= \frac{1}{2}aa'\cos\left[2\pi(f - f')t - \Delta\varphi\right] + \frac{1}{2}aa'\cos\left[2\pi(f + f')t - \Delta\varphi\right]
\end{aligned}$$

可见经乘法器后将得到和频 $f + f' = 100.000 + 99.550 = 199.550$ MHz 及差频 $f_1 = f - f' = 100.000 - 99.550 = 0.450$ MHz 的混合信号。将该混合信号通过一个中心频率为 100 kHz、带宽为 10 KHz 的滤波器后，和频信号将被滤除，差频信号将保留。上式将变为

$$U_1 = \frac{1}{2} aa' \cos(2\pi f_1 t - \Delta\varphi)$$

该信号频率仅为 450KHz，很容易被低频示波器观测到。此式中**相位差** $\Delta\varphi$ 没有被改变与（22-3）式相同，$\Delta\varphi$ 与信号 f_1 的传播时间 Δt_1 相关，Δt_1 可以从示波器上观测到。设 f_1 的周期为 T_1，则

$$\Delta\varphi = 2\pi \cdot f_1 \cdot \Delta t_1 = 2\pi \cdot \frac{\Delta t_1}{T_1} \tag{22-6}$$

将式（22-6）代入式（22-4）得光速

$$c = \frac{\Delta s}{\Delta t_1} T_1 f \tag{22-7}$$

设调制波由 A 点出发，经时间 t 后传播到 A′ 点，AA′ 之间的距离为 $2D$，如图 22-2(a)所示，则 A′ 点相对于 A 点的相位差为 $\varphi = 2\pi f t$。为了缩短实验仪的长度，实验仪在 AA′ 的中点 B 设置一个反射器，由 A 点发出的调制波经反射器反射回 A 点，如图 22-2 (b)所示。由图显而易见，光线由 A→B→A 所走过的光程也为 $2D$，而且在 A 点反射波的相位落后 $\varphi = 2\pi f t$。由式（22-7）可得光速值

$$c = \frac{2D}{t} T_{差频} f_{调制} = \frac{2D}{t \cdot f_{差频}} f_{调制} \tag{22-8}$$

调制波的波长 $\lambda_{调制} = \dfrac{2D}{t \cdot f'_{差频}}$。

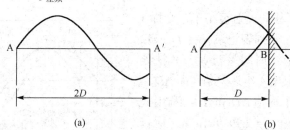

图 22-2 相位法测波长原理图

【实验内容及步骤】

1. 预热

电子仪器都有一个温漂问题，光速仪和示波器预热半小时再进行测量。

2. 调节反射光路居中于接收管口中心

把反射镜小车移至 450.0mm 处，将一白纸放于反射光路接收口处，观察光斑位置是否居中于接收口（处于照准位置），若不居中，则反复调节反射镜小车上的左右转动及俯仰旋钮，使光斑尽可能居中，在小车前后移动时，光斑位置变化最小，反射光斑始终落在接收口中心位置为止，再把反射镜小车移到开始测量点 50.0mm 处。

3. 测量差频信号的周期 $T_{差频}$

必需先将光速仪"基准"差频信号接入示波器 CH1 通道，再将待测差频信号接入示波器 CH2 通道；按示波器 自动设置 键显示两条正弦波，按 CH1 MENU 键关闭基准波形的 CH1

显示。按下 光标 键，菜单"信源"选择 CH2，"类型"选择"时间"，旋转多用途旋钮，使竖直光标 1、光标 2 位于波形一个周期相邻波峰处，记录此时光标 Δt 的测量值即为待测差频信号的周期 $T_{差频}$。（或采用示波器自动测量功能测量 $T_{差频}$）

4．测量调制频率 $f_{调制}$

（本实验仪的）调制波频率 $f_{调制} = 10^8$ Hz。

5．"等距离"法测光速

调节 CH2 通道水平线居于屏幕中心：按 CH2 通道的耦合按钮**选择"接地"**，调节**垂直位置旋钮**使水平扫描线居于屏幕中心，与水平粗格线重合，耦合**选回"直流"耦合**（隔去直流电）。

调节示波器水平**"秒/格"旋钮**，使屏幕显示尽可能大的整波形（如每大格时间为 250 ns）。

将反射镜小车移到导轨 50.0 mm 即 D_0 处（如图 22-3 所示），选择"信源"为 CH2，旋转**"水平位置"旋钮选择波形测量的标记点**，如图 22-4 所示虚线波形的整大格处为测量始点；按光标按钮，调节光标 1、光标 2 位置，使光标 1、光标 2 重合于虚线波形**标记位置**（如图 22-4 所示光标 1 的位置），记录此时小车的位置 $D_0 = 50.0$ mm 及两光标的时间差 $t = 0$ ns。

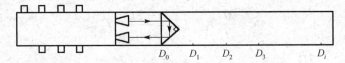

图 22-3　根据相移量与反射镜距离之间的关系测定光速

每间隔 50.0 mm 等距离移动反射镜小车，光标 1 不动，移动光标 2 分别测量和列表记录 D_0, D_1, D_2, D_3, …, D_7 相对应的波形相移的时间差 t_i，用逐差法处理 8 组（D_i, t_i）测量数据，求出 4 组逐差值（如 $\Delta D_1 = D_4 - D_0$、$\Delta t_1 = t_4 - t_0$）及其平均值 $\overline{\Delta D}$ 和 $\overline{\Delta t}$，利用式（22-8）求出光速 c，与公认值 $c_0 = 2.9979 \times 10^8$ m/s 比较计算百分误差。

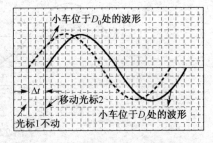

图 22-4　差频波形的测量图

6．"等时间差"法测光速

将反射镜小车移回导轨 50.0 mm D_0 处，调节"水平位置"旋钮和调节光标 1、光标 2 的位置，使待测差频波形和光标 1、光标 2 重合于图 22-4 所示的光标 1 标记位置，记录此时两光标的**时间差** $t = 0$ ns 及小车的位置 $D_0 = 50.0$ mm。

光标 1 不动，移动光标 2 使时间差 t 增加 50.0 ns，再移动反射镜小车，使差频信号波的标记点重合于光标 2 的标记点位置，记录此时两光标的**时间差** $t = 50.0$ ns 和小车的位置读数 D_1。

测量和列表记录移动光标 2 的时间差 t 每增加 50.0 ns 时相对应小车位置的读数位置 D_i，测量 8 组数据，用逐差法处理 8 组（D_i, t_i）测量数据，求出 4 组逐差值及其平均值 $\overline{\Delta D}$ 和 $\overline{\Delta t}$，利用式（22-8）求到光速 c。再用作图法处理数据，以 t 为横坐标，D 为纵坐标，作 D-t 直线，求出直线斜率 k，则光速 $c = 2T_{差频} f_{调制} k$。与公认值 $c_0 = 2.9979 \times 10^8$ m/s 比较，计算百分误差。

【注意事项】

1. 要将光速仪"基准"信号接入示波器 CH1 通道后，才将待测信号接入 CH2 通道。

2. 为了减小由于电路系统附加相移量的变化给相位测量带来的误差，应采取 $x_0 \rightarrow x_1 \rightarrow x_0$ 及 $x_0 \rightarrow x_2 \rightarrow x_0$ 等顺序进行测量。操作时移动反射镜小车要快、准，如果在两次 x_0 位置时的计数值相差较大，则必须重测。

3. 在测量过程中要细心地"照准"，即尽可能截取同一光束进行测量，把照准误差限制到最小程度。

4. 实验值要取多次测量，用逐差法处理数据取平均值；实验中所测得的是光在大气中的传播速度，为了得到光在真空中传播速度，要在精密地测定空气折射率后做相应修正。

【思考题】

1. 光速测量的误差主要来源于什么物理量的测量误差？为提高测量精度需做哪些改进？
2. 本实验中，能否直接测量发射频率为 100 MHz 的无线电波的波长和频率？为什么？
3. 如何将光速仪改成测距仪？
4. 在光路中加入玻璃或水介质，能否测量光在玻璃或水介质中的传播速度？若能，写出测量方法。

【附录 22-A】LM2000A1 光速测量仪

LM2000A1 光速测量仪的实验装置方框图如图 22-5 所示。实验装置全长 0.8 m，由电器盒、收发透镜组、反射镜小车、带标尺导轨等组成。其主要技术指标如下。可变光程：0～1 m；移动尺最小读数：0.1 mm；调制频率：100 MHz；测量精度：≤1%（数字示波器测相）或 ≤2%（通用示波器测相）。

电器盒侧面有二排 Q9 插座，参见图 22-5，Q9 插座输出的是将收、发正弦波信号经整形后的正弦波信号，目的是便于用示波器来测量相位差。

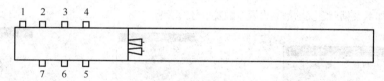

图 22-5 Q9 插座接线图

1—测频率；2—调制信号输入（模拟通信用）；3，4—发送基准信号（5 V 正弦波）；5，6—接收测相信号（正弦波）7—接收信号电平（0.4～0.6 V）

【附录 22-B】泰克 TDS1000B/2000B 系列数字示波器

泰克 TDS1000B/2000B 系列数字示波器的面板样式如图 22-6 所示。

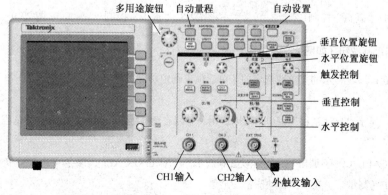

图 22-6 泰克 TDS1000B/2000B 数字示波器的面板

1．"垂直"控制（如图 22-7 所示）

位置（CH1、CH2）：可垂直定位波形。

CH1、CH2 菜单：显示"垂直"菜单选择项并打开或关闭对通道波形的显示。

伏/格（CH1、CH2）：选择垂直刻度系数。

MATH MENU（数学菜单）：显示波形数学运算菜单，并打开和关闭对数学波形的显示。

2．"水平"控制（如图 22-8 所示）

位置：调整所有通道和数学波形的水平位置。这一控制的分辨率随时基设置的不同而改变。

说明：要对水平位置进行大幅调整，可将秒/格旋钮旋转到较大数值，更改水平位置，然后再将此旋钮转到原来的数值。

HORIZ MENU（水平菜单）：显示 HORIZ MENU（水平菜单）。

设置为零：将水平位置设置为零。

秒/格：为主时基或视窗时基选择水平的时间/格（刻度系数）。如果"视窗设定"已启用，则通过更改视窗时基可以改变视窗宽度。

3．"触发"控制（如图 22-9 所示）

电平：使用边沿触发或脉冲触发时，"电平"旋钮设置采集波形时信号所必须越过的幅值电平。

TRIG MENU（触发菜单）：显示 TRIG MENU（触发菜单）。

设为 50%：触发电平设置为触发信号峰值的垂直中点。

强制触发：不管触发信号是否适当，都完成采集。如采集已停止，则该按钮不产生影响。

TRIG VIEW（触发视图）：按下 TRIG VIEW（触发视图）按钮时，显示触发波形而不是通道波形。可用此按钮查看诸如触发耦合之类的触发设置对触发信号的影响。

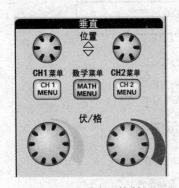
图 22-7 "垂直"控制

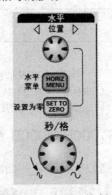
图 22-8 "水平"控制

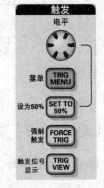
图 22-9 "触发"控制

4．菜单和控制按钮（如图 22-10 所示）

多用途旋钮：通过显示的菜单或选定的菜单选项来确定功能。激活时，相邻的 LED 变亮。具体操作详见说明书。

自动量程：显示"自动量程"菜单，可以启用和禁用自动（连续）量程功能。自动量程启用时，相邻的 LED 变亮。

SAVE/RECALL（保存/调出）：显示设置和波形的 SAVE/RECALL（保存/调出）菜单。

MEASURE（测量）：显示"自动测量"菜单。

ACQUIRE（采集）：显示 ACQUIRE （采集）菜单。

REF MENU（参考波形）：显示 REFERENCE MENU（参考波形菜单）以快速显示或隐藏存储在示波器非易失性存储器中的参考波形。

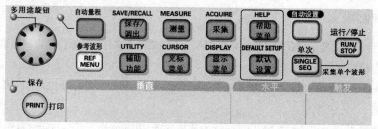

图 22-10　菜单和控制按钮

UTILITY（辅助功能）：显示 UTILITY（辅助功能）菜单。

CURSOR（光标）：显示 CURSOR（光标）菜单。**光标**是成对使用，"类型"有"幅度"和"时间"两类。使用时，按下 CURSOR 光标按钮，确定"信源"设置为显示屏上想要测量的波形。测量波形振荡的垂直参数电压幅度时，按"类型"选"幅度"水平光标，每个水平光标的幅度 V 是参照基准电平而言的，按下"光标 1"选项按钮，旋转多用途旋钮，将光标 1 置于振荡的第一个波峰上，按下"光标 2"选项按钮，旋转多用途旋钮，将光标 2 置于振荡的最低点上，在光标菜单中将显示振荡的电压振幅 Δ（增量），如图 22-11 所示。测量波形水平参数周期或频率时，按"类型"选"时间"竖直光标，按下"光标 1"按钮，旋转多用途旋钮，将光标置于振荡的第一个波峰上，按"光标 2"按钮，旋转多用途旋钮，将光标置于振荡的第二个波峰上，在光标菜单中查看时间和频率 Δ（增量），如图 22-12 所示。时间光标是参照触发点而言，"时间"光标还包含在波形和光标的交叉点处的波形幅度的读数。

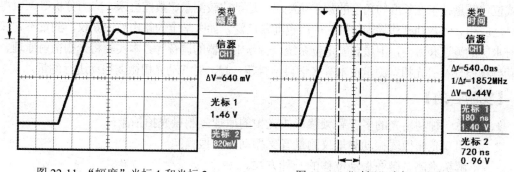

图 22-11　"幅度"光标 1 和光标 2　　　　　　图 22-12　"时间"光标 1 和光标 2

DISPLAY（显示）：显示 DISPLAY（显示）菜单。按下菜单的"格式"为 XY，可以显示李萨如图。按下菜单的"格式"为 YT，可以显示扫描线。

HELP（帮助）：显示 HELP（帮助）菜单。

DEFAULT SETUP（默认设置）：调出厂家设置。

自动设置：自动设置示波器控制状态，以产生适用于输出信号的显示图形。

SINGLE SEQ（单次序列）：采集单个波形，然后停止。

运行/停止：连续采集波形或停止采集。

PRINT（打印）：启动打印到 PictBridge 兼容打印机的操作，或执行"保存"到 USB 闪存驱动器功能。

保存：LED 指示把 PRINT（打印）按钮配置为将数据储存到 USB 闪存驱动器。

5. 输入连接器（如图 22-13 所示）

CH1、CH2：用于显示波形的输入连接器。

EXT TRIG（外部触发）：外部触发信源的输入连接器。使用 TRIGGER MENU（触发菜单）选择 EXT 或 EXT/5 触发"信源"。按住 TRIG VIEW（触发视图）按钮查看诸如"触发耦合"之类的触发设置对触发信号的影响。

6．其他前面板项

波器显示时钟符号以显示闪存驱动器激活的时间。存储或检索文件后，示波器将删除该符号并显示一行信息，通知用户存储或调出操作已完成。

对于具有 LED 的闪存驱动器，将数据存储到驱动器或从驱动检索数据时，LED 会闪烁。请等待 LED 熄灭后再拔出驱动器。

探头补偿：探头补偿输出（如图 22-14 所示）及底座基准。用于使电压探头与示波器输入电路互相匹配。

图 22-13　输入连接器

图 22-14　USB 闪存端口和探头补偿接口

实验 23　双光栅测量微弱振动位移量

随着光电子学和激光技术的不断发展，新的课题、新的实验技术不断涌现。精密测量在自动化控制的领域里一直扮演着重要的角色，其中光电测量因为有较好的精密性与准确性，加上轻巧、无噪声等优点，在测量的应用上常被采用。作为一种把机械位移信号转化为光电信号的手段，光栅式位移测量技术在长度与角度的数字化测量、运动比较测量、数控机床、应力分析等领域得到了广泛应用。多普勒频移物理特性的应用也非常广泛，如医学上的超声波诊断仪，测量不同深度的海水层的流速和方向，卫星导航定位系统，音乐中乐器的调音等。本实验将光栅衍射原理、多普勒频移原理及"光拍"测量技术等多学科结合在一起，对移动光栅微弱振动进行测量。

【实验目的】

1．熟悉一种利用光的多普勒频移形成光拍的原理，测量光拍拍频；
2．应用双光栅微弱振动测量仪测量音叉振动的微振幅；
3．了解精确测量微弱振动位移的一种方法。

【预备问题】

1．什么是多普勒效应？什么是拍频？如何获得光拍频波？
2．本实验如何测量振动位移？
3．如何求出音叉振动振幅的大小？

【实验仪器】

双光栅微弱振动测量仪（详细介绍见本实验附录 23-A），示波器。

【实验原理】

1．相位光栅的多普勒频移

在电磁波的传播过程中，由于光源和接收器之间存在相对运动而使接收器接收到的光的频率不同于光源发出的光的频率，这种现象称为多普勒效应，由此产生的频率变化称为多普勒频移。

　　理想的单色光在不同介质中的传播速度是不同的，在折射率为 n 的介质中，光传播的速度是真空中光速的 $1/n$。对于两束相同的单色光，如果初始时刻相位相同，其中一束光在真空中经过几何路程 L，另一束光在折射率为 n 的介质中经过几何路程 $L' = L/n$，则经过之后两束光的相位仍然相同；如果初始时刻相位相同，经过相同几何路程而不同折射率的介质，出射时两光的相位则不相同。对于相位光栅而言，当激光平面波垂直入射到相位光栅时，由于光栅上不同折射率的介质对光波的相位延迟作用不同，使入射的平面波在出射时产生了一定的相位差，平面波阵面变成了摺曲波阵面，如图 23-1 所示。

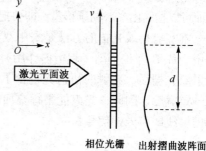

图 23-1　出射摺曲波阵面

　　当激光平面波垂直入射到光栅时，由于光栅上各缝之间的干涉和每缝自身的衍射作用，通过光栅后光的强度呈现周期性变化。在远场，衍射光线的主极大位置可用如下光栅方程来表示：

$$d \sin \theta = \pm k\lambda \qquad (k = 0, 1, 2, \cdots) \qquad (23\text{-}1)$$

式中，d 为光栅常数，θ 为衍射角，λ 为光波波长，k 为特定的级数。

　　如果光栅在 y 方向以速度 v 移动，从光栅出射的光的波阵面也以速度 v 在 y 方向移动。因而在不同时刻，对应于同一级的衍射光线，它从光栅出射时，在 y 方向也有一个 vt 的位移量，见图 23-2。

　　这个位移量相应于出射光波相位的变化量为

$$\Delta\Phi(t) = \frac{2\pi}{\lambda}\Delta s = \frac{2\pi}{\lambda} vt \sin\theta \qquad (23\text{-}2)$$

将式（23-1）代入式（23-2）得

$$\Delta\Phi(t) = \frac{2\pi}{\lambda} \cdot vt \cdot \frac{k\lambda}{d} = 2k\pi \cdot \frac{v}{d} \cdot t = k\omega_{\mathrm{d}} t \qquad (23\text{-}3)$$

式中，$\omega_{\mathrm{d}} = 2\pi \cdot \dfrac{v}{d}$。

　　若激光从一静止的光栅出射时，光波的电矢量为 $E = E_0 \cos\omega_0 t$，则光从相应的移动光栅出射时，光波的电矢量为

$$E = E_0 \cos[\omega_0 t + \Delta\Phi(t)] = E_0 \cos[(\omega_0 + k\omega_{\mathrm{d}})t] \qquad (23\text{-}4)$$

　　显然，移动的相位光栅的 k 级衍射光波，相对于静止的相位光栅有一个多普勒频移，如图 23-3 所示，其频率为

$$\omega_k = \omega_0 + k\omega_{\mathrm{d}} \qquad (23\text{-}5)$$

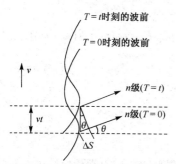

图 23-2　衍射光线在 y 方向的位移量

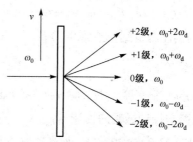

图 23-3　光栅多普勒频移

2. 光拍的获得与检测

光的频率高达 10^{14} Hz。目前，最好的光电探测器，其响应时间也远大于光波的周期。为了要从光频 ω_0 中检测出多普勒频移量，必须使频差较小的两列光波叠加形成"拍"，由于拍频较低，从而可以检测出多普勒频移量。即要把已频移的和未频移的光束互相平行叠加，以形成光拍。

本实验形成光拍的方法是采用双光栅，如图 23-4 所示。将两片完全相同的光栅平行紧贴，其中一片 B 静止不动（起衍射作用），另一片 A 相对 B 按速度 v_A 移动（起频移作用）。激光入射双光栅后，出射的衍射光包含了不同频率而又平行的光束。由于双光栅紧贴，激光束具有一定宽度，因此该光束能平行叠加，这样就可以直接而又简单地获得光拍，如图 23-5(b)所示的虚线即为光拍信号。

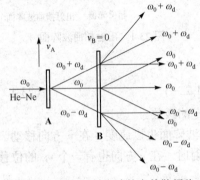

图 23-4　k 级衍射光波的多普勒频移　　　图 23-5　频差较小的二列光波叠加形成"拍"

双光栅的衍射光叠加时所形成的光拍信号，进入光电检测器后，由于检测器的平方律检波性质，其输出光电流可由下述关系求得。

设光束 1 的电矢量为 $\qquad E_1 = E_{10} \cos(\omega_0 t + \phi_1)$

光束 2 的电矢量为 $\qquad E_2 = E_{20} \cos[(\omega_0 + \omega_d)t + \phi_2]$

则光电流

$$
\begin{aligned}
I = \xi(E_1 + E_2)^2 = \xi\Big\{ & E_{10}^2 \cos^2(\omega_0 t + \phi_1) \\
& + E_{20}^2 \cos^2(\omega_0 + \omega_d)t + \phi_2 \\
& + E_{10}E_{20}\cos\big[(\omega_0 + \omega_d - \omega_0)t + (\phi_2 - \phi_1)\big] \\
& + E_{10}E_{20}\cos\big[(\omega_0 + \omega_0 + \omega_d)t + (\phi_2 + \phi_1)\big]\Big\}
\end{aligned}
\tag{23-6}
$$

式中，ξ 为光电转换常数。

因为光波频率 ω_0 非常高，不能为光电检测器反应，所以对于上式中的第一、二、四项，光电检测器所产生的光电流只能是在其响应时间内的时间平均值。上式中的第三项是拍频信号，它的频率较低，光电检测器能做出相应的响应。其光电流为

$$
i_s = \xi\{E_{10}E_{20}\cos[(\omega_0 + \omega_d - \omega_0)t + (\phi_2 - \phi_1)]\} = \xi\{E_{10}E_{20}\cos[\omega_d t + (\phi_2 - \phi_1)]\}
$$

光电检测器能测量到的拍频为

$$
F_{拍} = \frac{\omega_d}{2\pi} = \frac{v_A}{d} = v_A n_\theta
\tag{23-7}
$$

式中，n_θ 为光栅密度，本实验 $n_\theta = 1/d = 100$ 条/mm。

3. 微弱振动振幅的检测

从式（23-7）可知，$F_{拍}$ 与光频率 ω_0 无关。而且当光栅密度 n_θ 为常数时，$F_{拍}$ 只正比于光

栅移动速度 v_A。如果把光栅粘在音叉上，则 v_A 会呈周期性变化。所以光拍信号频率 $F_{拍}$ 也随时间变化，音叉微弱振动的振幅为

$$A = \frac{1}{2}\int_0^{T/2} v_A(t)\mathrm{d}t = \frac{1}{2}\int_0^{T/2}\frac{F_{拍}(t)}{n_\theta}\mathrm{d}t = \frac{1}{2n_\theta}\int_0^{T/2} F_{拍}(t)\mathrm{d}t \qquad (23\text{-}8)$$

式中，T 为音叉振动周期，$\int_0^{T/2} F_{拍}(t)\mathrm{d}t$ 表示在 $T/2$ 时间内拍频波的个数。因此只要测得波数，就可以得到振幅。

在示波器的显示屏上，拍频波的波形数由完整波形数、波的首数、波的尾数三部分组成。对于屏上显示的不足一个完整波形的首数及尾数，需在波群的两端按反正弦函数折算为波形的分数部分，总波形数为

波形数 N = 整数波形数 + 波的首数和尾数中满 $1/4$、$1/2$ 或 $3/4$ 个波形分数部分

$$+\frac{\arcsin a}{360°} + \frac{\arcsin b}{360°} \qquad (23\text{-}9)$$

式中，a、b 为波群的首尾两端不足一个完整波形部分的幅度和该位置处完整波形的振幅之比（波群指 $T/2$ 内的波形，分数波形数包括满 $1/2$ 个波形为 0.5，满 $1/4$ 个波形为 0.25）。

【实验内容及步骤】

1．仪器连接

将双踪示波器的 Y1、Y2、X 外触发输入端接至双光栅微弱振动测量仪的 Y1、Y2（音叉激振信号，使用单踪示波器时此信号空置）、X（音叉激振驱动信号整形成方波，作为示波器"外触发"信号）的输出插座上，示波器的触发方式置于"外触发"；Y1 的"V/格"置于 0.1～0.5 V/cm；"时基"置于 0.2 ms/cm；开启各电源。

2．仪器调节

（1）几何光路调整

小心取下"静光栅架"（不可擦伤光栅），微调半导体激光器的左右、俯昂调节手轮，让光束从安装静止光栅架的孔中心通过。调节光电池架手轮，让某一级衍射光正好落入光电池前的小孔内。锁紧激光器。

（2）双光栅调整

小心地装上"静光栅架"，静光栅尽可能与动光栅接近（不可相碰），将一观察屏（或白纸）放于光电池架处，慢慢转动光栅架，仔细观察调节，使得两光束尽可能重合。去掉观察屏，轻轻敲击音叉，在示波器上应看到拍频波。如果看不到拍频波，可将激光器的功率减小一些后再试一试。在半导体激光器的电源进线处有一个电位器，转动电位器即可调节激光器的功率。过大的激光器功率照射在光电池上将使光电池"饱和"而无信号输出。

（3）音叉谐振调节

先将"功率"旋钮置于时钟 6～7 点钟附近，调节"频率"旋钮（500 Hz 左右），使音叉谐振。调节时用手轻轻地按音叉顶部，找出调节方向，如音叉谐振太强烈，将功率旋钮向钟点减小的方向转动，使在示波器上看到的 $T/2$ 内光拍的波数为 10～20 个左右较合适。

（4）波形调节

光路粗调完成后，就可以看到一些拍频波，但欲获得光滑细腻的波形，还须做仔细的反

复调节。稍稍松开固定静光栅架的手轮，试着微微转动光栅架，改善动光栅衍射光斑与静光栅衍射光斑的重合度，看看波形有否改善；在两光栅产生的衍射光斑重合区域中，不是每一点都能产生拍频波，所以光斑正中心对准光电池上的小孔时，并不一定都能产生好的波形，有时光斑的边缘即能产生好的波形，可以微调光电池架或激光器的 X-Y 微调手轮，改变一下光斑在光电池上的位置，看看波形有否改善。

3．测量

（1）测出外力驱动音叉时的谐振曲线。固定"功率"旋钮位置，在音叉谐振点附件，小心调节信号发生器的"频率"旋钮，测出音叉的振动频率与对应信号的波形数，计算振幅。在坐标纸上作出音叉的频率-振幅曲线。

（2）改变音叉的有效质量，研究谐振曲线的变化趋势，并说明原因（改变质量可用橡皮泥或在音叉上吸一小块磁铁）。

【注意事项】

1．调整几何光路时应十分小心，取下"静光栅架"时注意不可擦伤光栅。

2．装"静光栅架"时，应尽可能与动光栅接近，但要注意不可相碰。

3．作外力驱动音叉谐振曲线时，不能改变信号功率。

4．不要直视激光。

【思考题】

1．如何判断动光栅与静光栅的刻痕已平行？

2．作外力驱动音叉谐振曲线时，为什么要固定信号功率？

3．本实验所采用的测量方法有什么优点？测量微弱振动位移的灵敏度是多少？

【附录 23-A】VM99 双光栅微弱振动测量仪

VM99 双光栅微弱振动测量仪的箱内面板结构图如图 23-6 所示，含有激光源、信号发生器、频率计等，需要配置示波器进行测量。VM99 双光栅微弱振动测量仪的主要技术指标如下：

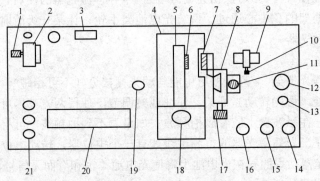

图 23-6　VM99 双光栅微弱振动测量仪面板结构

1—光电池升降调节手轮；2—光电池座，在顶部有光电池盒，盒前有一小孔光阑；3—电源开关；4—音叉座；5—音叉；6—动光栅（粘在音叉上的光栅）；7—静光栅（固定在调节架上）；8—静光栅调节架；9—半导体激光器；10—激光器升降调节手轮；11—调节架左右调节止紧螺钉；12—激光器输出功率调；13—耳机插孔；14—音量调节；15—信号发生器输出功率调节；16—信号发生器频率调节；17—静光栅调节架升降调节手轮；18—驱动音叉用的蜂鸣器；19—蜂鸣器电源插孔；20—频率显示窗口；21—三个信号输出插口（Y1 拍频信号，Y2 音叉驱动信号，X 为示波器提供"外触发"扫描信号，可使示波器上的波形稳定）

测量精度：5 μm，分辨率 1 μm

激光器：$\lambda = 635$ mm，0～3 mW

信号发生器：100～1000 Hz，0.1 Hz 微调，0～500 mW 输出

频率计：1～999.9 Hz，±0.1 Hz

音叉：谐振频率 500 Hz

光栅规格：100 条/mm

【参考文献】

[1] 南京浪博科教仪器研究所. 双光栅微弱振动测量仪使用说明书.

[2] 陈聪，李定国，刘熙世，秦国斌. 大学物理实验. 北京：国防工业出版社，2008.

实验 24　偏振光的研究

光的干涉和衍射现象表明了光是一种波动，但通过这两类现象无法判定光究竟是横波还是纵波。从 17 世纪末到 19 世纪初，在这漫长的一百多年间，相信波动说的人们都将光波与声波比较，无形中已把光视为纵波。相信光为横波的论点是托马斯·杨于 1817 年提出的，1817 年 1 月 12 日，托马斯·杨在给阿喇戈的信中根据光在晶体中传播产生的双折射现象推断光是横波。菲涅尔当时也独立地领悟到了这一思想，并运用横波理论解释了偏振光的干涉。麦克斯韦在 1865—1873 年间建立了光的电磁理论，从本质上说明了光的偏振现象。按电磁波理论，光是横波，即光的振动方向垂直于其传播方向。对光波偏振性质的研究使人们对光的传播规律和光与物质相互作用的规律有了新的认识，并在光学计量、光弹性技术、薄膜技术等领域有着广泛的应用。

【实验目的】

1. 观察光的偏振现象，掌握偏振光的基本规律；
2. 掌握利用偏振片获得偏振光的方法，验证马吕斯定律；
3. 了解产生与检验偏振光的元件，掌握一些光的偏振态的鉴别方法和测试技术。

【预备问题】

1. 什么是偏振光？它有哪些类型？
2. 什么是马吕斯定律？
3. 产生线偏振光的方法有哪几种？
4. 实验时为什么必须使入射光与波片表面垂直？

【实验仪器】

偏振光实验系统（包括冰洲石、格兰·泰勒棱镜、1/2 波片、1/4 波片等），He-Ne 激光器，光电信号检测仪。

【实验原理】

1. 光的偏振状态

光波是一种电磁波，而且是横波，它的电矢量 E 和磁矢量 H 相互垂直，且均垂直于光的

传播方向，通常用电矢量 **E** 代表光的振动方向，并将电矢量 **E** 和光的传播方向所构成的平面称为光振动面。在与传播方向垂直的面内，光矢量可能有各式各样的振动状态，我们将其称为光的偏振态。光按偏振态的不同，大致可分为自然光、部分偏振光和完全偏振光（包括线偏振光、圆偏振光和椭圆偏振光）。

在传播过程中，电矢量的振动方向始终在某一确定方向的光称为平面偏振光或线偏振光，如图 24-1(a)所示。

普通光源发射的光是由大量原子或分子辐射构成的。由于大量原子或分子的热运动和辐射的随机性，它们所发射的光的振动面，没有一个方向的振动比其他方向更占优势，即出现在各个方向的概率是相同的。故这种光源发射的光对外不显现偏振的性质，称为自然光，如图 24-1(b)所示。

在发光过程中，有些光的振动面在某个特定方向上出现的概率大于其他方向，即在较长时间内电矢量在某一方向上较强，这种光称为部分偏振光，如图 24-1(c)所示。

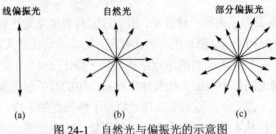

图 24-1　自然光与偏振光的示意图

还有一种偏振光，其振动面的取向和电矢量的大小随时间有规律地变化，而电矢量末端在垂直于传播方向的平面上的轨迹呈椭圆状或圆状，这种光称为椭圆偏振光或圆偏振光。线偏振光和圆偏振光可以是椭圆偏振光的特例。

2. 线偏振光的产生

获得线偏振光的常用方法有以下几种。

（1）由反射和折射产生偏振光

当自然光入射到折射率分别为 n_1 和 n_2 的两种介质（如空气和玻璃）的分界面上时，反射光和折射光一般为部分偏振光。改变入射角，反射光的偏振程度可以改变，当入射角为

$$i = i_B = \arctan \frac{n_2}{n_1} \tag{24-1}$$

时，反射光为线偏振光，其振动面垂直于入射面，而透射光为部分偏振光。式（24-1）称为布儒斯特定律，i_B 为布儒斯特角。

（2）光线穿过玻璃片堆产生偏振光

当自然光以布儒斯特角入射到一叠玻璃片堆上时，各层反射光全都是一平面偏振光，而折射光则因逐渐失去垂直于入射面的振动部分而成为部分偏振光，玻璃片越多，则折射透过的光越接近线偏振光，其振动面与入射角平行。

（3）由二向色性晶体的选择吸收产生偏振光

有些晶体（如电气石、人造偏振片）对两个相互垂直振动的电矢量具有不同的吸收本领，称为二向色性。当自然光通过二向色性晶体时，其中一部分的振动几乎被完全吸收，而另一部分的振动几乎没有损失，因此透射光就成为线偏振光。

（4）由晶体双折射产生偏振光

当一束自然光入射到某些各向异性晶体时，在晶体内折射后分解为两束光，即 o 光和 e 光，这两种光都是线偏振光。如方解石晶体做成的尼科尔棱镜只能让 e 光通过，使入射的自然光变为偏振光。

3. 马吕斯定律、偏振光的检验

将非偏振光变成偏振光的过程称为起偏，起偏的装置或器件叫做起偏器。检查某一光是否为偏振光的过程称为检偏，检偏的装置或器件叫做检偏器。实际上，能产生偏振光的装置或器件同样可用做检偏器。

强度为 I_0 的平面偏振光通过检偏器后，出射光的强度

$$I_\theta = I_0 \cos^2 \theta \tag{24-2}$$

式中，θ 为平面偏振光偏振面和检偏器主截面的夹角，这一关系式是由马吕斯（E. L. Malus，1775—1812）于 1808 年在实验中发现的，叫做马吕斯定律。

马吕斯定律可用于偏振光的检测。当起偏器和检偏器的取向使得通过的光强最大时，称它们为平行（此时 $\theta = 0$ 或 π），当二者的取向使系统射出的光强为零（$I = 0$ 时称为消光）时，称它们为正交（此时 $\theta = \pi/2$ 或 $3\pi/2$）。若 θ 介于上述各值之间时，则光强在最大和零之间。由此可检查入射光是否为偏振光，并确定其偏振化的方向。

4. 波片和椭圆（圆）偏振光

椭圆偏振光可以视为两个沿同一方向 z 传播的振动方向相互垂直的线偏振光的（如图 24-2 所示，一个电矢量为 E_x，一个电矢量为 E_y）合成：

$$E_x = A_x \cos \omega t \tag{24-3}$$

$$E_y = A_y \cos(\omega t + \varphi) \tag{24-4}$$

式中，A 表示振幅，ω 为两光波的圆频率，t 表示时间，φ 是两波的相对相位差。

消去参数 t，即得轨迹方程

$$\frac{E_x^2}{A_x^2} + \frac{E_y^2}{A_y^2} - \frac{2 E_x E_y}{A_x A_y} \cos \varphi = \sin^2 \varphi \tag{24-5}$$

这是一个一般椭圆方程。即合成矢量 E 的端点在波面内描绘的轨迹为一椭圆。椭圆的形状、取向和旋转方向，由 A_x、A_y 和 φ 决定。当 $A_x = A_y$ 及 $\varphi = \pm \pi/2$ 时，椭圆偏振光变成圆偏振光，当 $\varphi = 0, \pm \pi$ 或者当 A_x（或 A_y）$= 0$ 时，椭圆偏振光变为线偏振光。

如图 24-3 所示，光轴为 zz' 方向，当一线偏振光垂直入射到光轴平行于晶体表面的单轴晶片时，则入射光在晶片表面分解为 e 光（$A_e = A\cos\theta$）和 o 光（$A_o = A\sin\theta$）。

o 光和 e 光均沿原方向传播，但在晶片中，其传播速度不同，因而经晶片射出后会产生相位差。在方解石晶体（负晶体）中，e 光速度比 o 光速度快，而在石英晶体（正晶体）中，o 光速度比 e 光速度快。因此，通过晶片后两束光的相位差为

$$\varphi = \frac{2\pi}{\lambda}(n_o - n_e)d \tag{24-6}$$

式中，λ 为真空中的波长，n_o 和 n_e 分别为晶片对 o 光和 e 光的折射率，d 为晶片的厚度。

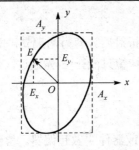

图 24-2　椭圆偏振光的合成

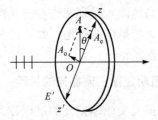

图 24-3　波片

一束线偏振光经过一块波晶片后，在一般情况下总是变成一个椭圆偏振光，轨迹方程为

$$\frac{E_x^2}{A_o^2} + \frac{E_y^2}{A_e^2} - \frac{2E_x E_y}{A_o A_e}\cos\varphi = \sin^2\varphi \tag{24-7}$$

（1）当晶片的厚度使产生的相位差 $\varphi = 2k\pi$ $(k = 0,1,2,\cdots)$ 时，光程差为 $k\lambda$ $(k = 0,1,2,\cdots)$，这样的晶片称为全波片（简称 λ 波片）。由式（24-7）得

$$E_y = \frac{A_e}{A_o}E_x \tag{24-8}$$

表明线偏振光通过 λ 波片后出射的 o 光和 e 光在相遇点处，其合成光为线偏振光，其振动方向与入射线偏振方向平行。

（2）当晶片的厚度使产生的相位差 $\varphi = (2k+1)\pi$ $(k = 0,1,2,\cdots)$ 时，光程差为 $(2k+1)\frac{\lambda}{2}$ $(k = 0,1,2\cdots)$，这样的晶片称为半波片（简称 $\lambda/2$ 波片）。由式（24-7）得

$$E_y = -\frac{A_e}{A_o}E_x \tag{24-9}$$

表明线偏振光通过 $\lambda/2$ 波片后出射的 o 光和 e 光在相遇点处，其合成光为线偏振光，不过 e 光落后 o 光 π 相位，如图 24-4 所示，振动面相对于原入射光的振动面转过 2θ 角。

（3）当晶片的厚度使产生的相位差 $\varphi = \frac{1}{2}(2k+1)\pi$ $(k = 0,1,2,\cdots)$ 时，光程差为 $(2k+1)\frac{\lambda}{4}$ $(k = 0,1,2,\cdots)$，这样的晶片称为四分之一波片（简称 $\lambda/4$ 波片）。由式（24-7）得

$$\frac{E_x^2}{A_o^2} + \frac{E_y^2}{A_e^2} = 1 \tag{24-10}$$

表明线偏振光通过 $\lambda/4$ 波片后出射的 o 光和 e 光在相遇点处，其合成光矢量末端的轨迹呈椭圆状，这种合成光称为椭圆偏振光，如图 24-5 所示。如果 o 光和 e 光的振幅相等，其合成光则为圆偏振光。

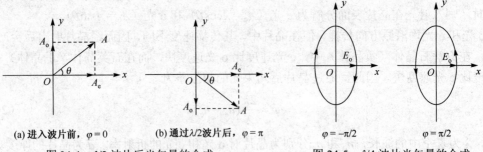

(a) 进入波片前，$\varphi = 0$　　　(b) 通过 $\lambda/2$ 波片后，$\varphi = \pi$　　　$\varphi = -\pi/2$　　　$\varphi = \pi/2$

图 24-4　$\lambda/2$ 波片后光矢量的合成　　　　图 24-5　$\lambda/4$ 波片光矢量的合成

若入射到波晶片上的光为椭圆偏振光，λ/2 波片将改变椭圆偏振光的椭圆取向（即长、短轴的取向）。此外，它还把右旋的圆偏振光或椭圆偏振光变为左旋，或左旋变为右旋，而 λ/4 波片也可将椭圆或圆偏振光变为偏振光。

【实验内容及步骤】

1. 观察光学各向异性晶体中的双折射现象

2. 用图 24-6 的检测光路验证马吕斯定律

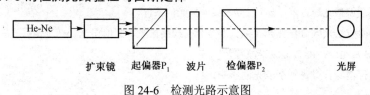

图 24-6　检测光路示意图

3. 研究线偏振光通过 λ/2 波片后的现象

（1）如图 24-6 所示，调整光路"同轴等高"，使起偏器 P_1 的透光方向竖直（思考是否必须竖直），转动检偏器 P_2，让光屏上的光斑消失，即消光。在 P_1 和 P_2 间装上 λ/2 波片，将 λ/2 波片转动一周，能看到几次消光？请加以解释。

（2）把 λ/2 波片任意转动一个角度，破坏消光现象，再将 P_2 转动一周，又能看到几次消光？由此说明通过 λ/2 波片后，光变为怎样的偏振状态？

（3）仍使 P_1 的透光方向竖直，P_1 和 P_2 正交，插入 λ/2 波片并转动它，使光屏出现消光（此时 λ/2 波片的 e 轴或 o 轴，以及 P_1 的透光方向都沿着竖直方向）。以此时 P_1 对应的角度为 $\theta = 0°$，保持 λ/2 波片不动，将 P_1 转动 $\theta = 15°$，破坏消光。再沿与转动 P_1 相反的方向转动 P_2 至消光位置，记录 P_2 所转过的角度 θ'。

（4）继续（3）的实验步骤，依次使 $\theta = 15°$，$30°$，$45°$，$60°$，$75°$，$90°$（θ 值是相对 P_1 的起始位置而言的），转动 P_2 到消光位置，自拟表格记录相应的角度 θ' 和实验现象。从实验结果能总结出什么规律？

4. 研究线偏振光通过 λ/4 波片后的现象

（1）取下 λ/2 波片，仍使 P_1 的透光方向竖直，P_1 和 P_2 正交，插入 λ/4 波片，转动 λ/4 波片使光屏出现消光。

（2）保持 λ/4 波片不动，将 P_1 转动 $\theta = 15°$，然后将 P_2 转动一周，观察光强的变化。

（3）继续（2）的实验步骤，依次使 $\theta = 15°$，$30°$，$45°$，$60°$，$75°$，$90°$，每次将 P_2 转动一周，观察光强的变化，自拟表格记录相应的实验现象，根据观察结果画图或用文字说明透过 λ/4 波片的出射光的偏振状态。

5. 椭圆（或圆）偏振光的检验

（1）在正交的 P_1 和 P_2 之间，使 λ/4 波片由消光位置转过 45° 角，这时通过 λ/4 波片后的出射光为圆偏振光。在 λ/4 波片和 P_2 之间再插入第二个 λ/4 波片，使 P_2 旋转一周，观察和记录出射光强的变化，并加以解释。

（2）取下 P_1 和第一个 λ/4 波片，让自然光直接入射到第二个 λ/4 波片上，再使 P_2 旋转一周，观察光强的变化。

比较上述结果，能得出什么结论？

（3）自行设计实验步骤，区别椭圆偏振光与部分偏振光。

【注意事项】

1．不要直视激光，以免伤害眼睛。
2．注意保护光学仪器，不要用手触摸光学镜头。

【思考题】

1．试说明椭圆偏振光通过 $\lambda/4$ 波片后变成线偏振光的条件。
2．怎样用实验方法来区分自然光、部分偏振光、线偏振光、圆偏振光、椭圆偏振光？
3．两片 $\lambda/4$ 波片组合，能否做成半波片？
4．实验中如何消除背景光和杂散光的影响？

【参考文献】

[1] 赵凯华，钟锡华．光学．北京：北京大学出版社，2005.

[2] 姚启钧．光学教程．北京：高等教育出版社，2002.

实验 25　用分光计测光栅常数及角色散率

由排列均匀、相互平行的大量狭缝所构成的光学元件称为光栅。光栅分为透射式和反射式两类，并有平面、凹面之分。本实验使用透射式平面刻痕光栅。

一般使用的光栅是在一块透明的玻璃上每毫米内刻有几十条至上千条缝。当光波在光栅上透射或反射时，将形成多光束衍射，形成一定的衍射图样，可以把入射光中不同波长的光分开。所以，光栅和棱镜一样，是一种重要的分光元件。光栅的主要用途是形成光谱，由它构成的光栅摄谱仪、光栅单色仪在现代工业和科学研究方面已得到极其广泛的应用。如根据所摄谱线及其强度，可定性及定量分析待测物质中所含有的元素及其含量，研究其物质结构等。

对光栅的衍射现象进行研究，不仅有助于加深对光的波动性的理解，而且也有助于进一步学习近代光学实验技术，如光谱技术、晶体结构分析、全息照相、光学信息处理等。

【实验目的】

1．熟悉分光计的调节与使用；
2．观察光通过光栅的衍射现象，了解光栅的主要特性；
3．学会用透射光栅测定光栅常数、角色散率、角分辨率及光波波长。

【预备问题】

1．如何调整才能使光栅片的放置满足实验的要求？光栅为什么要按图 25-5 所示位置放置？
2．什么是光栅常数及光栅分辨本领？如何测定？
3．如果在望远镜中观察到的谱线是倾斜的，应如何调整？
4．如何测量光栅的衍射角？

【实验仪器】

分光计，平面光栅，平面镜，汞灯。

【实验原理】

1. 光栅常数和光栅方程

常用的透射式平面刻痕光栅是用光学玻璃片刻制而成的。当光照射到光栅表面时，刻痕处不透光。只有在刻痕之间的光滑部分，光才能通过。光栅衍射光路图如图 25-1 所示。设缝宽为 a，刻痕宽度为 b，相邻两狭缝对应点的距离 $d = a + b$ 称为**光栅常数**。

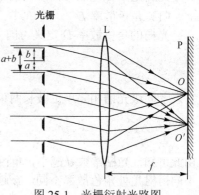

图 25-1 光栅衍射光路图

根据夫琅和费衍射原理，当波长为 λ 的平行光束垂直照射到光栅平面上时，在每一狭缝处都将产生衍射，但由于各缝发出的衍射光都是相干光，彼此之间又产生干涉。如果在光栅后面放置一透镜 L，光通过 L 后会聚到屏上，就会形成一系列亮暗相间的条纹，称为谱线（见图 25-1，实际测量时，不用透镜而用望远镜）。

由图 25-1 可知，相邻两缝对应点出射的光束之光程差为

$$\Delta = (a + b)\sin\varphi = d\sin\varphi$$

当衍射角符合条件

$$d\sin\varphi = k\lambda \qquad (k = 0, \pm 1, \pm 2, \cdots) \tag{25-1}$$

时，该衍射方向的光将会得到加强，称为主极大，其他方向的衍射光或者完全抵消，或者强度很弱，几乎成暗背景。式（25-1）称为**光栅方程**，其中 k 为光谱线的级数，对应于 $k = 0$ 的条纹为中央明纹，称为零级谱线。其他级数的谱线对称地分布在零级谱线的两侧。必须注意式（25-1）是入射平行光与光栅平面垂直的情形下导出的，否则光栅方程应考虑入射角的因素而要加以修改。

如果入射光是一束包含多种波长的复色光，根据式（25-1）可以看出，除 0 级谱线外，对于同一级谱线，复色光里不同波长的光对应有不同的衍射角，即复色光通过光栅后被分解，这就是光栅的分光作用或色散作用。在中央明条纹两侧的各级光谱都按波长的大小次序排列成一组彩色谱线，称为**衍射光谱**（也叫**光栅光谱**）。例如本实验使用低压汞灯做光源，其衍射光谱除 0 级谱线外，各级都有四条比较强的特征谱线：紫色 4358Å、绿色 5461Å、黄色 5770Å 和 5791Å，如图 25-2 所示。

图 25-2 汞灯的多级衍射光谱

如果光栅质量好，还能看到另外一些较弱的谱线。0 级亮线是复色光各种波长的零级主极大重叠的结果。

根据光栅方程，若光栅常数 d 已知，只要测定某谱线的衍射角 φ 及对应的谱线级数 k，即可间接测出该谱线的波长 λ；反之，如果波长是已知的，则可间接测出光栅常数。

2. 光栅的基本特性参数

光栅是一种色散元件，其基本特性可用角色散率 D 和分辨本领 R 两个参数来描述。

（1）角色散率 D

光栅的角色散率 D 定义为同一级两条谱线衍射角之差 $\Delta\varphi$ 与其波长差 $\Delta\lambda$ 之比，即

$$D = \frac{\Delta\varphi}{\Delta\lambda} \tag{25-2}$$

它表示同级光谱相隔单位波长两束光被分开的角度。将光栅方程式（25-1）微分可得

$$D = \frac{\Delta\varphi}{\Delta\lambda} = \frac{k}{d\cos\varphi} \tag{25-3}$$

由此可知，光栅常数 d 越小，角色散率越大；光谱级次越高，角色散率也越高；k、d 一定时，不同衍射角处角色散率不同，φ 越大，D 也越大；但如果衍射角不大，$\cos\varphi$ 接近不变，角色散率 D 可以视为一个常数，此时衍射角 φ 与波长 λ 成正比，即光谱随波长的分布均匀。所以，光栅光谱又称为"匀排光谱"。

角色散率反映了光栅将不同波长谱线分开的程度。D 值越大，谱线分得越开，便于观察和精确测量。

（2）分辨本领 R

角色散率只是表示了两条谱线在谱面上分开的角度，并不能说明这两条谱线是否能被分辨清楚。光栅分辨本领 R 就是指把波长靠得很近的两条谱线分辨清楚的本领。其定义为两条恰好能分辨的谱线的平均波长 λ_D 与其波长差 $\Delta\lambda$ 之比，即

$$R = \frac{\lambda_D}{\Delta\lambda} \tag{25-4}$$

按瑞利条件，所谓两条恰好能分辨的谱线，是指其中一条谱线的极大正好落在另一条谱线的第一极小处，如图 25-3 所示。由此条件可推得光栅的分辨本领

$$R = kN \tag{25-5}$$

式中，k 为光谱级数，N 为被入射平行光照射的光栅有效面积内的狭缝总条数。因为光栅光谱的级数一般不会很高，所以光栅的分辨本领主要取决于 N。被照射的光栅狭缝总数目越多，衍射谱线就越细锐。

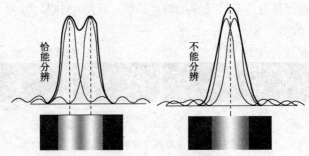

图 25-3　谱线的分辨条件

【实验内容及步骤】

1. 调节分光计处于测量状态

应用分光计进行光栅衍射实验测量，首先要把分光计调整到测量状态。

① 望远镜聚焦于无穷远；② 平行光管出射平行光；③ 望远镜光轴、平行光管光轴和载物台面均与分光计主轴垂直。

具体调整请按照"分光计调节与使用"实验项目介绍的方法进行。

2．光栅片放置调节

光栅片的放置应满足如下要求。

（1）调节光栅平面与入射光垂直

调节光栅平面与入射光垂直也就是调节光栅平面与分光计平行光管的光轴垂直。调节方法：

① 调好分光计后，把望远镜对准平行光管，使分划板上的十字竖线与平行光管狭缝像亮线重合（见图 25-4），然后锁紧望远镜；

② 把光栅片按图 25-5 的要求放置在载物台上；

③ 以光栅面作为反射面，用自准直法调节——调节载物台下螺钉 6b 或 6c，配合仔细转动刻度盘带动载物台，使反射绿十字像与分划板的上十字线重合，如图 25-6 所示，即可使光栅平面垂直于平行光管光轴（注意，不能动望远镜的仰角螺钉）；

④ 锁紧游标盘和载物台，此后载物平台不可再转动。

图 25-4

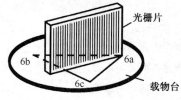

图 25-5　光栅片的放置

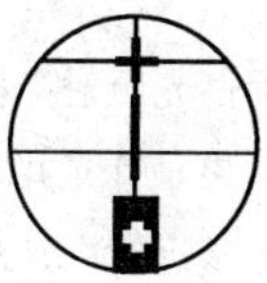

图 25-6　十字像与十字线重合

（2）调节光栅片刻痕与分光计中心转轴平行

调节方法：松开望远镜锁紧螺钉，转动望远镜观察衍射光谱的分布，若有类似如图 25-7 所示中央明条纹两侧的光谱线不等高，说明光栅刻痕与中心转轴不平行。此时可调节载物台下螺钉 6a，直到中央明条纹两侧的光谱线在水平方向高度一致。则刻痕与中心转轴平行。

必须注意：调好后还需再返回检查光栅平面是否仍平行于转轴。若有改变，则必须反复调节，直到两个要求均得到满足为止。

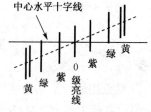

图 25-7　光栅刻线与分光计主轴
不平行时，看到的谱线

此后，在整个测量过程中载物台及其上的光栅位置不可再变动。

另外，若观察到望远镜中的谱线倾斜，应调节平行光管的狭缝，使谱线竖直。

3．光栅光谱的观察

转动望远镜观察光栅的色散（分光）现象，记录各色谱线的分布和排序，分析原因？

4．测定汞灯±1 级绿光谱线的衍射角

转动望远镜，分别对准+1 和−1 级各衍射谱线，列表记录相应的角位置读数。如（$\theta_{+1绿}$，$\theta'_{+1绿}$）和（$\theta_{-1绿}$，$\theta'_{-1绿}$），则汞灯绿光谱线的衍射角 φ 为

$$\varphi = \frac{1}{4}\left(\left[\left|\theta_{+1绿} - \theta_{-1绿}\right| + \left|\theta'_{+1绿} - \theta'_{-1绿}\right|\right]\right) \tag{25-6}$$

重复测量三次，求平均值 $\overline{\varphi}_绿$。代入式（25-1）求出光栅常数 d 值（$\lambda_绿 = 546.07\ \text{nm}$）。

按式（25-5）计算光栅分辨本领 R。此处，$N = l/d$，l 为光栅受照面积的宽度，亦即平行光管的通光孔径（JJY1′ 型分光计 l 取 22 mm）；d 为光栅常数的测量值。

5. 测定汞灯±1 级两黄光谱的衍射角

测定汞灯±1 级黄 1、黄 2 谱线的衍射角 $\varphi_{黄1}$、$\varphi_{黄2}$，列表记录测量数据。代入式（25-1）计算黄 1、黄 2 谱线的波长 $\lambda_{黄1}$、$\lambda_{黄2}$ 的测量值，并与汞灯两黄光波长公认值比较，求相对误差 $E_{\lambda黄1}$、$E_{\lambda黄2}$（汞灯两黄光波长的公认值分别为 577.0 nm 和 579.1 nm）。

6. 计算两黄光谱的角色散率

计算两黄光谱线处的角色散率 D，式（25-2）中 $\Delta\lambda = \left|\lambda_{黄2} - \lambda_{黄1}\right|$，$\Delta\varphi = \left|\varphi_{黄2} - \varphi_{黄1}\right|$。

【注意事项】

1. 光栅片是精密光学元件，严禁用手触摸刻痕，以免弄脏或损坏。
2. 汞灯在使用时不要频繁启闭，否则会降低其寿命。熄灭后未冷却时应避免振动与摇晃。
3. 不要用眼睛直视点燃的汞灯，以免紫外线灼伤眼睛。

【思考题】

1. 用白光照射光栅时，形成什么样的光谱？
2. 如果平行光并非垂直入射光栅片，而是斜入射，衍射图样会有何变化？
3. 在望远镜中，观察到谱线倾斜时，应如何调整？
4. 实验中当狭缝太宽或太窄时将会出现什么现象？为什么？
5. 当用波长为 589.3 nm 的钠黄光垂直照射到每毫米具有 500 条刻痕的平面透射光栅上时，最多能观察到第几级谱线？

实验 26　激光全息照相

普通照相记录下来的是物体光波的强度，不能记录相位，因而丢失了物体纵深方向的信息，照片看起来没有立体感。1948 年英国科学家盖伯（D. Gabor）在研究电子显微镜的分辨率时，采用了一种两步无透镜成像法，可以提高电子显微镜的分辨本领。他提出的方法，利用了光的干涉原理来记录物光波并利用光的衍射原理来再现物光波，这种方法可以同时记录下物体光波的振幅和相位，这是全息照相的基本原理，为此他在 1971 年获得诺贝尔物理学奖。

"全息"来自希腊字"holo"，含义是"完全的信息"，即包含光波中的振幅和相位信息。利用激光全息照相得到的全息图，图上的任何一块小区域都能重现整个物体的像。激光全息照相在流场显示、无损探伤、全息干涉计量和制作全息光学元件等领域有着广泛的应用。

【实验目的】

1. 加深理解激光全息照相的基本原理；
2. 初步掌握拍摄全息照片和观察物体再现像的方法；
3. 了解全息照相技术的主要特点，并与普通照相进行比较；
4. 了解显影、定影、漂白等暗室冲洗技术。

【预备问题】

1. 全息照相有哪些特点？简要说明全息照相与普通照相的根本区别。

2. 为什么全息记录时要求参考光和物光之间的夹角比较小？为什么要求参考光和物光的光程差尽量小？

3. 全息记录时理论上要求参考光与物光的光强比选择为 4:1～10:1 之间，实验中又总是让分束镜分出的较强光束进入物光光路，两者矛盾吗？

【实验仪器】

He-Ne 激光器（波长为 632.8 nm），全息平台，光学元件，显影液，定影液，暗室冲洗设备。

光学元件含有：（1）分束镜 P（如图 26-1 所示）：它可以将入射光分成两束相干的透射光和反射光。用透过率表示分束性能，如透过率为 95%，表示透射光与反射光分别占入射光强的 95% 与 5%。（2）平面反射镜 M_1、M_2：能根据需要改变光束方向。（3）扩束镜 L_1、L_2：能扩大激光束的光斑。用放大倍数表示其扩束性能，如 25× 和 60× 等。相同情况下，放大倍数越大，被扩束的光斑范围越大，光强越小。（4）光学元件调整架：用于固定光学元件，被固定的光学元件可以获得上下、左右及俯仰等方向的调节。整个调整架能够在平台上移动，借助磁吸力也可以被固定在平台钢板上。（5）全息底片 H：用于记录干涉图样。常选用分辨率为 3000 条/mm 的天津 I 型，可以在暗室里用玻璃刀将底片裁成约 4 cm × 6 cm 的大小。（6）接收屏：白屏。（7）载物台：放置物体的小平台。（8）被摄物体 O：选用反光好的玻璃或陶瓷小工艺品。（9）定时快门：控制曝光时间。

【实验原理】

1. 全息照相与普通照相的主要区别

物体上各点发出（或反射）的光（简称物光波）是电磁波，借助它们的频率、振幅和相位信息的不同，人们可以区别物体的颜色、明暗、形状和远近。普通照相是运用几何光学中透镜成像的原理，把被拍摄物体成像在一张感光底片上，冲洗后就得到了一张记录物体表面光强分布的平面图像，像的亮暗和物体表面反射光的强弱完全对应，但是无法记录光振动的相位，所以普通照相没有立体感，它得到的只能是物体的一个平面像。所谓全息照相，是指利用光的干涉原理把被拍摄物体的全部信息——物光波的振幅和相位，都记录下来，并能够完全再现被摄物的全部信息，从而再现形象逼真的物体立体像。全息照相的过程分两步：记录和再现。全息照相的数学描述见本实验附录 26-A。

2. 光的干涉——全息记录

全息照相是一种干涉技术，为了能够清晰地记录干涉条纹，要求记录的光源必须是相干性能很好的激光光源。图 26-1 是拍摄全息照片的光路示意图。

由激光器发出的激光束，通过分束镜分成两束相干的透射光和反射光：一束光经反射镜 M_1 反射，再经扩束镜 L_1 扩束后照射到被拍摄物体上，然后从物体投向全息底片 H 上，这部分光称为物光。另一束光经反射镜 M_2 反射，再经扩束镜 L_2 扩束直接照射到底片上，称为参考光。由于同一束激光分成的两束光具有高度的时间相干性和空间相干性，在照相底片上相遇后，形成干涉条纹。由于被摄物体发出的物光波是不规则的，这种复杂的物光光波是由无数的球面波叠加而成的，因此，在全息底片上记录的干涉图样是一些无规则的干涉条纹，这就是全息图。

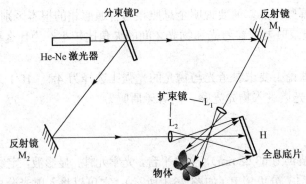

图 26-1　拍摄全息照片的光路示意图

全息照相采用了一种将相位关系转换成相应振幅关系的方法，把相位关系以干涉条纹明暗变化的形式记录在全息底片上。干涉条纹上各点的明暗主要取决于两相干光波在该点的相位关系（与两光波的振幅也有关）。干涉条纹的明暗对比度（即反差）决定于物光和参考光的振幅，即条纹的反差包含有物光光波的振幅信息。在全息照相中，无规则的干涉条纹的间距是由参考光与物光波投射到照相底片时二者之间的夹角决定的，夹角大的地方条纹细密，夹角小的地方条纹稀疏。物光波的全部信息以干涉条纹的形式记录在全息底片上，经显影、定影等处理就得到全息照片。

3．光的衍射——全息照相的再现

全息图上看不到如普通照片那样的拍摄物体的像，只有在高倍显微镜下可看到浓淡、疏密、走向不同的干涉条纹。所以，一张全息图片相当于一块复杂的"衍射光栅"，而物像再现的过程就是光的衍射过程。一般采用拍摄时所用的激光作为照明光，并以特定方向或与原参考光相同的方向照射全息图片，就能在全息图片的衍射光波中得到 0 级衍射光波和 ±1 级衍射光波（如图 26-2 所示）。

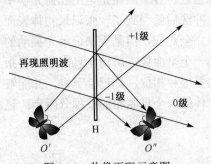

图 26-2　物像再现示意图

0 级衍射光：具有再现光的相位特性，其方向与再现光相同。

+1 级衍射波：发散光，具有原始物光波的一切特性，可以观察到与原物体完全相同的再现虚像。

−1 级衍射波：会聚光，具有与原物光波共轭的相位，在虚像的相反一侧观察到实像。

最简单的再现方法是按原参考光的方向照射全息图片。如光路图 26-2 所示，把拍好的全息照片放回底片架上，遮挡住光路中的物光（转动其反射镜 M_1 或其他办法），移走光路中的被拍物体，只让参考光照在全息图片上。这样在拍摄物体方向可看到物的虚像，在全息照片另一侧有一个与虚像共轭的对称实像。

4．全息记录的主要特征

（1）立体感强。全息照相记录的是物体光波的全部信息，因此通过全息照片所看到的虚像是逼真的三维物体，立体感强，看上去好像实物就在眼前。如果从不同角度观察全息图的再现虚像，就像通过窗户看室外景物一样，可以看到物体的不同侧面，有视差效应和景深感。这一特点使全息照相在立体显示方面得到广泛应用。

（2）具有可分割性。因为全息照片上每一点都有可能接收到物体各点来的散射光，即记录来自物体各点的物光波信息。反过来说，物体上每一点的散射光都可照射到全息底片的各个点，所以把全息照片分成许多小块，其中每一小块都可以再现整个物体，即使将底片打碎了，任意一碎片仍能再现出完整的物像。但面积越小，再现效果越差。这一特点使全息照相在信息存储方面开拓了应用领域。

（3）全息照片的再现可放大和缩小。用不同波长的激光照射全息照片，由于与拍摄时所用激光的波长不同，再现的物像就会发生放大或缩小。

（4）同一张全息底片可重叠多个全息图。具有可多次曝光的特性，在一次全息照相曝光后，只要稍微改变感光胶片的方位（或物光波或参考光的方向），就可以进行第二次、第三次曝光，记录不同的被摄物而不发生重叠。并且再现时，只要适当转动底片即可获得互不干扰的物像。例如，对于不同的景物，采用不同角度的参考光束，则相应的各种景物的再现像就出现在不同的衍射方向上，每一再现的像可不受其他再现像的干扰而显示出来。如果参考光不变，而使物体变化前后的两个物光波分别与参考光干涉，并先后记录在同一张全息底片上，再现时就能通过全息图的观察，得到物体变化的信息，但重叠次数不宜多。这种两次曝光法是广泛应用的全息干涉计量的主要方法。

5．全息照相的拍摄条件

（1）对光源的要求。必须使用具有高度空间和时间相干性的光源，并要有足够的功率，使用要方便。常用的小型 He-Ne 激光器，其输出功率为 1～2 mW，可用来拍摄较小的漫反射物体。

（2）对系统稳定性的要求。如果在曝光过程中，干涉条纹的移动超过半个条纹宽度，干涉条纹就记录不清；如果小于半个条纹宽度，全息图像有时仍可形成，但质量会受到影响。所以，记录的干涉条纹越密（物光和参考光夹角越大）或曝光时间越长，对稳定性的要求就越高，为此，需要有一个刚性和隔振性能都良好的工作台，系统中所有光学元件和支架都要使用磁性座牢固地吸在台面钢板上，以保证各元件之间没有相对移动。曝光过程中不可高声谈话，不要走动，以保证实验的顺利进行。

（3）对光路的要求。从分束镜开始，激光束被分成参考光和物光，最后在全息底片上相遇。实验中，参考光和物光之间的光程差、夹角、光强比都有一定的要求：① 光程差要尽量小，一般不超过 10 cm。② 物光和参考光投射到全息底片上的夹角要适当（一般选取 30°～50°）。夹角小一些，可以减低对系统的稳定性及底片分辨率的要求；③强度比要合适，一般选择参考光与物光在全息底片上的强度比在 4:1～10:1 之间。这时，全息图将有比较大的反差，再现的图像会有比较好的效果。

（4）对全息底片的要求。要获得优良的全息图，一定要有合适的记录介质。目前使用的 I 型全息底片，分辨率可达 3000 条/mm 左右，能满足一般的拍摄要求，但使用时，物光和参考光的夹角以小于 30°～50° 为宜。I 型全息底片专门用于 He-Ne 激光（波长为 632.8 nm），对绿光不敏感，可在暗绿灯下操作。

【实验内容及步骤】

1．设计布置全息光路：调整全息记录平面上的物光与参考光的夹角、光强比，调整物光光程、参考光光程，满足全息光源相干长度的要求。

2．拍摄全息图（记录物光波和参考光波的干涉条纹）。

3．将底片进行显影、定影、漂白等处理后漂洗凉干即成全息照片。

4．物像再现、观察并记录实验现象。

① 激光照射全息底片的乳胶面，尽可能使光照方向与原来的参考光束方向一致。从照片反面观察物像。物像的位置与原物位置是什么关系？

② 改变观察角度，物像有什么变化？为什么全息照相能观察到立体图像，而普通照相只能看到平面图像？

③ 移去激光器的扩束镜，使激光束只照射在照片的很小一部分上，观察物像。为什么仍能看到整个物像，而不是只看到像的一个局部？如果打碎全息片，用激光照射其中任意一块碎片，能否看到整个物像？这和普通照片有什么不同？

④ 把全息片的正反面翻转，使乳胶面向着观察者，用不扩束的激光束照射，再用毛玻璃在全息片后面（观察者一侧）移动，接收并观察实像。

5．对以上观察结果做出合理解释。

【注意事项】

1．眼睛不能直接对着激光观察。观察光斑时应将激光束照射在白屏上。

2．光学元件的光学表面应保持清洁，切勿用手、布片、纸片等擦拭。

3．拍摄前几分钟及整个曝光时间内，操作人员必须离开全息台并保持静止，确保全息照相在稳定状态下进行。

【思考题】

1．光路基本摆好后，移动哪一种元件既不影响光程差和夹角又能改变光强比？

2．用两个相同的激光器发出的激光分别作为参考光和物光，能否制作出全息图？为什么？如果再现时换一种波长的光源，能否看到再现像？如果可以，将有何变化？

3．为什么全息照片的每一碎片都能再现整个物体的像？

4．为什么用 He-Ne 激光拍摄的全息照片可以在暗绿色灯下进行暗室处理？

【参考文献】

[1] 吕乃光．傅里叶光学（第 2 版）．北京：机械工业出版社，2006.

[2] 杨述武．普通物理实验（二、电磁学部分）．北京：高等教育出版社，2000.

【附录 26-A】全息照相的数学描述

1．全息记录的光强分布

激光照射物体后的物光波的表达式为

$$u_O = A_O \exp[j(\varphi_O + \omega t)] \tag{26-1}$$

式中，A_O 为物光波的空间振幅，φ_O 为物光波的空间相位，ωt 为物光波传播时的瞬时相位。

参考光波的表达式为

$$u_R = A_R \exp[j(\varphi_R + \omega t)] \tag{26-2}$$

式中，A_R 为参考波的空间振幅，φ_R 为参考波的空间相位。

当 u_O 与 u_R 在照相底片平面(x,y)上相遇时，由于激光的相干性而产生干涉，干涉条纹的强度 $I(x,y)$ 为

$$I(x,y) = A_O^2 + A_R^2 + A_O A_R \exp[j(\varphi_O - \varphi_R)] + A_O A_R \exp[-j(\varphi_O - \varphi_R)]$$
$$= A_O^2 + A_R^2 + A_O A_R \cos(\varphi_O - \varphi_R) \tag{26-3}$$

式中，第一项是物光波光强，第二项是参考光波光强。如果让规则的参考光比物光波强许多，那么此两项在记录平面上将构成较为均匀的背景。第三项是干涉项，包含着物光波的振幅 A_O 和位相 φ_O 的全部信息。其中 $A_O A_R$ 因子与 $A_O^2 + A_R^2$ 的比值决定了 (x,y) 点附近干涉条纹的明暗对比度。$\cos(\varphi_O - \varphi_R)$ 因子则决定了 (x,y) 点附近干涉条纹的分布状况。因此底片上记录下来的光强分布包含着物光波的振幅和位相全部信息。

2. 全息再现

怎样才能从全息图上取出物光波信息呢？由于全息图上记录的是干涉条纹，可以视为一个复杂的衍射光栅，而透过光栅的衍射光波的振幅、相位与光栅图样有关。也就是说，透过全息图的衍射光携带着物光波的振幅与相位信息。由照相技术知道，如曝光和显影恰当，底片的光波透过率 $T(x,y)$ 与曝光时的光强 $I(x,y)$ 呈线性关系，即

$$T(x,y) = T_0 + \beta \cdot I(x,y) \tag{26-4}$$

式中，T_0 为照相底片的灰雾度，β 为曝光曲线上线性区的斜率，$I(x,y)$ 为全息图上的光强分布。

将式（26-3）代入式（26-4），得透射光波为

$$T(x,y) = (T_0 + \beta \cdot A_R^2) + \beta \cdot A_O^2 + \beta \cdot [A_O A_R \exp j(\varphi_O + \varphi_R)] + \beta \cdot [A_O A_R \exp(-j)(\varphi_O - \varphi_R)]$$

式中，第一、二项不含物光波相位信息，沿再现光方向传播，为 0 级衍射光；第三项正比于物光波，好像从被拍摄物发出，是 +1 级衍射光，可再现与物体完全逼真的三维立体虚像；第四项包含着物光波的共轭光，是 −1 级衍射光，在一定条件下会形成一个畸变的与实物的凹凸相反的共轭实像。综上所述，应用光的衍射原理，可再现物光的全部信息，还原出物体的三维立体图像。

实验 27　调制传递函数的测量与透镜像质评价

光学成像系统是传递信息的系统，光波携带输入图像的信息从物平面传播到像平面，输出像的质量完全取决于光学系统的传递特性。现实世界不存在绝对理想的成像，事实上通过成像系统后，像质（成像质量）或多或少会变坏。传统的光学系统像质评价方法是星点法和鉴别率法，但它们各自存在一些缺点[1]。

20 世纪 50 年代，霍普金斯（H. H. Hopkins）提出了光学传递函数的概念，其处理方法是将输入图像视为由不同空间频率的光栅组成，通过研究这些空间频率分量在系统传递过程中丢失、衰减、相移等变化的情况，计算出光学传递函数的值并作出曲线，并由这条曲线来表征光学系统对不同空间频率图像的传递性能，这种方法是一种比较科学和全面的评价成像系统的成像质量的方法。现在人们广泛用传递函数来作为像质评价的判据，这种评价更为客观。

【实验目的】

1. 了解传递函数测量的基本原理，掌握传递函数测量和成像质量评价的近似方法；
2. 通过对不同空间频率的矩形光栅成像的方法，测量透镜的调制传递函数。

【预备问题】

1. 什么是光学成像？为什么会产生成像失真？
2. 传统的评价成像质量好坏的方法有哪些？它们有何优缺点？
3. 25 lp/mm 的光栅表示什么意思？

【实验仪器】

传递函数实验装置（硬件包括三色面光源、目标板、待测透镜和CCD；软件包括图像采集软件、调制传递函数计算软件），如图27-1所示。

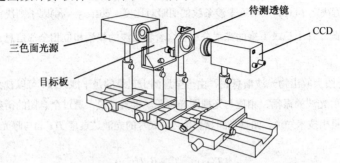

图 27-1　传递函数实验装置图

【实验原理】

任何二维物体$g(x, y)$都可以分解成一系列沿x方向和y方向的不同空间频率(v_x, v_y)的简谐函数（物理上表示正弦光栅）的线性叠加：

$$g(x,y) = \int_{-\infty}^{\infty} \int_{-\infty}^{\infty} G(v_x, v_y) \exp\left[j2\pi(v_x x + v_y y) \right] dv_x dv_y \tag{27-1}$$

式中，$G(v_x, v_y)$是物体函数$g(x, y)$的傅里叶频谱，它表示物体所包含的空间频率(v_x, v_y)的成分含量，其中低频成分表示缓慢变化的背景和大的物体轮廓，高频成分则表征物体的细节。

当该物体经过光学系统后，各个不同频率的正弦信号发生两种变化：首先，是对比度下降；其次，是相位发生变化，而相应的$G(v_x, v_y)$变为像的傅里叶频谱$G'(v_x, v_y)$，这一过程可表示为

$$G'(v_x, v_y) = G(v_x, v_y) \cdot H(v_x, v_y) \tag{27-2}$$

式中，$H(v_x, v_y)$称为光学传递函数，它是一个复函数，可以表示为

$$H(v_x, v_y) = m(v_x, v_y) \exp\left[j\phi(v_x, v_y) \right] \tag{27-3}$$

式中，模$m(v_x, v_y)$被称为调制传递函数（Modulation Transfer Function，MTF），相位部分$\phi(v_x, v_y)$则称为相位传递函数（Phase Transfer Function, PTF）。

对像的傅里叶频谱$G'(v_x, v_y)$再做一次逆变换，就得到像的复振幅分布

$$g'(x,y) = \int_{-\infty}^{\infty} \int_{-\infty}^{\infty} G'(v_x, v_y) \exp\left[-j2\pi(v_x x + v_y y) \right] dv_x dv_y \tag{27-4}$$

空间频率是用一种叫"光栅"的目标板来测试的，它的线条从黑到白逐渐过渡，见图27-2。相邻的两个最大值的距离是正弦光栅的空间周期，单位是毫米（mm）。空间周期的倒数就是空间频率（Spatial Frequency），单位是线对/毫米（lp/mm）。正弦光栅最亮处与最暗处的差别，反映了图形的反差（对比度）。设最大亮度为I_{max}，最小亮度为I_{min}，我们用调制度（Modulation）表示反差的大小。调制度m定义如下：

$$m = \frac{I_{max} - I_{min}}{I_{max} + I_{min}} \tag{27-5}$$

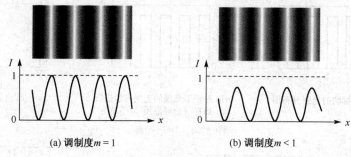

(a) 调制度 $m = 1$　　　　　　　(b) 调制度 $m < 1$

图 27-2　正弦光栅及其规一化光强分布图

很明显，调制度介于 0 和 1 之间。图 27-2(a) 表示 $m = 1$ 的情况，图 27-2(b) 表示 $m < 1$ 的情况。显然，反差越大，调制度越大。当最大亮度与最小亮度完全相等时，反差完全消失，这时的调制度等于 0。

光学系统的调制传递函数表示为给定空间频率情况下，像和物的调制度之比：

$$\text{MTF}(v_x, v_y) = \frac{m_i(v_x, v_y)}{m_o(v_x, v_y)} \tag{27-6}$$

式中，$\text{MTF}(v_x, v_y)$ 表示在传递过程中调制度的变化，一般来说 MTF 越高，系统的像越清晰。显然，当 MTF = 1 时，表示像包含了物的全部信息，没有失真。但由于光波在光学系统孔径上发生了衍射以及存在像差（包括光学元件设计中的余留像差及装调中的误差），信息在传递过程中不可避免要出现失真，总的来讲，空间频率越高，传递性能越差。除零频以外，MTF 的值永远小于 1。平时所说的光学传递函数往往就是指调制传递函数 MTF。图 27-3 给出一个光学镜头的 MTF 曲线。

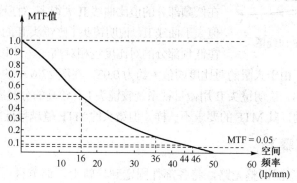

图 27-3　光学镜头的 MTF 曲线

本实验用 CCD 对矩形光栅的像进行抽样处理，测定像的归一化调制度，并观察离焦对 MTF 的影响。

一个矩形光栅目标物的光强分布如图 27-4(a) 所示，横坐标是光栅的空间尺寸，纵坐标是归一化光强分布。如果光学系统生成无失真的像，像仍为矩形光栅，如图 27-4(b) 所示。在软件中对像进行抽样统计，其直方图为一对 δ 函数，位于 0 和 1，如图 27-4(c) 所示，横坐标是归一化光强，范围从 0 至 1，纵坐标是对应于光强值的统计结果。

由于衍射及光学系统像差的共同效应，实际光学系统的成像不再是矩形光栅，而是如图 27-5(a) 所示的不完善像。对图 27-5(a) 所示图形实施抽样处理，其直方图见图 27-5(b)。找出直方图高端的极大值 m_H 和低端极大值 m_L，它们的差 $m_H - m_L$ 近似代表在该空间频率下的调制传递函数 MTF 的值。

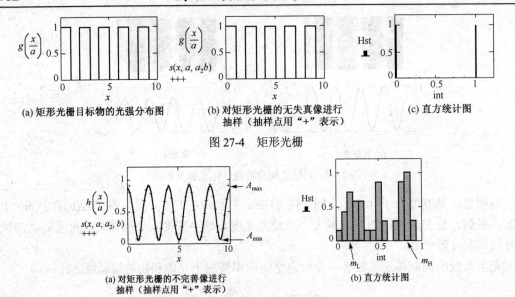

(a) 矩形光栅目标物的光强分布图　　　(b) 对矩形光栅的无失真像进行　　　(c) 直方统计图
抽样（抽样点用"+"表示）

图 27-4　矩形光栅

(a) 对矩形光栅的不完善像进行　　　(b) 直方统计图
抽样（抽样点用"+"表示）

图 27-5　实际光学系统的成像

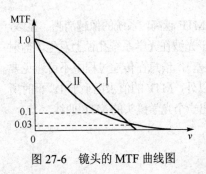

图 27-6　镜头的 MTF 曲线图

镜头是照相机的关键部件，用 MTF 曲线可以定量评价镜头成像质量的优劣。图 27-6 是照相机镜头随频率 ν 变化的两条 MTF 函数曲线。两个镜头系统Ⅰ和Ⅱ的截止频率（当某一频率的对比度下降至零时，说明该频率的光强分布已无亮度变化，即把该频率叫截止频率）ν_{I} 和 ν_{II} 不同，$\nu_{I} < \nu_{II}$，但曲线Ⅰ在低频部分的值比曲线Ⅱ大得多。对摄影而言，曲线Ⅰ的 MTF 值大于曲线Ⅱ，说明镜头Ⅰ比镜头Ⅱ的分辨率高，并且镜头Ⅰ在低频部分的对比度也相对高一些，用镜头Ⅰ能拍摄出层次丰富、真实感强的图像。由于人眼的对比度阈值大约为 0.03，在图 27-6 中的 MTF = 0.03 处，曲线Ⅱ的 MTF 值大于曲线Ⅰ，说明镜头Ⅱ用做目视系统较镜头Ⅰ有较高的分辨率。在实际评价成像质量时，不同的使用目的，其 MTF 的要求不一样。但镜头的 MTF 值越接近 1，镜头的性能越好。

【实验内容及步骤】

（1）参照光路示意图调整光路，将各部件固定到导轨上，调节目标板、待测透镜、CCD 同轴等高。

（2）将 CCD 与图像采集卡相连，打开图像采集软件，确定 CCD 和图像采集卡工作是否正常。

（3）用 CCD 在成像系统（或透镜）的像平面接收，调节目标板的位置，使目标板在显示器屏幕中得到相对清晰的放大像，一个条纹单元完整充满软件的显示窗口。

（4）目标板上有不同空间频率的矩形光栅，每个单元由水平条纹、竖直条纹、全黑、全白四个部分组成，选择想要测量的空间频率的条纹单元，移动目标板使该单元移到光路中心。

（5）单击软件窗口左侧的"局部存储"按钮，此时整个图像静止，屏幕上会出现一红色方框。按住鼠标左键将该方框拖至水平条纹部分，双击方框内部，将所采集图像的数据文件起名并保存至 Mcad 文件夹中，文件后缀为.prn 不变，如此依次再将竖直条纹部分、全白部分、全黑部分采集并保存至 Mcad 文件夹中。应保证红色方框跨三条以上的明暗条纹。

（6）运行 Mcad 文件夹中的 MTF-new.MCD 文件。将先前保存在 Mcad 文件夹中的水平、竖直、白、黑的 4 个文件名分别粘贴在 MTF-new.MCD 文件相应位置的引号内，该程序将会自动处理，并在最后给出水平方向和竖直方向的图文并茂的处理过程和 MTF 值。

（7）目标板上共有四种空间频率可供测量对比。

（8）光源分别发出红、绿、蓝三色光，可以用来分别测出三种波长光照明下的 MTF 值。

按照以上实验过程，可以完成待测透镜 MTF 曲线的测量。

【思考题】

1. 了解光学传递函数、调制传递函数在照相机镜头上的应用。

2. 根据实验得到的待测透镜 MTF 曲线，分析此透镜的性能。

【参考文献】

[1] 吕乃光. 傅里叶光学（第 2 版）. 北京：机械工业出版社，2006.

[2] 大恒新纪元科技股份有限公司. 数字式光学传递函数测量和透镜像质评价（实验讲义）.

[3] J. W. Goodman. Introduction to Foufier optics, McGraw-Hill, New York, 1968.

[4] G. W. Boreman, Transfer function techniques, in handbook of optics, vol. II, Chapter 32, M. Bass, E.W. Van Stryland, D. R. Williams, W. L. Wolfe Eds, McGraw-Hill, 1995.

实验 28　光电效应与普朗克常数的测定

1887 年赫兹在做电磁波的发射与接收实验中,他发现当紫外光照射到接收电极的负极时，接收电极间更易于产生放电，赫兹的发现吸引了许多人去做这方面的研究工作。斯托列托夫对这一现象进行了长时间的研究，总结出了一系列实验规律，用经典的电磁理论无法圆满地解释这些实验规律。1900 年普朗克在研究黑体辐射问题时，将能量不连续观点应用于光辐射，提出了"光量子"假说，从而给予了光电效应正确的理论解释。1905 年爱因斯坦应用并发展了普朗克的量子理论，首次提出了"光量子"的概念，并成功地解释了光电效应的全部实验结果。密立根经过十年左右艰苦的实验研究，于 1916 年发表论文证实了爱因斯坦方程的正确性，并精确地测定了普朗克常数。爱因斯坦和密立根两位物理大师因在光电效应等方面的杰出贡献，分别于 1921 年和 1923 年获得诺贝尔物理学奖。

光电效应实验和光量子理论在物理学的发展史中具有重大而深远的意义。如今光电效应已经广泛地应用于现代科技及生产领域，利用光电效应制成的光电器件（如光电管、光电池、光电倍增管等）已广泛用于光电检测、光电控制、电视录像、信息采集和处理等多项现代技术中。

【实验目的】

1. 了解光电效应的规律，加深对光的量子性的理解；

2. 测量光电管的伏安特性曲线；

3. 学习验证爱因斯坦光电效应方程的实验方法，测量普朗克常数。

【预备问题】

1. 光电效应有哪些规律？

2. 光电流随光源的光强而变化吗？这与光的波动理论一致吗？

3. 金属的截止频率是什么?如何使它与逸出功相联系？

【实验仪器】

光电效应（普朗克常数）实验仪（详见本实验附录 28-A），数据记录仪。

【实验原理】

1. 光电效应及其基本实验规律

当一定频率的光照射到某些金属表面时，会有电子从金属表面即刻逸出，这种现象称为光电效应。从金属表面逸出的电子叫光电子，由光子形成的电流叫光电流，使电子逸出某种金属表面所需的功称为该金属的逸出功。

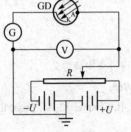

研究光电效应的实验装置示意图如图 28-1 所示。GD 为光电管，它是一个抽成真空的玻璃管，管内有两个金属电极，K 为光电管阴极，A 为光电管阳极；G 为微电流计；V 为电压表；R 为滑线变阻器。单色光通过石英窗口照射到阴极上时，有光电子从阴极 K 逸出，阴极释放出的光电子在电场的加速作用下向阳极 A 迁移形成光电流，由微电流计 G 可以检测光电流的大小。调节 R 可使 A、K 之间获得连续变化的电压 U_{AK}，改变 U_{AK}，测量出光电流 I 的大小，即可测出光电管的伏安特性曲线，如图 28-2(a)、(b)所示。

图 28-1　光电效应实验示意图

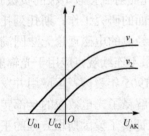 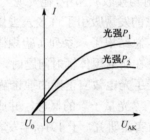 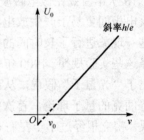

(a) 不同频率时光电管的伏安特性曲线　　(b) 同一频率，不同光强时 光电管的伏安特性曲线　　(c) 截止电压与入射光频率的关系图

图 28-2　光电效应的基本实验规律

光电效应的基本实验规律如下：

（1）对应于某一频率，光电效应的 I-U_{AK} 关系如图 28-2(a)所示。从图中可见，对一定的频率，有一电压 U_0，当 $U_{AK} \leqslant U_0$ 时，光电流为零，这个相对于阴极的负值的阳极电压 U_0，称为截止电压。

（2）当 $U_{AK} \geqslant U_0$ 后，I 迅速增加，然后趋于饱和，饱和光电流 I_M 的大小与入射光的强度 P 成正比，如图 28-2(b)所示。

（3）对于不同频率的光，其截止电压的值不同，如图 28-2(a)所示。

（4）截止电压 U_0 与频率 v 的关系如图 28-2(c)所示。U_0 与 v 成正比。当入射光频率低于某极限值 v_0（随不同金属而异）时，无论光的强度如何，照射时间多长，都没有光电流产生。

（5）光电效应是瞬时效应。即使入射光的强度非常微弱，只要频率大于 v_0，在开始照射后立即有光电子产生，所经过的时间至多为 10^{-9} 秒的数量级。

2．爱因斯坦光电效应方程

上述光电效应的实验规律无法用电磁波的经典理论解释。为了解释光电效应现象，爱因斯坦根据普朗克的量子假设，提出了光子假说。他认为对于频率为 ν 的光波，每个光子的能量为 $E = h\nu$，h 为普朗克常数。当光子照射到金属表面上时，一次性为金属中的电子全部吸收，而无须积累能量的时间。电子把该能量的一部分用来克服金属表面对它的吸引力，另一部分就变为电子离开金属表面后的动能，按照能量守恒原理，爱因斯坦提出了著名的光电效应方程

$$h\nu = \frac{1}{2}mv_0^2 + W \tag{28-1}$$

式中，W 为被光线照射的金属材料的逸出功，$\frac{1}{2}mv_0^2$ 为从金属逸出的光电子的最大初动能。

由式（28-1）可知，入射到金属表面的光频率越高，逸出的电子动能越大，所以即使阳极电位比阴极电位低（即加反向电压）时，也会有电子落入阳极形成光电流，直至阳极电位低于截止电压，光电流才为零，此时有关系

$$eU_0 = \frac{1}{2}mv_0^2 \tag{28-2}$$

阳极电位高于截止电压后，随着阳极电位的升高，阳极对阴极发射的电子的收集作用越强，光电流随之上升；当阳极电压高到一定程度，已把阴极发射的光电子几乎全收集到阳极，再增加 U_{AK} 时 I 再变化，光电流出现饱和，饱和光电流 I_M 的大小与入射光的强度 P 成正比。

光子的能量 $h\nu < W$ 时，电子一次性吸收的能量不足以使之脱离金属，此时光强再大也没有光电流产生。因此产生光电效应的最低频率是 $\nu_0 = W/h$，该频率称为截止频率。

3．普朗克常数的测量

将式（28-2）代入式（28-1）可得

$$eU_0 = h\nu - W \tag{28-3}$$

此式表明，对于同一种金属而言，电子的逸出功是一定的，截止电压 U_0 是频率 ν 的线性函数，直线斜率 $k = h/e$，如图 28-2(c)所示。因此，只要用实验方法得出不同的频率光照时对应的截止电压，求出直线斜率，就可算出普朗克常数 h。

爱因斯坦的光量子理论成功地解释了光电效应规律。

【实验内容及步骤】

1．测试前的准备

（1）将测试仪及汞灯电源接通（汞灯一旦开启不要随意关闭），预热 20 分钟。

（2）把汞灯及光电管暗箱遮光盖盖上，将汞灯暗箱光输出口对准光电管暗箱光输入口，调整光电管于汞灯距离约 30 cm 并保持不变。

（3）用专用连接线将光电管暗箱电压输入端与测试仪电压输出端（后面板上）连接起来（红–红，黑–黑）。

（4）仪器在充分预热后，进行测试前调零，将"电流倍率"选择开关拨至零点挡位，旋转"调零"旋钮，电流指示为 000.0。将"电流倍率"选择开关拨至校准挡位，旋转"校准"旋钮电流指示为 100.0，将"电流倍率"选择开关拨至 10^{-12} 挡，进行测量挡调零，旋转"调零"旋钮电流指示为 0.0。

（5）用高频匹配电缆将光电管暗箱电流输出端 K 与测试仪微电流输入端（后面板上）连接起来。

2. 测量光电管的伏安特性曲线

将电压选择按键置于–2～+2 V 挡；将"电流量程"选择开关置于 10^{-12} 挡。

（1）将滤色片旋转到 365.0 nm，调光阑到 4 mm 挡。

（2）从低到高调节电压，记录电流从非零到零点所对应的电压值，作为数据表格 1（请自行设计表格）的前面部分（精细），以后电压每变化一定值（可调节电压挡到–2～+20 V），记录相应的电流值到数据表格 1 的后面部分。

（3）将滤色片分别旋转到 404.7 nm、435.8 nm、546.1 nm、578.0 nm，从低到高调节电压，记录对应的电流值填入表格 1 中（注意：选择合适"电压挡"和"电流量程"）。

（4）用表格 1 中的数据在坐标纸上作对应波长及光强的伏安特性曲线（以电压值作为横坐标、电流值作为纵坐标）。

3. 验证光电管的饱和光电流与入射光强成正比

当 U_{AK} 为 20 V 时，将"电流量程"选择开关置于相应的电流挡，将滤色片分别旋转到 365.0 nm、404.7 nm、435.8 nm、546.1 nm、578.0 nm，记录光阑分别为 2 mm、4 mm、8 mm 时对应的电流值于表格 2 中（请自行设计表格）。用表格 2 中的数据验证光电管的饱和光电流与入射光强成正比。

4. 测量普朗克常数

理论上，测出各频率的光照射下阴极电流为零时对应的 U_{AK}，其绝对值即该频率的截止电压 U_0，然而实际上由于光电管的阳极反向电流、暗电流、本底电流及极间接触电位差等因素的影响，实测电流为零时对应光电管的电压并非截止电压 U_0。

（1）测量方法

测量普朗克常数的方法通常有以下三种。

① 拐点法

根据表格 1 的数据画出的伏安特性曲线图中，分别找出每条谱线的"抬头电压"（随电压缓慢增加电流有较大变化的横坐标值），记录此值。在另一张坐标纸上以刚记录的电压值的绝对值作为纵坐标，以相应谱线的频率作为横坐标作出五个点，用此五点作一条 U_0-ν 直线，在直线上找两点求出直线斜率 k，求出直线的斜率 k 后，可用 $h = ek$ 求出普朗克常数 h。

② 零电流法

零电流法是直接将各谱线照射下测得的电流为零时对应的电压 U_{AK} 作为截止电压 U_0。此法的前提是阳极方向电流、暗电流和杂散光产生的电流都很小，用零电流法测得的截止电压与真实值相差很小，且各谱线的截止电压都相差 ΔU，对 U_0-ν 曲线的斜率没有大的影响，因此对普朗克常数 h 的测量不会产生大的影响。

③ 补偿法

补偿法是调节电压 U_{AK} 使电流为零后，保持 U_{AK} 不变，遮挡汞灯光源，此时测得的电流 I_1 为电压接近截止电压时的暗电流和杂散光产生的电流。重新让汞灯照射光电管，调节电压 U_{AK} 使电流值至 I_1，将此时对应的电压 U_{AK} 作为截止电压 U_0。此法可补偿暗电流和杂散光产生的电流对测量结果的影响。

（2）测量

拐点法测量普朗克常数 h，这种方法难于操作且误差较大，我们通常不采用。本实验仪器的电流放大器灵敏度高，稳定性好；采用了新型结构的光电管，光电管阳极反向电流，暗电流水平也较低，因此可以采用零电流法测量普朗克常数 h。

① 零电流法测量 h

将电压选择按键置于 $-2 \sim +2$ V 挡，将"电流量程"选择开关置于 10^{-13} A 挡，将测试仪电流输入电缆断开，调零后重新接上；调到直径 4 mm 的光阑及 365.0 nm 的滤色片。从低到高调电压，测量电流为零时该波长对应的截止电压 U_0，并将数据记于自行设计的表格 3 中。

依次换上 404.7 nm、435.8 nm、546.1 nm、578.0 nm 的滤色片，重复以上测量步骤。用逐差法或作图法求出普朗克常数 h，并与公认值比较，求出相对误差［普朗克常数的公认值是 $h = (6.626176 \pm 0.000036) \times 10^{-34}$ J·s］。

② 补偿法测量 h

将电压选择按键置于 $-2 \sim +2$ V 挡；将"电流量程"选择开关置于 10^{-13} A 挡，将测试仪电流输入电缆断开，调零后重新接上；调到直径 4 mm 的光阑及 365.0 nm 的滤色片。从低到高调节电压，测量该波长对应的 U_0，并将数据记于表格 4 中。

依次换上 404.7 nm、435.8 nm、546.1 nm、578.0 nm 的滤色片，重复以上测量步骤。用逐差法或作图法求出普朗克常数 h，并与公认值比较，求出相对误差。

【注意事项】

1. 实验中，绝对不能让光源直接照射光电管暗盒窗口。更换滤色片时，要用光窗盖盖住暗盒窗口。注意保护滤光片，防止污染。

2. 微电流测量仪和汞灯的预热时间必须长于 20 分钟。实验中汞灯不可关闭，如果关闭，必须经过 5 分钟后才可重新启动，且须重新预热。

3. 微电流测量仪每改变一次量程，必须重新调零。

4. 微电流测量仪与暗盒之间的距离在整个实验过程中应当一致。

5. 避免在强磁场、电场、高湿度及温度变化大的场合工作。

6. 进行测量时，各表头数值请在完全稳定后记录，如此可减小人为读数误差。

【思考题】

1. 光电管为什么要装在暗盒中？为什么在非测量时，用遮光罩罩住光电管窗口？

2. 为什么当反向电压加到一定值后，光电流会出现负值？

3. 入射光的强度对光电流的大小有无影响？

4. 不同波长的光照射同一光电管，如果光强都相等，饱和光电流有何特点？

5. 同一波长的光照射同一光电管，光强不等时，伏安特性曲线有何区别？

6. 测定普朗克常数的实验中有哪些误差来源？实验中如何减少误差？你有何建议？

【附录 28-A】LB-PH3A 光电效应（普朗克常数）实验仪介绍

1. 实验仪器及技术参数

LB-PH3A 光电效应（普朗克常数）实验仪由汞灯及电源，光阑，光电管、测试仪（含光电管电源和微电流放大器）构成，实验仪结构如图 28-3 所示，其技术参数如下：

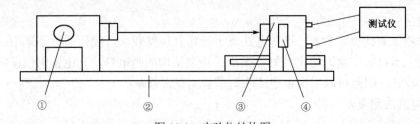

图 28-3 实验仪结构图

1—汞灯；2—刻度尺；3—光阑与滤色片；4—光电管

（1）微电流放大器

电流测量范围：$10^{-6} \sim 10^{-13}$ A，分 6 挡，三位半数显。零漂：开机 20 分钟后，30 分钟内不大于满读数的 ±0.2%（10^{-13} A 挡）。

（2）光电管工作电源

电压调节范围：$-2 \sim +2$ V，$-2 \sim +20$ V，分 2 挡，三位半数显。稳定度 ≤0.1%。

（3）光电管

光谱响应范围：$340 \sim 700$ nm。最小阴极灵敏度 ≥1 μA（-2 V $\leqslant U_{AK} \leqslant 0$ V）。阳极：镍圈。暗电流 $I \leqslant 5 \times 10^{-12}$ A（-2V $\leqslant U_{AK} \leqslant 0$V）。

（4）滤光片组：共 5 组，中心波长 365.0 nm、404.7 nm、435.8 nm、546.1 nm、578.0 nm。

（5）汞灯：可用谱线 365.0 nm、404.7 nm、435.8 nm、546.1 nm、578.0 nm。

（6）测量误差：≤3%。

2．仪器的主要结构特点

（1）在微电流测量中采用高精度集成电路构成电流放大器。对测量回路而言，放大器近似于理想电流表，对测量回路无影响。精心设计，精心选择元器件，精心制作，使电流放大器达到高灵敏度，高稳定性，使测量准确度大大提高。

（2）采用了新型结构的光电管。由于其特殊结构使光不能直接照射到阳极，由阴极反射到阳极的光也很少，加上采用新型的阴、阳极材料及制造工艺，使得阳极反向电流大大降低，暗电流水平也很低。

（3）设计制作了一组高性能的滤色片。保证了在测量一组谱线时无其余谱线的干扰，避免了谱线相互干扰带来的测量误差。

3．实验数据记录仪的使用

LB-PH3A 光电效应（普朗克常数）实验数据记录仪是 LB-PH3A 光电效应（普朗克常数）实验仪与微机的接口，用于将实验数据采集到计算机中，以进行处理和分析。它通过串口与计算机通信，其工作软件适用于 Windows 9x/2000/Me/XP 等操作系统。

将实验数据采集到计算机中进行处理和分析的实验过程如下：

（1）打开普朗克常数测试仪主机和汞灯电源，预热 20～30 分钟。其间可打开计算机和计算机接口的电源，然后把普朗克常数数据处理软件安装在电脑中。接着双击有"planck"标志的圆形图案进入普朗克常数数据处理软件界面。待所有仪器均稳定后方可测量。

（2）测量开始时，编辑要测量的滤色片，名称自定，滤色片的波长由厂家提供。例如：对于要测量的波长为 578 nm 红色滤色片，可在滤色片编辑对话框内编辑滤色片的名称为"红色"或"578"等，而波长则必须如实填写为"578"nm。按此方法将要测量的所有滤色片依次添加到计算机中（本程序已预置滤色片的颜色和波长）。

（3）检查软件设置菜单中的电压、电流量程和普朗克常数测试仪的主机的电压、电流量程及计算机接口的电压是否一致。请注意，普朗克常数测试仪主机的电流以安培（A）为单位，而软件的电流以微安（μA）

为单位，所以，软件里的 10E-5 相当于主机里的 10E-11。再检查软件设置菜单中的通信端口的设置是否和实际的物理端口的连接是否一致，如果不一致，软件将无法得到实时数据。

（4）接口提供手动和自动两种测量方法。其中自动测量时，计算机接口自动提供由小至大的扫描电压，自动采集因此而变化的电流值。

（5）采集数据过程中，可以选择数据显示的方式：显示所有已采集的数据，或只显示当前采集到的数据。如果选择显示当前数据，程序会告之现在采集到的是第几个数据，请注意采集的每组数据不要超过 5000 组。

（6）在研究测量得到的 I-U 图形时，可以采用鼠标左键单击要读数的点，这时鼠标十字箭头的右下方将出现此点的电压和电流值，该值乘以相应的坐标单位即可得到准确的数值，请将此值记录下来。

（7）可采用该软件提供的最小二乘法来处理测量值。由此菜单所提供的功能，可计算得到普朗克常数和误差。

【参考文献】

[1] 南京浪博科教仪器研究所. LB-PH3A 光电效应（普朗克常数）实验仪使用说明书.

[2] 周殿清，张文炳，冯辉. 基础物理实验. 北京：科学出版社，2009.

[3] 陈聪，李定国，刘照世，秦国斌. 大学物理实验. 北京：国防工业出版社，2007.

实验 29　电光调制

在外加电场的作用下，晶体的折射率发生变化，各向同性晶体变为各向异性晶体，此现象称为电光效应。在输入光强恒定时，晶体外加随时间变化的调制电信号，则输出光相位随调制信号变化而变化，此现象称为电光调制。电光调制响应时间很短（10^{-10} s），在电光开光、激光调 Q、激光通信等方面得到了广泛应用。

【实验目的】

1. 掌握晶体电光调制的原理和实验方法；
2. 观察电光调制实验现象，并测量电光晶体的参数；
3. 实现模拟信号光通信。

【预备问题】

1. 什么是普克尔电光效应？什么是横向电光调制？
2. 什么是电光晶体的半波电压，如何测量？
3. 光通信中，铌酸锂晶体的工作点应选在调制曲线的什么位置？如何实现？

【实验仪器】

光学导轨，起偏器，检偏器，$\lambda/4$ 波片，He-Ne 激光器及电源，铌酸锂（$LiNbO_3$）晶体，电光调制信号源，硅光电探测器，有源音箱，MP3 声音源，双踪示波器。

【实验原理】

1. 电光效应

通常，电场 E 引起折射率 n 的变化用下式表示：

$$n = n_0 + aE + bE^2 + \cdots \tag{29-1}$$

式中，a 和 b 为常数，n_0 为 $E = 0$ 时的折射率。由一次项 aE 引起折射率变化的效应称为线性电光效应或**普克尔电光效应**（pokells），由二次项 bE^2 引起折射率变化的效应称为二次电光效应或**克尔效应**（kerr）。一次电光效应只存在于不具有对称中心的晶体中，二次电光效应则可能存在于任何物质中，一次效应要比二次效应显著。二次效应的半波电压高达几万伏，因此光通信常利用低半波电压的普克尔电光效应。

晶体在外加电场作用时，折射率椭球的三个主轴位置和长度随与外加电场 E 的大小和方向及晶体的性质发生变化。晶体的电光效应分为**横向电光效应和纵向电光效应**两种，电场方向与光的传播方向平行时产生的电光效应称为纵向电光效应（以 KDP 晶体为代表），电场方向与光的传播方向垂直时产生的电光效应称为横向电光效应（以 LiNbO$_3$ 晶体为代表）。纵向电光调制存在两个缺点：一是调制电极需要安装在通光面上，影响光传播；二是相位延迟量与晶体长度无关，不能通过增加晶体的长度来降低半波电压。因此常用横向电光调制。

光在各向异性晶体中传播时，不同方向光的折射率不同，通常用折射率椭球来描述折射率与光的传播方向、振动方向的关系。在本实验中，我们只做 LiNbO$_3$ 晶体横向调制实验。铌酸锂晶体属于三角晶系，3 m 晶类，主轴 z 方向有一个三次旋转轴，光轴与 z 轴重合，是单轴晶体，折射率椭球是旋转椭球，其表达式为

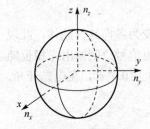

图 29-1　折射率椭球

$$\frac{x^2}{n_x^2} + \frac{y^2}{n_y^2} + \frac{z^2}{n_z^2} = \frac{x^2 + y^2}{n_o^2} + \frac{z^2}{n_e^2} = 1 \tag{29-2}$$

式中，n_o 和 n_e 分别为晶体寻常光和非常光的折射率，如图 29-1 所示。加上电场后折射率椭球发生畸变，当 x 轴方向加电场，光沿 z 轴方向传播时，垂直于光轴 z 轴方向的折射率椭球截面由圆变为椭圆，即晶体由单轴晶变为双轴晶，此截面椭圆方程为

$$\left(\frac{1}{n_o^2} - \gamma_{22}E_x\right)x^2 + \left(\frac{1}{n_o^2} + \gamma_{22}E_x\right)y^2 - 2\gamma_{22}E_x xy = 1 \tag{29-3}$$

式中，γ_{22} 称为电光系数。对上式进行主轴变换，可得到

$$\left(\frac{1}{n_o^2} - \gamma_{22}E_x\right)x'^2 + \left(\frac{1}{n_o^2} + \gamma_{22}E_x\right)y'^2 = 1 \tag{29-4}$$

考虑到 $n_o^2\gamma_{22}E_x \ll 1$，经化简，有

$$n_{x'} = n_o + \frac{1}{2}n_o^3\gamma_{22}E_x, \quad n_{y'} = n_o - \frac{1}{2}n_o^3\gamma_{22}E_x$$

$$n_{z'} = n_z = n_e \tag{29-5}$$

此时，折射率椭球截面的椭圆方程简化为

$$\frac{x'^2}{n_{x'}^2} + \frac{y'^2}{n_{y'}^2} = 1 \tag{29-6}$$

由式（29-5）看出，铌酸锂晶体在 x 轴向加电场后，新折射率椭球绕 z 轴转动了 45°，转角大小与外加电场的大小无关，而椭圆的长度与外加电场呈线性关系。

当光沿晶体光轴 z 方向传输时，经过长度为 l 的晶体后，x'、y' 方向的偏振光产生的位相差为

$$\delta = \frac{2\pi}{\lambda}(n'_x - n'_y)l = \frac{2\pi}{\lambda}n_o^3 \gamma_{22} V_x \cdot \frac{l}{d} \tag{29-7}$$

式中，d 为晶体在 x 方向的尺寸，V_x 为加在晶体 x 方向的电压。当 $\delta = \pi$（光程差 $\lambda/2$）时，晶体所加的电压称为**半波电压**，以 V_π 表示。由式（29-7）得半波电压为

$$V_\pi = \frac{\lambda d}{2n_o^3 \gamma_{22} l} \tag{29-8}$$

将式（29-8）代入式（29-7），得相位差为

$$\delta = \frac{\pi}{V_\pi} V_x \tag{29-9}$$

由式（29-7）看出，铌酸锂晶体横向电光效应产生的位相差不仅与外加电压 V_x 成正比，还与晶体长度比 l/d 有关。因此，在实际运用中，为了减小 V_x，通常使 l/d 较大，即晶体被加工成细长的扁长方体。

2. 电光调制

横向电光调制原理如图 29-2 所示，电光晶体实现光的相位调制，起偏器和检偏器是将光的相位调制变为光强调制。

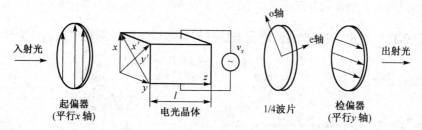

图 29-2　电光调制原理

起偏器的偏振方向平行于 x 轴，检偏器平行于 y 轴，因此入射光经起偏器后变为平行于 x 轴的线偏振光，它在铌酸锂晶体的感应轴 x' 和 y'（相对 x、y 轴旋转 45°）投影的振幅和位相均相等，则位于晶体表面（$z = 0$）的光可表示为

$$E_{x'}(0) = A, \quad E_{y'}(0) = A \tag{29-10}$$

所以，入射光的强度为

$$I_i \propto |E_{x'}(0)|^2 + |E_{y'}(0)|^2 = 2A^2 \tag{29-11}$$

当光通过长为 l 的电光晶体后，x' 轴和 y' 轴两方向的光将产生 δ 相位差，则

$$E_{x'}(l) = A, \quad E_{y'}(l) = Ae^{-i\delta} \tag{29-12}$$

通过检偏器输出的光，是 x' 轴和 y' 轴两分量在 y 轴上的投影之和，即

$$(E_y)_t = A\cos 45°(e^{i\delta} - 1) = \frac{A}{\sqrt{2}}(e^{i\delta} - 1) \tag{29-13}$$

输出光强 I_t 可写成

$$I_\text{t} \propto [(E_y)_\text{t} \cdot (E_y)_\text{t}^*] = \frac{A^2}{2}[(\mathrm{e}^{-\mathrm{i}\delta} - 1)(\mathrm{e}^{\mathrm{i}\delta} - 1)] = 2A^2 \sin^2 \frac{\delta}{2} \tag{29-14}$$

所以，光强的透过率

$$T = \frac{I_\text{t}}{I_\text{i}} = \sin^2 \frac{\delta}{2} \tag{29-15}$$

将式（29-9）代入式（29-15），则

$$T = \sin^2 \frac{\pi}{2V_\pi}(V_0 + V_\text{m} \sin \omega t) \tag{29-16}$$

式中，V_0 是加在铌酸锂晶体的直流偏压，$V_\text{m}\sin\omega t$ 是交流调制信号，V_m 是振幅，ω 是调制信号频率。从式（29-16）看出，透过率 T 随加在晶体两端的电压 V_0 或 V_m 变化而变化，这就是电光强度调制的原理。T 与 V_0 或 V_m 是非线性关系，若工作点选择不适合，会使输出信号发生畸变。

3．调制信号对光输出特性的影响

（1）当 $V_0 = V_\pi/2$、$V_m \ll V_\pi$ 时，工作点选定在调制曲线线性区中心，可获得线性调制，波形不失真，如图 29-3(a)所示。把 $V_0 = V_\pi/2$ 代入式（29-16），可得

$$T \approx \frac{1}{2}\left(1 + \frac{\pi V_\text{m}}{V_\pi} \sin \omega t\right) \tag{29-17}$$

从式（29-17）看出，$T \approx 50\%$，调制器输出信号和调制信号的频率相同，为线性调制。

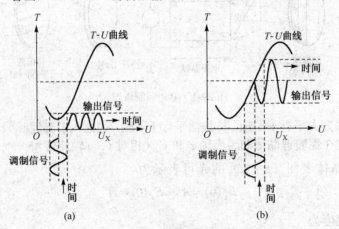

图 29-3　晶体调制曲线

（2）当 $V_0 = 0$，$V_\text{m} \ll V_\pi$ 时，由式（29-16）可推得

$$T \approx \frac{1}{8}\left(\frac{\pi V_\text{m}}{V_\pi}\right)^2 (1 - \cos 2\omega t) \tag{29-18}$$

由式（29-18）看出，输出信号的频率是调制信号频率的二倍，即产生了"倍频"失真，如图 29-3(b)所示。

（3）当 $V_0 = V_\pi$、$V_\text{m} \ll V_\pi$ 时，由式（29-16）可得

$$T \approx 1 - \frac{1}{8}\left(\frac{\pi V_m}{V_\pi}\right)^2 (1 - \cos 2\omega t) \tag{29-19}$$

由式（29-19）可见，$T \approx 100\%$，输出信号的频率仍是调制信号频率的二倍，为"倍频"失真。

【实验内容及步骤】

按图 29-4 放置光学元件和连接线路。在本实验中，铌酸锂晶体 $l = 60$ mm，$d = 2.5$ mm，电光系数 $\gamma_{22} = 6.8 \times 10^{-12}$ m/V，$n_0 \approx 2.2956$，$n_e \approx 2.2044$，激光波长 $\lambda = 632.8$ nm。

1. 调节光路和观察晶体锥光干涉图样

移走 1/4 波片和电光晶体，利用单轴晶体锥光干涉图来调节激光沿晶体光轴入射。采用光学调节方法使激光管与每一个光学元件及晶体同轴等高，让激光束通过各光学元件的中心和晶体的轴心。固定起偏器于某个位置（如 0°），旋转检偏器使其输出消光（起偏器与检偏器的偏振轴方向垂直）。

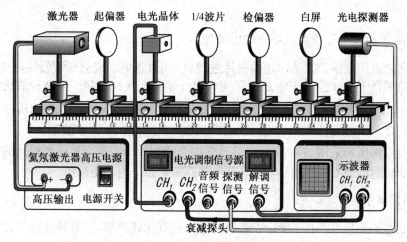

图 29-4　光路连接

由于晶体的不均匀性，在检偏振片后面放置白屏可看到一个弱光点，然后紧靠晶体光输入端放一张镜头纸，这时在白屏上可观察到单轴晶体的锥光干涉图样，如图 29-5 所示，一个暗十字图贯穿整个图，四周为明暗相间的同心干涉圆环；十字形中心同时也是圆环的中心，它对应着晶体的光轴方向，十字形方向对应于两个偏振片的偏振轴方向。

图 29-5　锥光干涉

在调节过程中要反复微调晶体，使干涉图样中心与光点位置重合，并尽可能使图样对称、完整，确保光束既与晶体光轴平行，又从晶体中心穿过。然后耐心、仔细地调节晶体使干涉图样出现清晰的暗十字，且十字的一条线平行于 x 轴，拍摄该锥光干涉图。光路调节好后，锁紧滑动座固定各部件，并在后面实验中保持光路不变。

2. 测量调制曲线和半波电压

（1）**倍频法**：晶体同时加直流电压和交流信号，从零开始逐步增大直流电压，观察解调信号波形的倍频失真，相邻两次倍频失真对应的直流电压之差即为半波电压 U_π。

具体方法是：按图 29-4 连线，信号源"音频选择"开关拨至"模拟"，正弦波的输出幅度尽可能调大。① 直流电压 $V_0 = 0$（关闭高压开光），缓慢调节晶体的微调螺杆，调高示波器的垂直偏转灵敏度（最高为 2 mV/格），当示波器观察到的解调信号波形频率是调制信号的两倍时，记下直流电压 V_1，拍摄调制信号与解调信号波形。② 保持光路不变，打开高压开光，从零开始逐步增大直流电压，当调信号频率第二次出现倍频失真时，拍摄调制信号与解调信号波形，记下直流电压 V_2。由 $V_2 - V_1$ 得到半波电压 V_π，并与式（29-8）计算的 V_π 理论值比较，计算相对误差。

（2）**极值法**：晶体上只加直流电压，不加交流信号，把直流电压从小到大逐渐改变，输出的光强将会出现极小值和极大值，相邻极小值和极大值对应的直流电压之差即是半波电压 V_π。

具体方法是：信号源"音频选择"开关拨至"音频"（相当于正弦波的输出幅度为零）。从零开始按 10 V 步长增加晶体直流电压 V（直到 250 V），用数字万用表测量信号源"解调信号"的输出电压（用 T 表示），画 T-V 关系曲线，由图确定半波电压的数值 V_π，并与式（29-8）计算的 V_π 理论值比较，计算相对误差。一般而言，极值法测得的半波电压的准确性比倍频法低。

3. 用 1/4 波片改变工作点，观察输出特性

关闭晶体的直流电压，在晶体和偏振片之间放入 1/4 波片。绕光轴缓慢旋转 1/4 波片，当波片的快慢轴平行于晶体的感应轴 x'、y' 方向时，输出光线性调制；当波片的快慢轴分别平行于晶体的 x、y 轴时，输出光出现"倍频"失真。1/4 波片旋转一周，将出现四次线性调制和四次倍频失真，拍摄线性调制和倍频失真时调制信号与解调信号波形。

晶体加直流偏压和采用 1/4 波片均可改变电光调制器的工作点和得到相同的调制效果，但两种方法的调制机理不同，用 1/4 波片可免去高压电源，电路更简单。

4. 光通信演示

信号源的"音频信号"接 MP3，"解调信号"接有源扬声器，"音频选择"开关拨至"音频"，晶体加 V_π/2 偏压或旋转 1/4 波片，使晶体进入线性调制区，此时可听到 MP3 播放的音乐。注意 MP3 电量不足时，要及时充电。

改变加在晶体上的直流电压或旋转 1/4 波片，观察音乐音量和音质的变化。用不透明物挡住激光，则音乐停止，不挡激光，则音乐响起，说明实现了激光通信。把音乐信号接到示波器上，可看到音乐波形，它是由不同频率的正弦波叠加而成的。记录实验现象并解释。

【注意事项】

1. 本实验使用的晶体最大安全电压约为 500 V，超过 500 V 晶体易损坏。
2. 激光器电源高压约 1000 V，注意安全。
3. 实验过程中，避免激光直射眼睛以免造成伤害。
4. 实验仪所用光学器件均为精密仪器，小心操作。

【思考题】

1. 电光晶体调制器应满足什么条件才能使输出波形不失真？

2．电光晶体横向调制有什么优点？

3．如何保证激光正入射晶体的端面，怎样判断？不是正入射时有何影响？

4．起偏器和检偏器既不正交又不平行时，会出现什么实验现象？

5．用 1/4 波片改变工作点观察调制现象时，为何只出现线性调制和倍频失真，而没有其他失真？

【参考文献】

[1]　安毓英等．光电子技术．北京：电子工业出版社，2004．

[2]　朱京平．光电子技术基础．北京：科学出版社，2003．

第4章　设计与研究性实验

设计与研究性实验是学生在完成一定数量的基础实验和综合实验后，由实验室给出相关的设计与研究性实验题目，学生根据题目的任务与要求查找、收集、分析各种资料或文献，然后确定实验方案，包括确定实验原理、物理模型、实验方法、配套仪器、具体实验步骤等，在实验室完成具体实验操作，并对实验数据进行处理与综合分析，最后写出完整的实验报告。

实验 30　用单摆测量重力加速度

【任务与要求】

1．用不确定度均分原则，设计用单摆测量本地重力加速度，满足测量精度相对不确定度 $E_g \leqslant 0.5\%$ 。

2．根据测量精度选择实验方法、实验仪器、测量方法和测量条件，拟定实验步骤和数据处理方案。

【实验仪器】

单摆仪、秒表、米尺、游标卡尺等。

【原理提示】

根据振动理论，摆长为 l 的单摆，其摆动周期 T 与摆角 θ 的关系为

$$T = 2\pi\sqrt{\frac{l}{g}}\left[1 + \left(\frac{1}{2}\right)^2 \sin^2\frac{\theta}{2} + \left(\frac{1}{2}\right)^2 \cdot \left(\frac{3}{2}\right)^2 \sin^4\frac{\theta}{2} + \cdots\right] \tag{30-1}$$

取二级近似有

$$T = 2\pi\sqrt{\frac{l}{g}}\left(1 + \frac{1}{4}\sin^2\frac{\theta}{2}\right) \tag{30-2}$$

由上式得

$$g = \frac{4\pi^2}{T^2}l\left(1 + \frac{1}{4}\sin^2\frac{\theta}{2}\right)^2 \tag{30-3}$$

实验 31　电路元件伏安特性的研究

【任务与要求】

1．设计分压测量电路，用电流表内接法、外接法测量电阻伏安特性，绘制电阻伏安特性的 I-U 图，求出待测电阻阻值，分析这两种测量电路的方法系统相对误差。

2．设计电压补偿法伏安法的测量电路，测量电阻伏安特性；绘制补偿法测量电阻的伏安特性图，从图中的函数关系求出待测电阻阻值。

3．设计测量待测稳压二极管正向、反向伏安特性的测量电路，绘制稳压二极管正向、反向伏安特性的 I-U 图；求出待测稳压二极管的正向导通电阻 R_D、闸门电压 U_D 和反向稳定电压 U_E。

【实验仪器】

直流稳定电源、直流电压表、直流电流表、待测电阻、稳压二极管，滑线变阻器（或电位器）、开关。

【原理提示】

若电流表内阻为 R_A，电流表内接法的电阻测量值 $R_{X内} = \dfrac{U}{I} = R_X + R_A$，系统相对误差 $E_内 = \dfrac{R_{X内} - R_X}{R_X} = \dfrac{R_A}{R_X}$，测量值比实际值 R_X 偏大，内接法的修正值为 $R_X = \dfrac{U}{I} - R_A$。

若电压表内阻为 R_V，电流表外接法的电阻测量值 $R_{X外} = \dfrac{U}{I} = \dfrac{R_V R_X}{R_V + R_X}$，系统相对误差 $E_外 = -\dfrac{R_X}{R_V + R_X}$，测量值比实际值 R_X 偏小，外接法的修正值为 $R_X = \dfrac{U R_V}{I R_V - U}$。

比较 $E_内$、$|E_外|$ 的大小，当 $R_X > \sqrt{R_A R_V}$，采用内接法测量电阻，会使 $E_内 < |E_外|$；当 $R_X < \sqrt{R_A R_V}$，采用外接法测量电阻，会使 $E_内 > |E_外|$；当 $R_X \approx \sqrt{R_A R_V}$ 时，则采用内接法和外接法测量电阻都可以。对于待测电阻和电表内阻无法估计时，采用电压补偿法测量电阻，可以消除方法系统误差的影响。

【注意事项】

1．注意待测电阻的额定功率，以免烧坏待测电阻。
2．注意二极管正向伏安特性和反向伏安特性的测量范围，以免烧坏二极管。
3．用回路法连线电路。分压电位器的滑动端初始位置应置于电路安全位置。

【参考文献】

[1] 杨述武. 普通物理实验（二、电磁学部分）. 北京：高等教育出版社，2000.

【附录 31-A】常用直流电表的主要参数

常用直流电表的主要参数如表 31-1 和表 31-2 所示。

表 31-1　C31 型磁电式直流电表的量程与内阻

C31-A 型、0.5 级 安培表					C31-mV 型、0.5 级 伏特表			
量程（mA）	7.5	15	30	75	150	量程	45 mV	75 mV	150 mV～3000 mV
内阻 R_A（Ω）	3.7	2.5	1.38	0.62	0.35	内阻 R_V	15 Ω	30 Ω	量程×500 Ω/V

磁电式电表的最大允许误差Δ = a%×量程，式中 a 是电表的准确度等级。

表 31-2　数字显示式直流电表的量程、内阻和基本误差

PA91a 型数字直流电流表				FB28b 型数字直流电压表			
量程（mA）	2000	200	20	2	量程（mV）	20000	2000	200	20
内阻 R_A（Ω）	0.1	1	10	100	内阻 R_V（Ω）	10 MΩ		50 MΩ	
基本误差Δ	0.5%读数 +2 个字	0.1%读数 +2 个字		0.2%读数 +3 个字	基本误差Δ	0.1%读数 +2 个字		0.2%读数 +2 个字	

实验 32　电阻测量的设计

【任务与要求】

分析和设计合适的伏安法（电流表内接法或外接法）测量电阻，减小测量方法系统误差和测量结果的相对不确定度。设计变形电桥伏安法测量电阻。

1．设计合适的伏安法测量电路和电路参数，测量不同阻值的待测电阻 R_X，使测量结果的相对不确定度 $\dfrac{u_{R_X}}{R_X} < 1\%$，测量相对误差 $E \leq 0.5\%$。

2．设计变形电桥电路测量电阻 R_X。测量结果的相对不确定度 $\dfrac{u_{R_X}}{R_X} < 1\%$。（要求用直流毫伏表、毫安表和电阻箱等作为桥臂，画出设计的实验电路图，写出实验条件和实验方法。）

*3．设计电桥法测量微安表的内阻。

【实验仪器】

直流稳定电源，C31-V（或 C31-mV）直流电压表，C31-A 直流电流表，待测电阻，Zx21 电阻箱 2 只，PA91a 型检流计，开关式保护电阻，电位器 1 个，开关。

【原理提示】

电压表和电流表的最大允许误差由它们的准确度等级、量程决定。若电压表、电流表的准确度等级分别是 a_U 和 a_I，则电压表的最大允许误差 $\Delta_U = a_U\% \cdot U_m$，电流表的最大允许误差 $\Delta_I = a_I\% \cdot I_m$，其中 U_m 是电压表的量程，I_m 是电流表的量程。

电压值 U 的不确定度的 B 类分量为 $u_U = \Delta_U / \sqrt{3} = a_U\% \cdot U_m / \sqrt{3}$。

电流值 I 的不确定度的 B 类分量为 $u_I = \Delta_I / \sqrt{3} = a_I\% \cdot I_m / \sqrt{3}$。

考虑仪器系统误差，根据 $\dfrac{u_{R_X}}{R_X} = \sqrt{\left(\dfrac{u_U}{U}\right)^2 + \left(\dfrac{u_I}{I}\right)^2} < 1\%$ 要求，按不确定度均分原则，有

$\sqrt{2\left(\dfrac{u_U}{U}\right)^2} < 1\%$、$\sqrt{2\left(\dfrac{u_I}{I}\right)^2} < 1\%$，则 $U > \dfrac{\sqrt{2}}{\sqrt{3}} a_U \cdot U_m$、$I > \dfrac{\sqrt{2}}{\sqrt{3}} a_I \cdot I_m$。

为了减小相对不确定度（u_{R_X} / R_X），电压表、电流表的准确度等级要高、量程要适当；U 和 I 的测量值应尽可能取大些，越接近量程，相对不确定度会越小。

根据自选的电表量程和内阻等参数，合理设计测量电路，减小方法系统误差的影响。

【注意事项】

1．电源输出电压选取要恰当。电阻箱不能超过其额定电流和额定功率 0.3 W。
2．调节电阻箱时，防止电阻盘从 9 到 0 突变，以免电流过大，烧坏电表。

【参考文献】

郑建洲等. 大学物理实验. 北京：科学出版社，2007.

实验 33　电表的设计与校准

【任务与要求】

1. 设计代替法测量电路，测量待改装表头的内阻 R_g 和量程 I_g。

2. 用磁电式表头设计闭路抽头 U/I（1 mA、10 mA、5 V、10 V）多量程电表（参考电路如图 33-1 所示）。

3. 设计改装 1 mA、10 mA 多量程电流表的校准电路。

4. 设计改装 5 V、10 V 多量程电压表的校准电路。

5. 对已组装的闭路抽头 U/I 多量程电表的各量程（1 mA、10 mA、5 V、10 V）进行校准。

6. 对已校准的各量程分别进行刻度校准，绘制各量程的刻度校准曲线图，初步定出各量程的准确度。

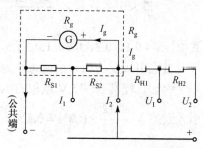

图 33-1　U/I 两用多量程电表

【实验仪器】

直流稳定电源、微安表头（100 μA）、Zx21 电阻箱 4 只、C31-V 伏特表（或数字电压表）、C31-A 安倍表（或数字电流表）、电位器、开关。

【原理提示】

1. 改装多量程的电流表的方法

表头电流扩大的方法是在表头两端并联分流电阻。使超量程部分的电流从分流电阻上流过，而表头仍保持原来允许流过的最大电流 I_g。并联 R_{S1}、R_{S2} 分流电阻后，电流量程改装为 I_1、I_2。列出方程，计算出 R_{S1}、R_{S2} 分流电阻的阻值。

2. 改装多量程的电压表的方法

将多量程电流表等效电流计 I_g'（即图 33-1 的虚线框部分，等效内阻 R_g'），再串联 R_{H1}、R_{H2} 分压电阻后，改装的电压量程为 U_1、U_2，计算出 R_{H1}、R_{H2} 分压电阻的阻值。

电流计灵敏度越高（即 I_g' 越小），每伏欧姆数 $1/I_g'$（Ω/V）就越大，电压表扩程所需串接的分压电阻就越大，扩程后的电压表内阻也就越大，测量时对电路的影响就越小。多量程电压表各量程的内阻（内阻 = 每伏欧姆数 × 量程）。

3. 电表的量程校准后，进行刻度校准

电表改装后各量程必需经过校准方可使用。

校准改装表量程的方法：将改装表与一个标准表进行比较，当改装表满偏时，标准表的示值达到改装表的量程，则改装表的量程已校准。

刻度校准：当两表通过相同的电流（或电压）时，若待校准表的读数为 I_X，标准表的读数为 $I_标$，则该刻度的偏差（修正值）为 $\Delta I_X = I_X - I_标$。将该量程中的各主刻度都校准一遍，可得到一组 I_X、ΔI_X（或 U_X、ΔU_X）值，将相邻两点用直线连接，整个图形呈

折线状，即得到 I_X - ΔI_X（或 U_X - ΔU_X）曲线，称为**校准曲线**，如图 33-2 所示，以后使用这个电表时，就可以根据校准曲线对各读数值进行修正，从而获得较高的准确度。

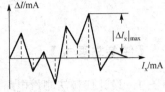

图 33-2　校准曲线示意图

根据电表改装的量程和测量值的最大绝对误差，可以计算改装表的最大引入误差，

$$最大引入误差 = \frac{最大绝对误差}{量程} \times 100\% \leqslant a\%$$

式中，a = 0.1、0.2、0.5、1.0、1.5、2.5、5.0 是国家按仪表准确度分类的七个等级，所以根据仪表最大引入误差的大小就可以定出仪表的等级。

例如，校准 0～15 V 量程的电压表，该表在 8.00 V 处的误差最大，误差为–0.12 V，最大引入误差 = $\frac{|-0.12|}{15} \times 100\% = 0.8\% < 1.0\%$，因为 0.5 < 0.8 < 1.0，所以该表的等级属于 1.0 级。

【注意事项】

1．用回路法连线电路。
2．标准表的量程要适当，等级应高于（含等于）被测表两个等级。

实验 34　全息光栅的制作

全息光栅是一种重要的分光元件，近年来在光全息、光通信、光互连、光交换、光计算等方面获得了广泛的应用。与刻划光栅相比，全息光栅具有无鬼线①、杂散光少、分辨率高、适用光谱范围宽、有效孔径大、衍射效率高、成本低廉和易于制作等突出优点。另外，全息法制作光栅的特点主要体现在以下几点：（1）光路的排布灵活，适合制作不同空间频率的光栅；（2）光栅尺寸可做得很大；（3）制作效率高；（4）若制作正交正弦光栅，全息法则更显优越。正是因为这些优点使全息法在光栅的研制中独领风骚[1]。光栅质量的好坏取决于栅条的平行性和等周期性。单色均匀平面波是制作全息光栅的理想用光[2]。

全息光栅中使用较多的有黑白光栅和正弦光栅，亮度按矩形函数变化的光栅称为黑白光栅；亮度按正弦函数变化的周期图形称为正弦光栅，见图 34-1(a)和(b)。

(a) 黑白光栅　　　　　　　　　　　　(b) 正弦光栅

图 34-1　黑白光栅与正弦光栅

---

① 光栅是刻有大量等距刻痕的光学元件。在刻制过程中，刻痕位置稍有差错，就会明显影响光栅的光学效果。刻机周期性重复出现的误差，使光程差发生相应的变化，用这样的光栅所形成的光谱，往往在每根强度谱线两侧伴随有一系列杂乱的弱线，这就叫"罗兰鬼线"，简称"鬼线"。

【任务与要求】

1．掌握全息光栅的制作原理与方法；

2．掌握全息平台上光学元件的共轴调节技术、扩束与准直的基本方法，熟练地获得并检验平行光；

3．要求制作空间频率为 $\nu = 100$ lp/mm 的光栅一块，制作空间频率为 $\nu = 100$ lp/mm 的正交光栅一块。

4．设计一种方法测出自制全息光栅的空间频率。

【实验仪器】

光学防震平台，He-Ne 激光器，定时器，50%分束镜，平面镜，全息干板，像屏，底片夹，透镜，显影、定影用具，读数显微镜等。

【原理提示】

两列频率相同的相干平面光波以一定夹角相交时，在两光束重叠区域将产生干涉现象。如图 34-2(a)所示，在 $z = 0$ 的（xy）平面（该平面垂直于纸面）上将接收到一组平行于 y 轴的明暗相间的直条纹，其光强分布和条纹间距分别为

$$I = 2I_0 \left[1 + \cos\frac{2\pi}{\lambda}x(\sin\theta_1 - \sin\theta_2)\right] \qquad (34\text{-}1)$$

$$d = \frac{\lambda}{\sin\theta_1 - \sin\theta_2} = \frac{1}{2\sin\frac{1}{2}(\theta_1 + \theta_2)\cos\frac{1}{2}(\theta_1 - \theta_2)} \qquad (34\text{-}2)$$

式中，θ_1、θ_2 分别为两束相干光与（xy）平面的法线夹角，$\theta_1 + \theta_2 = \theta$ 为两束光的会聚角。当两束光对称入射即 $\theta_1 = \theta_2 = \theta/2$ 时，有

$$d = \frac{\lambda}{2\sin\dfrac{\theta}{2}} \qquad (34\text{-}3)$$

则

$$\nu = \frac{1}{d} = \frac{2\sin(\theta/2)}{\lambda} \qquad (34\text{-}4)$$

式中，d 为光栅常数，ν 为（光栅）干涉条纹的空间频率。

如果在 $z = 0$ 处平行于（xy）平面放置一块全息干板 H，如图 34-2(b)所示，则经曝光、显影、定影等处理后，即可获得一张全息光栅。当空间频率 ν 比较小时，称之为低频全息光栅。

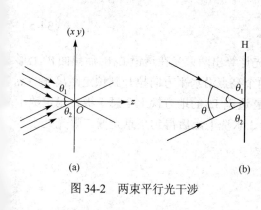

图 34-2　两束平行光干涉

1．实验光路

本实验采用马赫-曾德尔干涉光路，如图 34-3 所示。它主要由两块 50%的分束器 BS_1、BS_2 和两块全反射镜 M_1、M_2 组成。四个反射面互相平行，中心光路构成一个平行四边形。扩束镜 C 和准直透镜 L 共焦后产生平行光（为了提高平行光的质量还可以在 C 和 L 的公共焦点处加上针孔滤波器 E，在 C 和 L 间适当位置加入光阑 D），平行光入射到 BS_1 上被分成两束，这

两束光经过 M_2、M_3 反射后在 BS_2 上相遇发生干涉，在 BS_2 后面的白屏（或毛玻璃屏）P 上可观察到干涉条纹，如果条纹太细可用显微镜来观察，干涉条纹为等距直条纹。用记录介质放在干涉场中记录条纹，经曝光、显影、定影等处理后就得到低频全息光栅。

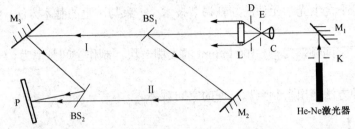

图 34-3　马赫-曾德尔干涉光路示意图

2. 空间频率的估算

由式（34-4）可以看出，干涉条纹的空间频率 ν 是由两光束的会聚角 θ 决定的。改变 θ 角便可获得不同空间频率的光栅。当 θ 比较小时，$d \approx \lambda/\theta$，$\nu \approx \theta/\lambda$，因此，只要测出 θ，便可估算光栅的空间频率。

具体办法如下：

调整好图 34-3 的马赫-曾德尔干涉光路，使两光束到达 P 屏的光程相等。调节 M_1 和 BS_2 使两束光在 P 屏处重合。调节扩束镜 C 和准直透镜 L 产生平行光。移走 P 屏，放入透镜 L_0（见图 34-4），则两束光在 L_0 的后焦面 P′ 上会聚成两个亮点。若两亮点间的距离为 x_0，透镜焦距为 f，则两束光的会聚角 θ 可表示为 $\theta = x_0/f$，光栅的空间频率为

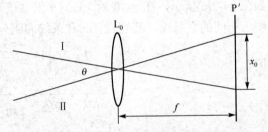

图 34-4　估算光栅空间频率的光路示意图

$$\nu = \frac{x_0}{f\lambda} \tag{34-5}$$

按照实验要求制作 $\nu = 100$/mm 光栅，需要预先计算出两束光在透镜 L_0 的后焦面 P′ 上形成的两亮点的间距 x_0。通过调整 BS_2 的角度，使两个亮点沿水平方向拉开到预定距离 x_0（x_0 可用钢尺或读数显微镜测量）。撤去透镜 L_0，在放置透镜 L_0 的地方换上全息干板，稳定数十秒钟后进行曝光。注意控制曝光时间，显影、定影、水洗干燥后得到全息光栅。曝光处于全息干版的线性感光区内，得到的是正弦型全息光栅。

【思考题】

1. 怎样的曝光条件可以得到正弦型全息光栅？
2. 用激光束正入射照明正弦型全息光栅，得到的衍射图样会有什么特点？
3. 设计一种测量自制全息光栅的空间频率的方法。

【参考文献】

[1] 类成新，李凤灵. 全息光栅实验系统的制作. 山东理工大学学报（自然科学版）. 21(6)，2007.78-80.

[2] 黄德康，曹望和，朱茂华等. 高质量全息光栅的制作. 光学技术. 28(3)，2002.255-256.

实验 35　水波多普勒效应的研究

多普勒效应在生活和科研中有很多实际的应用，如多普勒测速、彩超、雷达、移动通讯等多领域应用。水波的波形易于观察，移动波源的位置就能直观观察到多普勒效应，现象明显。本实验利用水波的优点，用水波演示仪演示多普勒效应，同时设计能够测量水波多普勒频率的装置，通过光电信号的采集，可以在数字示波器（或计算机）上显示出水波的振动频率和测量多普勒频率；观测波源运动或接收器运动、水波的振动频率不变情况下水波传播速度是否变化；测量波源不动、接收器速度不变、波源频率改变的情况下水波传播的速度和波长，初步研究水波的色散特性。

【任务与要求】

1. 通过观测水波多普勒效应，加深对多普勒效应的理解；

2. 设计实验装置，用光电传感器测量波源和接收器不动时水的振动频率；

3. 接收器不动、波源相对接收器运动时，观测波源速度与多普勒频率的关系，测量水波的传播速度是否变化；

4. 波源不动，波源振动频率不变，测量接收器速度与接收频率的关系，测量水波的传播速度是否变化；

5. 波源不动，接收器速度不变，波源振动频率改变，测量水波的传播速度和波长，测绘 $u-\lambda$ 关系图，研究水波的色散特性。

【实验仪器】

水波演示仪，光电接收器，光电门计时器，微机及采集器（或数字示波器、直流电源）等。

如图 35-1 所示，水波演示仪含水波演示台、水波波源、水波信号源，其中水波演示台由玻璃水槽、毛玻璃屏幕、平面反射镜、频闪灯及其支架组成；光电接收器由激光发射器和 OPT101 光电传感接收器组成。

图 35-1　水波多普勒效应演示和实验装置
1—水波演示台；2—水波波源；3—水波信号源；
4—光电探测器；5—可移动支架；6—光电门及其
计时器；7—微机及采集器

【原理提示】

1. 水波多普勒效应的原理

多普勒效应是波源和观察者（即接收器）之间存在相对运动时，观察者接收到波的频率与波源发射的频率不相同的现象。接收频率与发射频率之差称为多普勒频移。

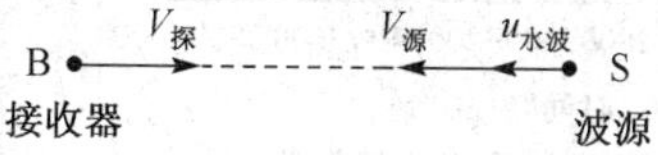

根据多普勒效应，如图 35-2 所示，对于波源 S 与接收器 B 沿同一直线运动，接收器接收到的频率为

$$f_{接收} = f_{波源} \frac{u_{水波} + V_{接收}}{u_{水波} - V_{波源}} \tag{35-1}$$

图 35-2　多普勒效应示意图

式中，$V_{波源}$、$V_{接收}$、$u_{水波}$ 分别为波源的速度、接收器的速度和水波的传播速度，都可以用光电门计时器测量；$f_{接收}$ 为光电接收器输出的光电信号频率，用数字示波器（或微机处理器）计数测量；$f_{波源}$ 为波源的水波振动频率，可以由水波信号源的频率显示屏读取。

我们规定：波源趋近接收器时，$V_{波源}$取正值；波源背离接收器时，$V_{波源}$取负值。接收器趋近波源时，$V_{接收}$取正值；接收器背离波源，$V_{接收}$取负值。波速$u_{水波}$恒为正值。

（1）接收器不动，波源频率不变，改变波源速度大小，接收器接收到的频率为

$$f_{接收} = f_{波源}\left(1 - \frac{V_{波源}}{u_{水波}}\right)^{-1}，\text{则水波的传播速度为}\ u_{水波} = V_{波源}\frac{f_{接收}}{f_{接收} - f_{波源}}。$$

（2）波源不动，波源频率不变，接收器水平运动速度改变，接收器接收到的频率为

$$f_{接收} = f_{波源}\left(1 + \frac{V_{接收}}{u_{水波}}\right)，\text{水波的传播速度为}\ u_{水波} = V_{接收}\frac{f_{波源}}{f_{接收} - f_{波源}}。$$

2．光电检测水波的振动频率

利用光的折射原理和光杠杆效应，设计光电接收器测量频率的原理，通过折射的激光在水波波纹一个周期内将有两次抖动可以接受到，在适当距离的 OPT101 光电传感接收器将接收抖动的激光（如图 35-3 所示），再利用虚拟仪器平台 LABVIEW 编写的软件完成对采集到的数据进行处理，或把 OPT101 的光电信号输入数字示波器，以此得到多普勒频率。实现测频准确、操作简便，直观观测多普勒效应。

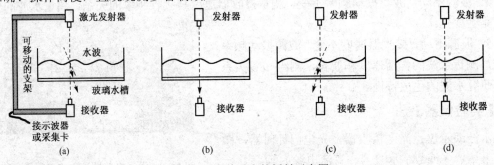

图 35-3　水波对光的折射示意图

OPT101 型光电传感器是集光敏器件光敏二极管与信号放大于一体的器件，采用单电源供电，压电输出。输出电压随照射到光敏器件上的光强度呈线性变化。当接收器与波源都不动时，所测量的接收频率等于水波的振动频率，如图 35-4(a)所示；当波源不动、波源频率不变、接收器水平运动时，接收器输出电压与时间关系图如图 35-4(b)所示。

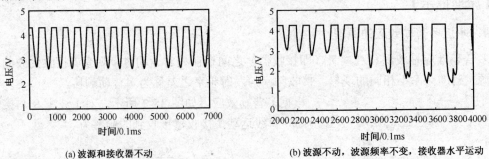

(a) 波源和接收器不动　　　　　　　(b) 波源不动，波源频率不变，接收器水平运动

图 35-4　光电传感器输出电压与时间关系图

3．研究水的色散特性

水波振动向外传播的速度为 $u = \Delta x/\Delta t$，其中 Δx 为水波振动在时间Δt内向外传播距离。

如果传播距离为一个波长的λ，则Δt 为一个周期 T。波的振动传播速度分为相速度与群速度。相速度：单色（单一频率）波向前传播的速度，其数值等于波长与波源振动频率的乘积。群速度：波长不同的一些波迭加时，会形成某种形状的合成波（或称波群），有些地方加强，而有些地方减弱。如果在媒质中这些分波传播时的相速度不同，则合成波的形状随时间而变化，其加强部分的传播速度称为"群速度"。

根据流体力学理论，液体表面波的色散关系为

$$\omega = \sqrt{gk + \frac{\sigma k^3}{\rho}} \tag{35-2}$$

根据表面波的相速度 $u - \omega/k$ 得

$$u = \sqrt{\frac{g}{k} + \frac{\sigma k}{\rho}} = \sqrt{\frac{g\lambda}{2\pi} + \frac{2\pi\sigma}{\rho\lambda}} \tag{35-3}$$

式（35-2）、式（35-3）中，ω 为表面波角频率，σ 为表面张力系数，g 为重力加速度，ρ 为液体密度，λ 为水波的波长，k 为波数或角波数（$k = 2\pi/\lambda$）。水波速度与波长的理论关系图如图 35-5 所示。由式（35-3）可知：当波长 λ 很长（波数 k 很小）时，重力起主要作用；当波长 λ 很短（波数 k 很大）时，表面张力起主要作用。k 由小变大，波速要经过一个极小值。

通过对波源振动频率 15～200 Hz 范围的测量，自拟测量水波的波长及波速的方法。绘制 u-k 关系曲线，如图 35-6 所示，研究水波的色散特性。测出当波长较小时的波速，使波速与波长的关系图更完整，并进一步提高测量精度。

【注意事项】

1. 实验前认真阅读仪器使用说明。
2. 激光发射/接收器的放置方向不能放反。

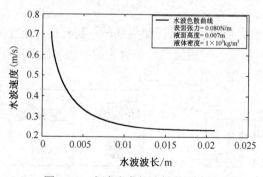

图 35-5　水波速度与波长的理论关系图

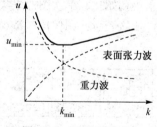

图 35-6　u-k 关系曲线

【参考文献】

赵凯华，罗蔚茵. 新概念物理·力学[M]. 北京：高等教育出版社，1995，313-314.

实验 36　不规则面积的非接触测量

在工业生产中，经常需要对形状不规则的平面物体进行面积测量，例如皮革面积、印刷线路板的线路面积的在线测量等。由于其面积通常比较复杂，而且要求测量快速，通常的方

法往往无能为力。本实验是一种能够快速测量不规则面积的方法，它采用图像采集技术，将被测目标的图像采集到计算机中，再应用数字图像处理技术自动计算出被测目标的面积。该方法具有速度快、测量准确等特点，适合各种场合的面积测量。

【任务与要求】

采用图像采集技术，对某一形状不规则的平面物体进行面积测量。

【实验仪器】

图像传感器，计算机，LabView 软件。

【原理提示】

用图像的方法进行不规则面积的测量，其核心是通过图像处理，使待测物体像和背景分离，计算出待测物体像的像素数目，通过和标准物体比较，计算出待测物体的面积。假定标准物体的面积为 S_s，其像的像素数目为 N，在同样的成像放大倍数下，待测物体像的像素数目为 M，则待测物体的面积为 $S = MS_s/N$。

本实验系统主要包括三部分：（1）图像采集；（2）图像处理；（3）面积计算。其流程图如图 36-1 所示，以 LabView 为平台建立实验系统。

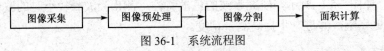

图 36-1　系统流程图

LabView 是一种图形语言（G 语言）、用图标和连线编写程序，它为用户提供了简单、易学的图形编程方式，设计者可以像搭积木一样，用线把各种模块连接起来就可以实现复杂的功能，轻松组建测量系统仪器面板。在本实验中，主要使用 NI 公司的 Vision 模块实现图像的采集、预处理及面积的计算，建立实验系统。

与图像采集相关的模块包括图 36-2 所示模块，依次表示：摄像头列举、初始化、连续图像采集初始化、单次图像采集、连续图像采集、结束。与图像预处理有关的模块如图 36-3 所示，依次表示：图像的参数调节（亮度、对比度、伽马值）、直方图。

图 36-2　和图像采集相关的模块

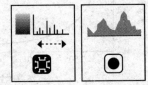

图 36-3　和图像预处理有关的模块

实验系统的框图可按如下过程设计：

（1）USB 摄像头的初始化。

（2）用 While 循环进行连续采集，进行成像系统的初步调节，当放大倍数满足要求、成像清晰时，退出循环，进行单次采集，以进行后续的分析。

（3）图像的预处理，包括亮度、对比度的调节，然后给出直方图，观察前景和背景的分离情况，如果不满意继续调节，直到满足要求，退出循环。

（4）在前景和背景之间选取合适的阈值，计算待测目标所占像素数目。

实验步骤提示如下：

（1）建立不规则面积测量系统；

（2）标准样品成像，计算标准样品图像的像素数目，计算一个像素表示的面积 S；

（3）确定测量误差；

（4）待测样品成像；

（5）图像预处理（滤波、亮度和对比度的调节），根据直方图，确定合适的阈值；

（6）计算待测样品图像所占像素数目 M；

（7）计算出待测样品的面积 $M \cdot \Delta S$。

实验 37　基于计算机声卡的电机转速测量

电机是运动控制系统的核心单元，电机的转速是电动机极为重要的一个状态参数，在很多运动系统的测控中，都需要对电机的转速进行测量。电机转速的测量是测量技术中的典型方法，涉及光电传感器、信号采集、计算机技术等知识领域，实践性强，适合于一般理工科院校作为综合设计性物理实验进行开发研究，帮助学生掌握测量技术的基本原理及基本测量方法。

【任务与要求】

1. 以 LabView 为平台编写程序，包括：采集信号、信号预处理、傅里叶变换、电机转速的计算。

2. 使用计算机声卡采集信号，并计算电机的转速。

3. 测量斩波器的转速行实验验证，确定检测误差。

4. 测量电机的转速。

【实验仪器】

光电传感器（发光二极管和光敏二极管），计算机，采集卡（计算机声卡），LabView 软件。

【原理提示】

目前电机转速测量有光电式、电磁式、电容式，或者直接检测电机的驱动电压，还有的是利用置于旋转体内的放射性材料来产生脉冲信号的。在这些方法中，应用最广的是利用光电式，在电机上同轴安装均匀开口的齿盘，当齿盘随电机同步转动时，利用光电传感器检测被齿盘反射（反射模式）或通过齿盘（透射式）的光信号，通过分析检测的光电信号，即可计算电机的转速。目前常用的方法有：测频法、测周期法和频率/周期法。

测频法是在规定的检测时间内，检测转速脉冲信号的个数来确定转速，由于检测的起止时间具有随机性，因此这种方法容易产生 ± 1 的脉冲误差，只有当被测转速较高或电机转动一圈产生的脉冲信号的个数较大时，才有较高的测量精度，因此测频法适合于高速测量。测周期法是测量相邻两个转速脉冲信号的时间间隔来确定转速，时间间隔是采用对已知高频脉冲信号计数进行测量的，这种方法也容易产生 ± 1 的高频脉冲周期误差，测周期法在相邻两个转速脉冲信号时间间隔较大，即被测转速较低时，才有较高的测量精度，因此这种方法适合于低速测量。频率/周期法是同时测量检测时间和在此时间内的转速脉冲信号的个数来确定转速。

由于同时对两种脉冲信号进行计数，这种方法在高速和低速时都具有较高的测速精度，但是要求两种检测完全同步。

目前的这三种光电式检测方法，都要求被齿盘调制的信号再转变为脉冲信号，并要求连接到电机的齿盘的开口分布均匀，而且容易产生±1 的脉冲误差。为了克服这些问题，使用傅里叶进行电机转速测量的方法（称为傅里叶变换法），由被齿盘调制的信号的幅度谱，找出和电机转速相关的频率项，计算出电机的转速，此方法不需要进行转速脉冲计数，不存在±1 的脉冲误差。

傅里叶变换法的原理如图 37-1 所示，用光电传感器记录透过齿盘（透射方式）或经齿盘反射（反射方式）的光，假定所记录的光电信号如图 37-1(a)所示，其经傅里叶变换后的幅度谱如图 37-1(b)所示。假定齿盘的转速为 S（单位为 r/m），齿盘开口数为 a，则被齿盘调制的光电信号的周期为 $T = 60/aS$（单位为 s）。不论转盘的开口分布怎样，由于此信号的周期为 T，则信号幅度谱中具有最大幅度的频率成分对应的频率即为 $1/T$（不包含直流分量）。所以对信号进行低通滤波，去掉直流分量，再进行傅里叶变换，求出具有最大幅度的频率分量 f_0（如图 37-1(b)所示），即可计算出电机的转速为 $60f_0/a$。

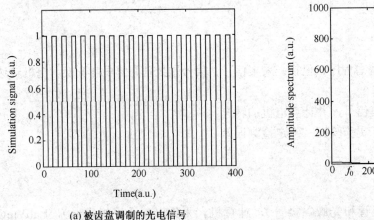

(a) 被齿盘调制的光电信号

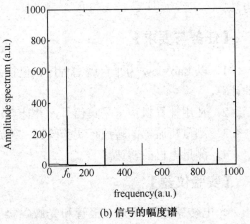

(b) 信号的幅度谱

图 37-1　傅里叶变换法测量电机转速原理图

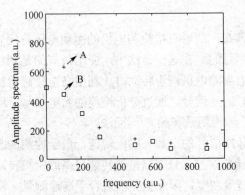

图 37-2　齿盘具有不同的占空比时，信号幅度谱的比较

此方法的另一个特点是对开口的精确度要求不高，对于齿盘的占空比没有特殊要求。图 37-2 为转速相同而齿盘具有不同的占空比时信号幅度谱的比较，"+" 和 "□" 分别表示齿盘开口占空比分别为 0.5 和 0.25 时信号的幅度谱，"A" 和 "B" 分别表示幅度最大的频率分量，从图 37-2 可以看出，当占空比不同时，虽然两者的频谱不同，但是其最大幅度频率分量都对应同样的频率值，即 $aS/60$。

在本实验中通过声卡实现信号的采集，以 LabView 为平台可快速实现采集信号、信号预处理、傅里叶变换、电机转速的计算等功能。

附录 A　常用物理量表

附表 A-1　国际基本单位制

物理量 单位分类	物理量名称	单位名称	单位符号	
			中文	国际
基本单位	长度	米（metre）	米	m
	质量	千克（kilogram）	千克	kg
	时间	秒（second）	秒	s
	电流	安培（ampere）	安	A
	热力学温标	开尔文（kelvin）	开	K
	物质的量	摩尔（mole）	摩	mol
	光强度	坎德拉（candela）	坎	cd
辅助单位	平面角	弧度（radian）	弧度	rad
	立体角	球面度（steradian）	球面度	sr
导出单位	面积	平方米	米^2	m^2
	速度	米每秒	米/秒	m/s
	加速度	米每秒平方	米/秒^2	m/s^2
	密度	千克每立方米	千克/米^3	kg/m^3
	频率	赫兹	赫	Hz
	力	牛顿	牛	N
	压力、压强、应力	帕斯卡	帕	Pa
	功、能量、热量	焦尔	焦	J
	功率、辐射通量	瓦特	瓦	W
	电量、电荷	库仑	库	C
	电位、电压、电动势	伏特	伏	V
	电容	法拉第	法	F
	电阻	欧姆	欧	Ω
	磁通量	韦伯	韦	wb
	磁感应强度	特斯拉	特	T
	电感	亨利	亨	H
	光通量	流明	流	lm
	光照度	勒克斯	勒	lx
	粘度	帕斯卡秒	帕·秒	Pa·s
	表面张力	牛顿每米	牛/米	N/m
	比热容	焦尔每千克开尔文	焦/（千克·开）	J/(kg·K)
	热导率	瓦特每米开尔文	瓦/（米·开）	W/(m·K)
	电容率（介电常量）	法拉每米	法/米	F/m
	磁导率	亨利每米	亨/米	H/m

附表 A-2　国际制单位词头表

词头名称	国际符号	中文符号	因数	词头名称	国际符号	中文符号	因数
艾可萨（exa）	E	艾	10^{18}	分（deci）	d	分	10^{-1}
拍它（peta）	P	拍	10^{15}	厘（centi）	c	厘	10^{-2}
太拉（tera）	T	太	10^{12}	毫（milli）	m	毫	10^{-3}
吉咖（giga）	G	吉	10^{9}	微（micro）	μ	微	10^{-6}
兆（mega）	M	兆	10^{6}	纳诺（nano）	n	纳	10^{-9}
千（kilo）	k	千	10^{3}	皮可（pico）	p	皮	10^{-12}
百（hecto）	h	百	10^{2}	飞母托（femto）	f	飞	10^{-15}
十（deca）	da	十	10^{1}	阿托（atto）	a	阿	10^{-18}

* 10^4 称为万，10^8 称为亿，10^{12} 称为万亿，这类数词的使用不受词头名称的影响，但不应与词头混淆。

附表 A-3　2006 年 CODATA 基本物理常数推荐值简表

量	符号	数值	单位	相对标准不确定度 u_r
真空中光速	c，c_0	$2.997\ 924\ 584\times10^8$	ms^{-1}	（精确）
磁常数	μ_0	$4\pi\times10^{-7}=12.566\ 370\ 614\cdots\times10^{-7}$	$N\cdot A^{-2}$	（精确）
电常量，$1/\mu_0 c^2$	ε_0	$8.854\ 187\ 817\cdots\times10^{-12}$	$F\cdot m^{-1}$	（精确）
牛顿引力常量	G	$6.674\ 28(67)\times10^{-11}$	$m^3\ kg^{-1}\cdot s^{-2}$	1.0×10^{-4}
普朗克常量	h	$6.626\ 068\ 96(33)\times10^{-34}$	$J\cdot s$	5.0×10^{-8}
基本电荷	e	$1.602\ 176\ 487(40)\times10^{-19}$	C	2.5×10^{-8}
磁通量子 $h/2e$	o	$2.067\ 833\ 667(52)\times10^{-15}$	Wb	2.5×10^{-8}
电子质量	m_e	$9.109\ 382\ 15(45)\times10^{-31}$	kg	5.0×10^{-8}
质子质量	m_p	$1.672\ 621\ 637(83)\times10^{-27}$	kg	5.0×10^{-8}
里德伯常量	R_∞	$10\ 973\ 731.568\ 527(73)$	m^{-1}	6.6×10^{-12}
精细结构常数	a	$7.297\ 352\ 5376(50)\times10^{-3}$		6.8×10^{-10}
阿伏伽德罗常量	N_A，L	$6.022\ 141\ 79(30)\times10^{23}$	mol^{-1}	5.0×10^{-8}
法拉第常数 $N_A e$	F	$96\ 485.3399(24)$	$C\cdot mol^{-1}$	2.5×10^{-8}
摩尔气体常量	R	$8.314\ 472(15)$	$Jmol^{-1}\ K^{-1}$	1.7×10^{-6}
玻尔兹曼常量	k	$1.380\ 6504(24)\times10^{-23}$	$J\cdot K^{-1}$	1.7×10^{-6}

* 摘自 物理·37 卷（2008 年）3 期

附表 A-4　在海平面上不同纬度处的重力加速度

纬度 φ（度）	重力加速度 $g\,(\mathrm{m/s^2})$	纬度 φ（度）	重力加速度 $g\,(\mathrm{m/s^2})$
0	9.78049	50	9.81079
5	9.78088	55	9.81515
10	9.78204	60	9.81924
15	9.78394	65	9.82294
20	9.78652	70	9.82614
25	9.78969	75	9.82873
30	9.79338	80	9.83065
35	9.79745	85	9.83182
40	9.80180	90	9.83221
45	9.80629		

* 表中列出数值根据公式：$g=9.78049(1+0.005288\sin^2\varphi-0.000006\sin^2 2\varphi)$，式中 φ 为纬度。

附表 A-5　常见材料的各向同性杨氏模量

金属名称	杨氏模量 E		金属名称	杨氏模量 E	
	（Gpa）	（×10² kg/mm²）		（Gpa）	（×10² kg/mm²）
铝	69～70	70～71	锌	78	80
钨	407	415	镍	203	205
铁	186～206	190～210	铬	235～245	240～250
铜	103～127	105～130	合金钢	206～216	210～220
金	77	79	碳钢	169～206	200～210
银	69～80	70～82	康钢	160	163

* 杨氏模量值尚与材料结构、化学成分、加工方法等关系密切，实际材料可能与表列数值不尽相同。

附表 A-6　水的饱和蒸气压与温度的关系　　　Pa（mmHg）

温度/℃	0.0	1.0	2.0	3.0	4.0	5.0	6.0	7.0	8.0	9.0
−10.0	260.8	238.6	218.1	199.3	182.0	166.0	151.4	138.0	125.6	114.2
	(1.956)	(1.790)	(1.636)	(1.495)	(1.365)	(1.246)	(1.136)	(1.035)	(0.942)	(0.857)
−0.0	610.7	562.6	517.8	476.4	438.0	402.4	369.4	338.9	310.8	284.8
	(4.581)	(4.220)	(3.884)	(3.573)	(3.285)	(3.018)	(3.771)	(2.542)	(2.331)	(2.136)
0.0	610.7	656.6	705.5	757.7	813.1	872.2	934.8	1061.6	1072.6	1147.8
	(4.581)	(4.925)	(5.292)	(5.683)	(6.099)	(6.542)	(7.012)	(7.513)	(8.045)	(8.609)
10.0	1227.8	1312.04	1402.3	1497.3	1598.3	1704.9	1817.8	1937.3	2063.6	2196.9
	(9.209)	(9.844)	(10.518)	(11.231)	(11.988)	(12.788)	(13.635)	(14.531)	(15.478)	(16.478)
20.0	2337.8	2486.6	2643.5	2809.1	2983.6	3167.6	3361.6	3565.3	3779.9	4005.8
	(17.535)	(18.651)	(19.828)	(21.070)	(22.379)	(23.759)	(25.212)	(26.742)	(28.352)	(30.046)
30.0	4243.2	4493.0	4755.3	5030.9	5380.1	5623.6	5942.2	6276.1	6626.1	6993.1
	(31.827)	(33.700)	(35.668)	(37.735)	(39.904)	(42.181)	(44.570)	(47.075)	(49.701)	(52.453)
40.0	7377.4	7778.7	8201.0	8641.8	9102.8	10087	10615	10615	11165	11739
	(55.335)	(58.354)	(61.513)	(64.819)	(64.819)	(68.277)	(71.892)	(79.619)	(83.744)	(88.050)

附表 A-7　不同温度时干燥空气中的声速　　　（m·s⁻¹）

温度/℃	0	1	2	3	4	5	6	7	8	9
60	366.05	366.60	367.14	367.69	368.24	368.78	369.33	369.87	370.42	370.42
50	360.51	361.07	361.62	362.18	362.74	363.29	363.84	364.39	364.95	364.95
40	354.89	355.46	356.02	356.59	357.15	357.71	358.27	358.83	359.39	359.95
30	349.18	349.75	350.33	350.90	351.47	352.05	352.62	353.19	353.75	354.32
20	343.37	343.96	344.54	345.12	345.70	346.29	346.87	347.45	348.02	348.60
10	337.46	338.06	338.65	339.25	339.84	340.43	341.02	341.61	342.20	342.78
0	331.45	332.06	332.66	333.27	333.87	334.47	335.57	335.67	336.27	332.87
−10	325.33	324.71	324.09	323.47	322.84	322.22	321.60	320.97	320.34	319.72
−20	319.09	318.45	317.82	317.19	316.55	315.92	315.28	314.64	314.00	313.36
−30	312.72	311.43	311.43	310.78	310.14	309.49	308.84	308.19	307.53	306.88
−40	306.22	304.91	304.91	304.25	303.58	302.92	302.26	301.59	300.92	300.25
−50	299.58	298.91	298.24	297.65	296.89	296.21	295.53	294.85	294.16	293.48
−60	292.79	292.11	291.42	290.73	290.03	289.34	288.64	287.95	287.25	286.55
−70	285.54	285.14	284.43	283.73	283.02	282.30	281.59	280.88	280.16	279.44
−80	278.72	278.00	277.27	276.55	275.82	275.09	274.36	273.62	272.89	272.15
−90	271.41	270.67	269.92	269.18	268.43	267.68	266.93	266.17	265.42	264.66

附表 A-8　20℃时常见固体和液体的密度

物质	密度 ρ (kg/m^3)	物质	密度 ρ (kg/m^3)
铝	2698.9	窗玻璃	2400～2700
铜	8960	冰（0℃）	800～920
铁	7874	石蜡	792
银	10500	有机玻璃	1200～1500
金	19320	食盐	2140
钨	19300	甲醇	792
铂	21450	乙醇	789.4
铅	11350	乙醚	714
锡	7298	汽油	710～720
水银	13546.2	弗利昂-12	1329
钢	7600～7900	变压器油	840～890
石英	2500～2800	甘油	1260
水晶玻璃	2900～3000		

附表 A-9　标准大气压下不同温度的纯水密度

温度 t(℃)	密度 ρ (kg/m^3)	温度 t(℃)	密度 ρ (kg/m^3)	温度 t(℃)	密度 ρ (kg/m^3)
0	999.841	17.0	998.774	34.0	994.371
1.0	999.900	18.0	998.595	35.0	994.031
2.0	999.941	19.0	998.405	36.0	993.68
3.0	999.965	20.0	998.203	37.0	993.33
4.0	999.973	21.0	997.992	38.0	992.96
5.0	999.965	22.0	997.770	39.0	992.59
6.0	999.941	23.0	997.538	40.0	992.21
7.0	999.902	24.0	997.296	41.0	991.83
8.0	999.849	25.0	997.044	42.0	991.44
9.0	999.781	26.0	996.783	…	…
10.0	999.700	27.0	996.512	50.0	998.04
11.0	999.605	28.0	996.232	60.0	983.21
12.0	999.498	29.0	995.944	70.0	977.78
13.0	999.377	30.0	995.646	80.0	975.31
14.0	999.244	31.0	995.340	90.0	965.31
15.0	999.099	32.0	995.025	100.0	958.35
16.0	999.943	33.0	994.702		

附表 A-10　金属电阻率及电阻温度系数

物质	t(℃)	电阻率 ρ (×10^{-8} Ω·m)	电阻温度系数 α(℃$^{-1}$)	物质	t(℃)	电阻率 ρ (×10^{-8} Ω·m)	电阻温度系数 α(℃$^{-1}$)
银	20	1.586	0.0038	钨	27	5.65	
铜	20	1.678	0.00393	钴	20	6.64	0.00604(0℃～100℃)
金	20	2.40	0.00324	镍	20	6.84	0.0069(0℃～100℃)
铝	20	2.6548	0.00429	镉	0	6.83	0.0042(0℃～100℃)
钙	0	3.91	0.00416	铟	20	8.37	
铍	20	4.0	0.025	铁	20	9.71	0.00651
镁	20	4.45	0.0165	铂	20	10.6	0.00374(0℃～60℃)
锌	20	5.196	0.00419(0℃～100℃)	锡	0	11.0	0.0047(0℃～100℃)

附表 A-11　汞灯光谱线波长表

颜色	波长（nm）	相对强度	颜色	波长（nm）	相对强度
紫外部分	237.83	弱	绿	535.41	弱
	239.95	弱	绿	536.51	弱
	248.20	弱	绿	546.07	很强
	253.65	很强	黄绿	567.59	弱
	265.30	强	黄	576.96	强
	269.90	弱	黄	579.07	强
	275.28	强	黄	585.93	弱
	275.97	弱	黄	588.89	弱
	280.40	弱	橙	607.27	弱
	289.36	弱	橙	612.34	弱
	292.54	弱	橙	623.45	强
	296.73	强	红	671.64	弱
	302.25	强	红	690.75	弱
	312.57	强	红	708.19	弱
	313.16	强	红外部分	773	弱
	334.15	强		925	弱
	365.01	强		1014	强
	366.29	弱		1129	强
	370.42	弱		1357	强
	390.44	弱		1367	强
紫	404.66	强		1396	弱
紫	407.78	强		1530	强
紫	410.81	弱		1692	强
蓝	433.92	弱		1707	强
蓝	434.75	弱		1813	弱
蓝	435.83	很强		1970	弱
青	491.61	弱		2250	弱
青	496.03	弱		2325	弱

附表 A-12　钠灯光谱线波长表

颜色	波长（nm）	相对强度
黄	588.99 589.59	强 强

附表 A-13　氢灯光谱线波长表

颜色	波长（nm）	相对强度
紫	410.17	弱
蓝	434.05	弱
青	486.13	弱
红	656.29	强

附表 A-14　常用物质的折射率（$\lambda_D = 589.3$ nm）

附表 A-14-1　常用晶体及光学玻璃的折射率

物质名称	分子式或符号	折射率
熔凝石英	SiO_2	1.45843
氯化钠	NaCl	1.54427
氯化钾	KCl	1.49044
萤石	CaF_2	1.43381
冕牌玻璃	K6	1.51110
	K8	1.51590
	K9	1.51630
重冕玻璃	ZK6	1.61263
	ZK8	1.61400
钡冕玻璃	BaK2	1.53988
火石玻璃	F1	1.60328
钡火石玻璃	BaF8	1.62590
重火石玻璃	ZF1	1.64752
	ZF5	1.73977
	ZF6	1.75496

附表 A-14-2　常用液体的折射率

物质名称	分子式	密度	温度℃	折射率
丙醇	CH_3COCH_3	0.791	20	1.3593
甲醇	CH_3OH	0.794	20	1.3290
乙醇	C_2H_5OH	0.800	20	1.3618
苯	C_6H_6	1.880	20	1.5012
二硫化碳	CS_2	1.263	20	1.6276
四氯化碳	CCl_4	1.591	20	1.4607
三氯甲烷	$CHCl_3$	1.489	20	1.4467
乙醚	$C_2H_5O \cdot C_2H_5$	0.715	20	1.3538
甘油	$C_3H_8O_3$	1.260	20	1.4730
松节油		0.87	20.7	1.4721
橄榄油		0.92	0	1.4763
水	H_2O	1.00	20	1.3330

附表 A-14-3　一些单轴晶体的折射率 n_o 和 n_e

物质名称	分子式	n_o	n_e
冰	H_2O	1.313	1.309
氟化镁	MgF_2	1.378	1.390
石英	SiO_2	1.544	1.553
氯化镁	$MgO \cdot H_2O$	1.559	1.580
锆石	$ZrO_2 \cdot SiO_2$	1.923	1.968
硫化锌	ZnS	2.356	2.378
方解石	$CaO \cdot CO_2$	1.658	1.486

注：n_o、n_e 分别是晶体双折射现象中的"寻常光"的折射率和"非常光"的折射率。

附表 A-15　相对湿度查对表

干 湿 差 度

湿度	1.0	1.5	2.0	2.5	3.0	3.5	4.0	5.0	6.0	7.0
30	93	89	86	83	79	76	73	67	61	55
	93	89	86	82	79	76	72	66	60	54
	93	89	86	82	79	75	72	65	59	53
	93	89	85	81	78	75	71	65	59	53
	92	88	85	81	78	74	71	64	58	51
25	92	88	85	81	77	74	70	63	57	51
	92	88	84	80	77	73	70	62	56	49
	92	88	84	80	76	72	69	62	55	48
	92	88	83	80	75	72	68	61	54	47
	91	87	83	79	75	71	67	60	52	45
20	91	87	83	78	74	70	66	59	51	44
	91	86	82	78	74	70	65	58	50	43
	91	86	82	77	73	69	65	56	49	41
	90	86	81	77	72	68	63		47	39
	90	85	81	76	71	67	62	54	48	37
15	90	85	80	75	71	66	61	53	44	35
	90	84	79	74	70	65	60	51	42	33
	89	84	79	74	69	64	59	49	40	31
	89	83	78	73	68	62	57	48	38	29
	88	83	77	72	66	61	56	46	36	26
10	88	82	77	71	65	60	55	44	34	24
	88	82	76	70	64	58	53	42	31	21
	87	81	75	69	62	57	71	40	29	18
	87	80	75	67	61	55	49	37	26	14
	86	79	73	66	60	53	47	35	23	
5	86	79	72	65	58	51	45	32	19	
	85	78	70	63	56	49	42	29		
	84	77	68	62	54	47	40	25		
	84	76	68	60	52	45	37	22		
	83	75	66	58	50	42	34	18		
0	82	73	64	56	47	39	31			

例：干温度20℃，湿温度17℃，它们相差3℃，查上表干湿差度3的数往下对准湿度17℃，交叉数可读出72%。

附录 B 诺贝尔物理学奖与物理实验

1．诺贝尔生平简介

诺贝尔奖的设立者阿尔费里德·伯恩纳德·诺贝尔（Alfred Bernhard Nobel，见图 B-1），1833 年 10 月 21 日生于瑞典首都斯德哥尔摩。母亲叫卡罗琳·安德丽塔·阿塞尔（Caroline Andrietta Ahlsell），是以发现淋巴管而闻名的瑞典博物学家鲁德贝克（Olof Rudbeck）的后裔，受过好的教育。父亲伊曼纽尔·诺贝尔（Immanuel Nobel）是一名建筑师和机械工程师。他从父亲那里学习了工程学基础，也像父亲一样具有发明才能。诺贝尔一家于 1842 年离开斯德哥尔摩，同当时正在圣彼得堡的父亲团聚。

图 B-1　阿尔费里德·伯恩纳德·诺贝尔

诺贝尔从小主要受家庭教师的教育，16 岁就成为有能力的化学家，能流利地说英、法、德、俄、瑞典等国家的语言。1850 年离开俄国赴巴黎学习化学，一年后又赴美国，在 J·埃里克森（铁甲舰"蒙尼陀"号的建造者）的指导下工作了 4 年。返回圣彼得堡后，在他父亲的工厂里工作，直到 1859 年该工厂破产为止。重返瑞典以后，诺贝尔开始制造液体炸药硝化甘油。在这种炸药投产后不久的 1864 年，工厂发生爆炸，诺贝尔最小的弟弟埃米尔和另外 4 人被炸死。由于危险太大，瑞典政府禁止重建这座工厂，被认为是"科学疯子"的诺贝尔，只好在湖面的一条船上进行实验，寻求减小搬动硝化甘油时发生危险的方法。在一次偶然的机会，他发现硝化甘油可以被干燥的硅藻土所吸附；这种混合物可以安全运输。上述发现使他得以改进黄色炸药和必要的雷管。黄色炸药在英国（1867 年）和美国（1868 年）取得专利之后，诺贝尔进而实验并研制成一种威力更大的同一类型的炸药爆炸胶，于 1876 年取得专利。大约 10 年后，又研制出最早的硝化甘油无烟火药弹道炸药。他曾要求弹道炸药的专利权要包括柯达炸药，但遭到法庭否决。诺贝尔在全世界都有炸药制造业的股份，加上他在俄国巴库油田的产权，所拥有的财富是巨大的，他因此不得不在世界各地不停地奔波。诺贝尔本质上是一位和平主义者，希望他发明的破坏性炸药有助于消灭战争，但他对人类和国家的看法是悲观主义的。

诺贝尔对文学有长期的爱好，在青年时代曾用英文写过一些诗。后人还在他的遗稿中发现他写的一部小说的开端。诺贝尔一生未婚，没有子女。一生的大部分时间忍受着疾病的折磨。他生前有两句名言："我更关心生者的肚皮，而不是以纪念碑的形式对死者的缅怀"。"我看不出我应得到任何荣誉，我对此也没有兴趣"。

1896 年 12 月 10 日诺贝尔在意大利的桑利玛去世，终年 63 岁。他一生共获得技术发明专利 355 项，其中以硝化甘油制作炸药的发明最为闻名，他不仅从事研究发明，而且进行工业实践，兴办实业，在欧美等五大洲 20 个国家开设了约 100 家公司和工厂，积累了巨额财富。

2. 诺贝尔奖

在诺贝尔即将辞世之际，他立下了遗嘱："请将我的财产变做基金，每年用这个基金的利息作为奖金，奖励那些在前一年为人类做出卓越贡献的人。"诺贝尔在遗嘱中还写道："把奖金分为五份：一、奖给在物理学方面有最重要发现或发明的人；二、奖给在化学方面有最重要发现或新改进的人；三、奖给在生理学和医学方面有最重要发现的人；四、奖给在文学方面表现出了理想主义的倾向并有最优秀作品的人；五、奖给为国与国之间的友好、废除使用武力与贡献的人。"为此，1900 年 6 月瑞典政府批准设置了诺贝尔基金会，瑞典议会通过了《颁发诺贝尔奖金章程》，并于次年诺贝尔逝世 5 周年纪念日，即 1901 年 12 月 10 日首次颁发诺贝尔奖。除因战争时中断外，每年的这一天分别在瑞典的首都斯德哥尔摩和挪威首都奥斯陆举行隆重授奖仪式。

诺贝尔奖分设了物理学、化学、医学和生理学、文学及和平 5 个奖，授予世界各国在这些领域对人类做出重大贡献的人。诺贝尔奖的评选工作是这样分工的：由瑞典皇家科学院负责诺贝尔物理学奖、诺贝尔化学奖和诺贝尔经济学奖的评选；由瑞典文学院负责诺贝尔文学奖的评选；由挪威议会选出的 5 人小组负责诺贝尔和平奖的评选。1968 年，诺贝尔奖新设了第 6 个奖——诺贝尔经济学奖（奖金由瑞典中央银行提供）。

诺贝尔奖包括金质奖章、证书和奖金支票。金质奖章约重 270 克，内含黄金23K，奖章直径约为 6.5 厘米，正面是诺贝尔的浮雕像，不同奖项，奖章的背面图案不同，如图 B-2 和图 B-3 所示。每份获奖证书的设计和词句也各具风采。颁奖仪式隆重而简朴，每年出席的人数限于 1500～1800 人；男士必须穿燕尾服或民族服装，女士要穿庄重的晚礼服；仪式中的所用白花和黄花必须从意大利小镇圣莫雷（诺贝尔逝世的地方）空运而来。

图 B-2　诺贝尔金质奖章正面　　　　　　　　图 B-3　诺贝尔物理学奖章背面

根据诺贝尔的遗嘱，在评选的整个过程中，获奖人不受任何国籍、民族、意识形态和宗教的影响，评选的唯一标准是成就的大小。

3. 诺贝尔物理学奖

一年一度的诺贝尔物理学奖颁发了 100 多年，对于科学的发展来说 20 世纪又被称为"物理世纪"，这个说法虽然有些偏袒物理学，但是从 1895 年发现 X 射线开始的现代科学革命，在这一个世纪中确实是以物理学上的时空观、物质观、方法论和相互作用论的根本变革为中心展开的。由于物理学上产生了微观物质组成理论、相对论和量子力学，带来了化学上的分子轨道理论和现代价键理论；以 DNA 双螺旋结构的发现为基础的分子生物学也大多是一些物理学家创立的；天体物理学和恒星演化理论不过是核物理和相对论在宇观尺度上应用的结果罢了；至于今天高度发展的信息科学技术，更是电磁理论与固体物理相结合的产物，也是物理学家与电子学家们共同开创的，人们称之为信息时代。

过去的这一百多年正是现代物理学大发展的时期。诺贝尔物理学奖包括了物理学的许多重大研究成果，遍及现代物理学的各个主要领域。一百多年来的颁奖显示了 20 世纪物理学发展的轨迹。可以说，诺贝尔物理学奖是 20 世纪物理学伟大成就的缩影，折射出了现代物理学的发展脉络。诺贝尔物理学奖的颁发体现了物理学新成果的社会价值和历史价值，对人类科学进步的足迹有举足轻重的标志作用。

4．物理实验与诺贝尔物理学奖

诺贝尔奖作为世界上重要的奖项一直受到世人的瞩目，她代表了一种权威性的主流方向。因而从诺贝尔物理学奖的获奖情况就能充分体现出物理学发展的动向及其发展的程度，也可由此窥探出物理实验在物理学发展中的重要价值。100 多年诺贝尔物理学奖的获奖者中，除有50 位理论物理学家之外，140 多位是实验物理学家或技术物理学家，这不但说明现代物理的本质是实验的，而且还说明了现代科学革命是以实验的事实冲破经典科学理论体系为开端的。

如果说物理学是一座大厦，那么物理实验就是其脊梁。正是物理实验这坚实的支柱使得物理学这门自然科学突飞猛进地发展。许多诺贝尔物理学获奖者在其科学研究中无不是做大量的实验来证明其理论的可行性。实验是检验物理理论的唯一标准。

从 1901 年至今的诺贝尔奖获奖情况可以发现物理学家都是通过几年甚至几十年的物理实验中得出其理论，而后又通过别的物理学家或实践证明其理论在物理学上的可行性，并被应用到实践中去。

物理学的发展正是后人在前人的实验基础上进行了更加精密的、艰苦的实验，得出更加完善的理论，而这理论只有被拿到物质世界中经过大量的实践证明才能肯定其理论价值，然后在此基础上人们又开始新的实验、新的证明，从而使物理学不断地向前发展。

5．诺贝尔物理学奖的华人得主

到目前为止，在诺贝尔物理学奖得主中有六位华人同胞，他们是杨振宁、李政道、丁肇中、朱棣文、崔琦和高琨。

1957 年,诺贝尔物理学奖授予美国新泽西州普林斯顿高等研究所来自中国的杨振宁（1922—）和美国纽约哥伦比亚大学来自中国的李政道（1926—），以表彰他们对所谓宇称定律的透彻研究，这些研究导致了与基本粒子有关的一些发现。

1976 年诺贝尔物理学奖授予美国加利福尼亚州的斯坦福直线加速器中心的里克特（Burton Richter，1931—）和美国马萨诸塞州坎伯利基麻省理工学院的丁肇中（Samuel C. C. Ting，1936—），以表彰他们在发现一种新型的重的基本粒子中所作的先驱性工作。

1997 年诺贝尔物理学奖授予美国加州斯坦福大学的朱棣文（Stephen Chu，1933—），法国巴黎的法兰西学院和高等师范学院的科恩-塔诺季（William D. Phillips，1941—），以表彰他们在发展用激光冷却和陷俘原子的方法方面所做的贡献。

1998 年诺贝尔物理学奖授予美国加州斯坦福大学的劳克林（Robert B. Laughlin，1950—），美国纽约哥伦比亚大学与新泽西州贝尔实验室的施特默（Horst L. Stormer，1949—）和美国新泽西州普林斯顿大学电气工程系的崔琦（Daniel C. Tsui，1939—），以表彰他们发现了一种具有分数电荷激发状态的新型量电子流，这种状态起因于所谓的分数量子霍尔效应。

2009 年华人科学家高锟、韦拉德•博伊尔和乔治•史密斯三人分享。3 名得主的成就分别是发明光纤电缆和电荷耦合器件（CCD）图像传感器。